Wärme- und Stoffübertragung

Herausgegeben von Ulrich Grigull

Herausgegeben von Ulrich Grigull

Robert Siegel · John R. Howell · Joachim Lohrengel

Wärmeübertragung durch Strahlung

Teil 1
Grundlagen und Materialeigenschaften

Übersetzt und bearbeitet
von Joachim Lohrengel

Mit 66 Abbildungen und 19 Tabellen

Springer-Verlag Berlin Heidelberg New York
London Paris Tokyo 1988

Robert Siegel
Fluid Mechanics and Acoustics Division, NASA Lewis Research Center,
Cleveland/Ohio, USA

Prof. John R. Howell
University of Texas at Austin/Tex., USA

Dr.-Ing. Joachim Lohrengel
Physikalisch Technische Bundesanstalt, Bundesallee 100, 3300 Braunschweig

Herausgeber

Prof. Dr.-Ing. Ulrich Grigull
Lehrstuhl A für Thermodynamik, TU München, Arcisstr. 21, 8000 München 2

Original English language edition, entitled
Siegel/Howell "Thermal Radiation Heat Transfer", 2nd edition,
published by Hemisphere Publishing Corporation,
New York/NY, USA – Copyright © 1981, 1972

ISBN-13: 978-3-540-18496-6   e-ISBN-13: 978-3-642-83267-3
DOI: 10.1007/978-3-642-83267-3

CIP-Titelaufnahme der Deutschen Bibliothek
Siegel, Robert: Wärmeübertragung durch Strahlung / Robert Siegel ; John R. Howell ; Joachim Lohrengel. –
Berlin ; Heidelberg ; New York ; Tokyo : Springer
(Wärme- und Stoffübertragung)
Einheitssacht.: Thermal radiation heat transfer ⟨dt.⟩
NE: Howell, John R.; Lohrengel, Joachim:
Teil 1. Grundlagen und Materialeigenschaften / übers. u. bearb. von J. Lohrengel. – 1988
Aus d. Amerikan. übers.

Vorwort

Das vorliegende Buch ist eine bearbeitete Übersetzung des in 2. Auflage 1981 erschienenen Buches von Robert Siegel und John R. Howell: Thermal Radiation Heat Transfer. Es ist als vorlesungsbegleitendes Lehrbuch geschrieben und zeichnet sich vor allem durch eine detaillierte Ableitung der Gesetze für den Wärmeübergang durch Strahlung, eine sorgfältige Darstellung der Bedingungen, denen die Strahlungsgesetze unterliegen, und vielfältige erläuternde Beispiele und Aufgaben aus. So kann das Buch sowohl als Lehrbuch neben den Vorlesungen dienen als auch von Studenten und Praktikern zum Selbststudium und als Nachschlagewerk benutzt werden. Die eingehende Behandlung des Stoffes und die große Beliebtheit, der sich dieses Buch seit dem Erscheinen im englischen Sprachraum erfreut, veranlaßten Herausgeber und Bearbeiter, es in die Buchreihe „Wärme- und Stoffübertragung" aufzunehmen. Da der Stoff für einen einzigen Band zu umfangreich erschien, wurde er in drei Teile geteilt. Dem vorliegenden ersten Teil „Wärmeübertragung durch Strahlung — Grundlagen und Materialeigenschaften —" sollen zwei weitere Bände folgen. Der zweite Teil wird den Strahlungsaustausch in Umhüllungen und der dritte den Strahlungsaustausch bei Vorhandensein absorbierender Medien und die Gasstrahlung behandeln.

In der vorliegenden Bearbeitung wurden durchweg die Einheiten des Internationalen Einheitensystems (SI-Einheiten) verwendet; die physikalischen Größen sind nach den Empfehlungen der DIN und IUPAC bezeichnet worden. Einige Ausnahmen wurden gemacht: So sind aus didaktischen Gründen alle gerichteten Größen mit einem hochgesetzten Strich versehen. Für einige Größen mußten von der Norm abweichende Symbole verwendet werden, da die genormten bereits anderweitig vergeben waren (z. B. für die Wärmeleitfähigkeit k statt wie üblich λ). Um nicht ungebräuchliche Symbole einzuführen, wurden einige mit doppelter Bedeutung verwendet (z. B. τ für Transmissionsgrad und Zeit), jedoch wurde darauf geachtet, daß die Nomenklatur in den einzelnen Kapiteln einheitlich ist. Jedem Kapitel sind die darin verwendeten Größen mit ihren Symbolen vorangestellt. Für die im Original enthaltenen Rechenbeispiele und Aufgaben sind in der vorliegenden Bearbeitung zu den Ergebnissen auch die Lösungswege angegeben.

Die Wärmeübertragung durch Strahlung hat in den letzten Jahren zunehmend an technischer Bedeutung gewonnen. Außer bei den Energiesparmaßnahmen im industriellen und häuslichen Bereich liegen Anwendungen bei der Nutzung der Solarenergie als alternativer Energiequelle für Heizung und Kühlung. In der

Raumfahrt ist die Strahlung wegen des Fortfalls der Konvektion und Leitung
die einzig mögliche Form der Wärmeübertragung. Möge dieses Buch dazu beitragen, die auf diesem Gebiet bestehende Lücke in der deutschsprachigen Fach-
literatur zu schließen.

Braunschweig, im Juli 1988   J. Lohrengel

Inhaltsverzeichnis

1 Einführung

Alle Stoffe emittieren kontinuierlich elektromagnetische Strahlung als Folge der nicht verschwindenden inneren Energie des Materials. Im Gleichgewichtszustand ist diese innere Energie proportional der Temperatur des Stoffes. Die emittierte Strahlungsenergie kann im Bereich der Radiowellen mit Wellenlängen bis zu mehreren hundert Metern bis hin zum Bereich der kosmischen Strahlung mit Wellenlängen von weniger als 10^{-14} m liegen. Hier soll nur Strahlung behandelt werden, die als Wärme oder Licht empfunden wird. In diesem Sinne ist die Strahlung von Glühlampen, erwärmten Festkörpern und heißen Gasen als Wärme- oder Temperaturstrahlung zu kennzeichnen, nicht dagegen die Röntgen-, Radio- und Lumineszenzstrahlung. Diese Temperaturstrahlung umfaßt einen mittleren Wellenlängenbereich, der im Abschn. 1.5 definiert wird.

Obgleich wir immer von Strahlungsenergie umgeben sind, nehmen wir sie kaum wahr, da unser Körper nur in der Lage ist, Strahlung aus einem Teil des Spektrums zu empfinden. Die Strahlung aus anderen Spektralbereichen muß mittels Instrumenten nachgewiesen werden. Unsere Augen sind lichtempfindliche Empfänger, die zwar einen Gegenstand auf der Netzhaut abbilden, die aber relativ unempfindlich gegenüber Temperaturstrahlung (Infrarot-Strahlung) sind. Unsere Haut ist ein Empfänger für Temperaturstrahlung, aber kein guter. Die Haut kann keine Bilder von warmen oder kalten Oberflächen aufnehmen, es sei denn, die Wärmestrahlung ist sehr groß. Wir brauchen indirekte Mittel, wie einen infrarotempfindlichen Film in einer Kamera, um durch Temperaturstrahlung erzeugte Bilder zu bekommen.

Vor der Behandlung der Eigenschaften der Temperaturstrahlung im einzelnen soll auf ihre große Bedeutung in der modernen Technologie hingewiesen werden.

1.1 Bedeutung der Temperaturstrahlung

Ein Grund für die Bedeutung der Temperaturstrahlung bei einigen Anwendungsgebieten ist die Art, wie die emittierte Strahlung von der Temperatur abhängt. Bei Leitung und Konvektion hängt der Energieübergang zwischen zwei Orten von der 1. Potenz der Temperaturdifferenz zwischen den Orten ab. Nur in Ausnahmefällen kann der Exponent der Temperaturdifferenz größer als 1 werden, jedoch überschreitet er gewöhnlich nicht den Wert 2. Die Energieübertragung durch Temperaturstrahlung zwischen zwei Körpern hängt jedoch von den individuellen absoluten Temperaturdifferenzen der Körper ab und geht mit der 4. bis 5. Potenz der Temperaturdifferenz. Wegen dieses grundlegenden Unterschiedes zwischen den Energieaustauschmechanismen durch Strahlung, Konvektion und Leitung wird es verständlich, daß der Einfluß des Strahlungsanteils bei hoher Temperatur größer wird. Demzufolge trägt die Strahlung wesentlich zum Wärmeübergang in Öfen und Verbrennungskammern sowie zur Energieemission einer Kernexplosion bei. Die Strahlungsgesetze beschreiben sowohl die Temperaturverteilung innerhalb der Sonne, die Strahlungsemission der Sonne als auch z. B. einer Strahlungsquelle, die die Sonnenstrahlung in einem Sonnensimulator darstellt. Die Natur der Sonnenstrahlung ist von evidenter Bedeutung bei der Entwicklung einer Technologie zur Nutzung von Solarenergie. Einige Geräte, die in der Raumfahrttechnik Verwendung finden, sind so konstruiert, daß sie bei hohen Temperaturen arbeiten, um einen hohen Wirkungsgrad zu erzielen. Daher muß der Strahlung bei der Berechnung der Energiebilanz in Geräten, wie z. B. einer Raketendüse, einem im Weltraum benutzten Kernreaktor oder einer Kernbrennstoffrakete Rechnung getragen werden.

Ein zweites Merkmal des Strahlungsüberganges ist, daß für den Strahlungsaustausch zwischen zwei Orten kein Medium vorhanden sein muß. Strahlungsenergie durchdringt Vakuum vollständig. Das steht im Gegensatz zur Konvektion und Leitung. Hier muß ein Medium vorhanden sein, um Energie durch einen Konvektionsstrom oder mit Hilfe von thermischer Leitung zu übertragen. Ist kein Medium vorhanden, so ist die Strahlung die einzige Möglichkeit der Wärmeübertragung. Beispiele hierfür sind die Wärmeverluste durch die Außenwände eines evakuierten Dewargefäßes oder einer Thermosflasche und der Energieverbrauch eines erwärmten Drahtes in einem Vakuumrohr. Neuere Anwendungsgebiete der Temperaturstrahlung sind Methoden zur Reduzierung von Wärmeverlusten eines im Weltraum betriebenen Kernreaktors oder die Kühlung der Elektronik in Satelliten.

Strahlung kann auch dann von Bedeutung sein, wenn keine Erhöhung der Temperatur eintritt und zusätzliche Arten von Wärmeübertragung vorhanden sind. Das soll das folgende Beispiel erläutern: Ein Gärtner wunderte sich über ein Phänomen, das er beobachtete, seitdem er Plastikabdeckungen über Pflanzenflächen gespannt hatte. Die etwa 7 mm dicken Wasseransammlungen auf den Plastikabdeckungen waren über Nacht gefroren, obwohl die Temperatur nicht unter 0 °C gesunken war. Der Gärtner hatte bei seinen Überlegungen den Wärmeaustausch mit der Luft durch Leitung und Konvektion berücksichtigt, aber den nächtlichen Strahlungsverlust zwischen der wasserbedeckten Oberfläche und der sehr kalten Umgebung übersehen.

Ein ähnliches Phänomen ist das Unbehaglichkeitsgefühl, das man in einem Raum mit kalten Innenflächen empfindet. Kalte Fensterflächen z. B. bewirken ein Kältegefühl, da die Körperoberfläche eines Menschen mehr Energie auf diese abstrahlt als von dort zurückgestrahlt wird. Bedeckt man die Fenster mit einem Tuch, so nimmt die körperliche Behaglichkeit zu. Man kann die Behaglichkeit im Falle eines erhöhten Strahlungsaustausches mit den umgebenden Wänden auch steigern, indem man die Raumtemperatur erhöht. Das bedeutet, daß man die Raumtemperatur senken kann (Energieeinsparung), wenn es gelingt, den Strahlungsaustausch Körperoberfläche–Umgebung klein zu halten.

Ein wichtiges Anwendungsgebiet der Temperaturstrahlung ist die Ausnutzung von Sonnenstrahlung als Energiequelle. Die Sonnenenergie wird durch das Weltraumvakuum und die Erdatmosphäre auf einen Sonnenkollektor auf der Erde übertragen, der Kollektor wandelt die Solarstrahlung in innere Energie um. Wenn die auftreffende Strahlung nicht durch Linsen oder Hohlspiegel konzentriert wird, arbeitet der Kollektor normalerweise bei Temperaturen nahe der Umgebungstemperatur oder höchstens einigen hundert Kelvin darüber. Das Gleichgewicht zwischen der verfügbaren Sonnenenergie, der auf eine Arbeitsflüssigkeit übertragenen nutzbaren Energie und den Verlusten durch Konvektion, Leitung und Strahlung ist sehr empfindlich und macht die Konstruktion eines Kollektors mit gutem Wirkungsgrad sehr kompliziert.

Abschließend sei bemerkt, daß die hier interessierende Temperaturstrahlung in einem für die Existenz der Menschheit wichtigen Wellenlängenbereich liegt; sie gibt uns Wärme, Licht und ermöglicht die Photosynthese mit allem daraus resultierenden Nutzen.

Das an sich ist schon Rechtfertigung genug, die Temperaturstrahlung zu untersuchen. Unsere Existenz hängt von der auf die Erde einfallenden Sonnenenergie ab. Versteht man die Wechselwirkung dieser Strahlung mit der Atmosphäre und der Erdoberfläche, so läßt sich zusätzlicher Nutzen aus der Anwendung der Solarenergie ziehen.

1.2 Größen, Größensymbole, SI-Einheiten

Symbole	Einheiten	Erläuterungen
A	m^2	Fläche
c	$m \cdot s^{-1}$	Fortpflanzungsgeschwindigkeit elektromagnetischer Strahlung in einem Medium
c_0	$m \cdot s^{-1}$	Fortpflanzungsgeschwindigkeit elektromagnetischer Strahlung im Vakuum
k	$W\,m^{-1}\,K^{-1}$	Wärmeleitfähigkeit
n	—	Brechzahl c_0/c
q_c	$W\,m^{-2}$	Energie pro Flächen- und Zeiteinheit durch Wärmeleitung übertragen (Wärmestromdichte)
q_r	$W\,m^{-2}$	Strahlungsenergie pro Flächen- und Zeiteinheit, die auf ein Oberflächenelement trifft
q_s	$W\,m^{-2}$	Strahlungsenergie pro Flächen- und Zeiteinheit, die von einem Oberflächenelement auf eine Fläche auftrifft
q_v	$W\,m^{-2}$	Strahlungsenergie pro Flächen- und Zeiteinheit, die von einem Volumenelement auftrifft
S	m^2	Oberflächenelement
T	K	Temperatur
V	m^3	Volumen
x, y, z	m	kartesische Koordinaten

Symbole	Einheiten	Erläuterungen
ζ	—	beliebige Richtung
λ	m	Wellenlänge im Vakuum
v	m^{-1}	Frequenz

1.3 Besondere Schwierigkeiten bei der Temperaturstrahlung

Zunächst sollen einige mathematische Schwierigkeiten aufgezeigt werden, die
ihre Ursache in der Natur des Strahlungsaustausches haben. Beim Wärmeübergang durch Leitung und Konvektion wird Energie mittels eines physikalischen
Mediums transportiert. Die Energie, die in oder aus einem infinitesimalen Volumenelement eines Festkörpers oder Fluids übertragen wird, ist von den Tempera-
turgradienten und anderen physikalischen Eigenschaften in unmittelbarer Nähe
des Elements abhängig. Zum Beispiel ist bei dem relativ einfachen Fall von Wärmeleitung in einem Material (ohne Konvektion) mit der Temperaturverteilung
$T(x, y, z)$ und der konstanten Wärmeleitfähigkeit k die Wärmeleitung durch
lokale Anwendung der lokalen Fourierschen Wärmeleitungsgleichung gegeben
durch

$$q_c\big|_{\text{in } \zeta\text{-Richtung}} = -k\,\frac{\partial T}{\partial \zeta}\,. \tag{1.1}$$

Bei einem würfelförmigen Element innerhalb eines Festkörpers, wie es Bild 1.1 a
zeigt, ergibt sich die Laplace-Gleichung bei Berücksichtigung des Netto-Wärme-
stromes innerhalb und außerhalb aller Flächen und bei Verwendung der in der

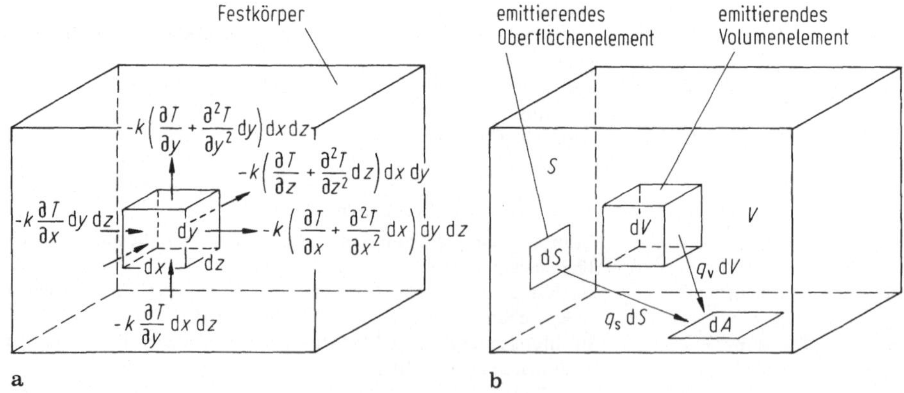

Bild 1.1. Vergleich verschiedener Ausdrücke für die Wärmebilanz bei Wärmeleitung und Strahlung. **a** Wärmeleitungsterme für den Fall eines sich in einem Festkörper befindenden Volumen-
elementes; **b** Strahlungsterme für den Fall einer mit emittierendem Material gefüllten Umhüllung

Abbildung angegebenen Bezeichnungen. Sie gibt die Wärmeleitung innerhalb des Materials wieder:

$$\frac{\partial^2 T}{\partial x^2} + \frac{\partial^2 T}{\partial y^2} + \frac{\partial^2 T}{\partial z^2} = 0 \, . \tag{1.2}$$

Diese Energiebilanzgleichung hängt nur von den örtlichen Ableitungen der Temperatur im Material ab. Eine ähnliche, jedoch komplexere Analyse kann für die Konvektion vorgenommen werden; sie zeigt ebenfalls, daß die Wärmebilanz nur von den Bedingungen in unmittelbarer Nachbarschaft des betrachteten Ortes abhängt.

Durch Strahlung wird Energie zwischen den einzelnen Elementen übertragen, ohne daß ein Medium dazwischen vorhanden sein muß. Man betrachtet ein Volumen V, das mit emittierendem Material, beispielsweise einem heißen Gas oder Glas (s. Bild 1.1b) gefüllt ist, umgeben von einer erwärmten Umhüllung der Fläche S. Wenn $q_S \, dS$ die Strahlungsflußdichte (Energie pro Flächen- und Zeiteinheit) ist, die von einem Element mit der Fläche dS des umschlossenen Raumes kommt, auf dA trifft, und $q_V \, dV$ trifft auf dA von einem Element des Gases dV, dann ist die gesamte auf das Flächenelement dA auftreffende Strahlungsflußdichte

$$q_r = \int_S q_S \, dS + \int_V q_V \, dV \, . \tag{1.3}$$

Diese Termtypen führen zu Wärmebilanzen in Form von Integralgleichungen, die im allgemeinen dem Ingenieur nicht so geläufig wie Differentialgleichungen sind. Ist die Strahlung mit Leitung und/oder Konvektion verbunden, führt die Benutzung von sowohl Integral- als auch Differentialausdrücken, bei denen die Temperatur mit unterschiedlichen Potenzen auftritt, zu nichtlinearen Integro-differentialgleichungen. Diese sind im allgemeinen schwierig zu lösen.

Zu den mathematischen Schwierigkeiten tritt zusätzlich eine weitere Schwierigkeit in Verbindung mit Strahlungsproblemen, nämlich die präzise Charakterisierung des Materials, dessen physikalische Stoffeigenschaften in die Gleichungen eingesetzt werden müssen. Die Schwierigkeit bei der Angabe von präzisen Werten für die Stoffeigenschaft liegt darin, daß der Wert für feste Körper von vielen Variablen abhängt, wie von der Rauhigkeit der Oberfläche, dem Grad des Polierens, der Reinheit des Materials, der Dicke eines Belages, dem Farbauftrag auf einer Oberfläche (bei dünnem Auftrag kann das darunterliegende Material Einfluß haben), der Temperatur, der Wellenlänge der Strahlung und dem Abstrahlungswinkel zur Fläche. Leider gibt es zahlreiche Messungen, bei denen alle diese den Wert für die Stoffeigenschaft wesentlich beeinflussenden Meßbedingungen nicht genau oder gar nicht angegeben worden sind.

1.4 Gegenüberstellung des Wellen- und Quantenmodells

Die Theorie der Fortpflanzung von Strahlungsenergie kann von zwei Gesichtspunkten betrachtet werden: Vom Standpunkt der klassischen Theorie der elektromagnetischen Wellen und der Quantenmechanik. Die klassische Betrachtung der Wechselwirkung von Strahlung und Material ergibt in den meisten Fällen Gleichungen, die verglichen mit den Ergebnissen der Quantenmechanik bemerkenswert einfach sind. Mit einigen Ausnahmen kann daher die Wärmestrahlung als ein Phänomen betrachtet werden, das auf dem klassischen Konzept des Energietransports durch elektromagnetische Wellen beruht. Zu diesen Ausnahmen gehören jedoch einige der bei Strahlungsübertragungsuntersuchungen wichtigsten Erscheinungen, wie die spektrale Strahldichteverteilung eines Körpers und die Strahlungseigenschaften von Gasen. Diese lassen sich nur auf der Grundlage der Quantentheorie erklären und ableiten, wobei davon ausgegangen wird, daß die Energie durch diskrete Teilchen (Photonen) übertragen wird. Die „wahre" Natur der elektromagnetischen Energie (d. h. Wellen oder Teilchen) ist nicht bekannt; sie ist im allgemeinen für den Ingenieur auch ohne Bedeutung. Im folgenden wird durchgehend die klassische Wellentheorie benutzt, da sie die größte Verbreitung bei ingenieurmäßigen Berechnungen hat und im allgemeinen die gleichen Formeln wie die Quantentheorie liefert. Gelegentlich wird jedoch auf Phänomene hingewiesen, für die die Quantentheorie herangezogen werden muß.

1.5 Elektromagnetisches Spektrum

Die elektromagnetische Strahlung wird mit den Gesetzen der transversalen Wellen beschrieben, die senkrecht zur Fortpflanzungsrichtung oszillieren. Die Fortpflanzungsgeschwindigkeit für elektromagnetische Strahlung im Vakuum ist dieselbe wie für Licht. Licht ist elektromagnetische Strahlung in einem besonderen, kleinen Spektralbereich. Im Vakuum beträgt die Fortpflanzungsgeschwindigkeit des Lichtes $c_0 = 2,99792458 \cdot 10^8$ m s^{-1}. Die Geschwindigkeit c ist in jedem Medium kleiner als c_0. Der Quotient aus c_0 und c ist die Brechzahl $n = c_0/c$, wobei n größer als 1 ist. Für absorbierende Medien, wie Metalle, ist die Brechzahl eine komplexe Größe, von der n nur der reale Teil ist. In einigen Fällen, wie im Bereich der anomalen Dispersion, kann n kleiner als 1 sein, was auf den ersten Blick den Eindruck erweckt, daß die Fortpflanzungsgeschwindigkeit größer als c_0 sein kann. Das ist aber nicht der Fall; in diesem Fall kann die Fortpflanzung der Wellen eine kompliziertere Form annehmen. c ist dann die Phasengeschwindigkeit der Welle, die keine physikalische Bedeutung hat, wenn sie c_0 überschreitet. Näheres s. [1.1, Abschn. 1.3] und im Abschn. 4.5.2 dieses Buches. Für Glas beispielsweise ist n etwa 1,5, während n für Gase sehr nahe bei 1 liegt.

Die elektromagnetische Strahlung wird nach ihrer konstanten Vakuumwellenlänge charakterisiert (oder nach ihrer Frequenz v, wobei $c_0 = \lambda v$ ist). Die übliche Einheit für die Messung der Wellenlänge ist das Mikrometer (µm), wobei 1 µm = $= 10^{-6}$ m oder 10^{-4} cm ist (eine ältere, nicht mehr empfohlene Einheit, ist das Ångström (Å), wobei 1 Å $= 10^{-10}$ m ist, also 10^4 Å $= 1$ µm). Eine Übersicht über das Strahlungsspektrum gibt Bild 1.2. Eine Aufstellung der Umrechnungsfaktoren

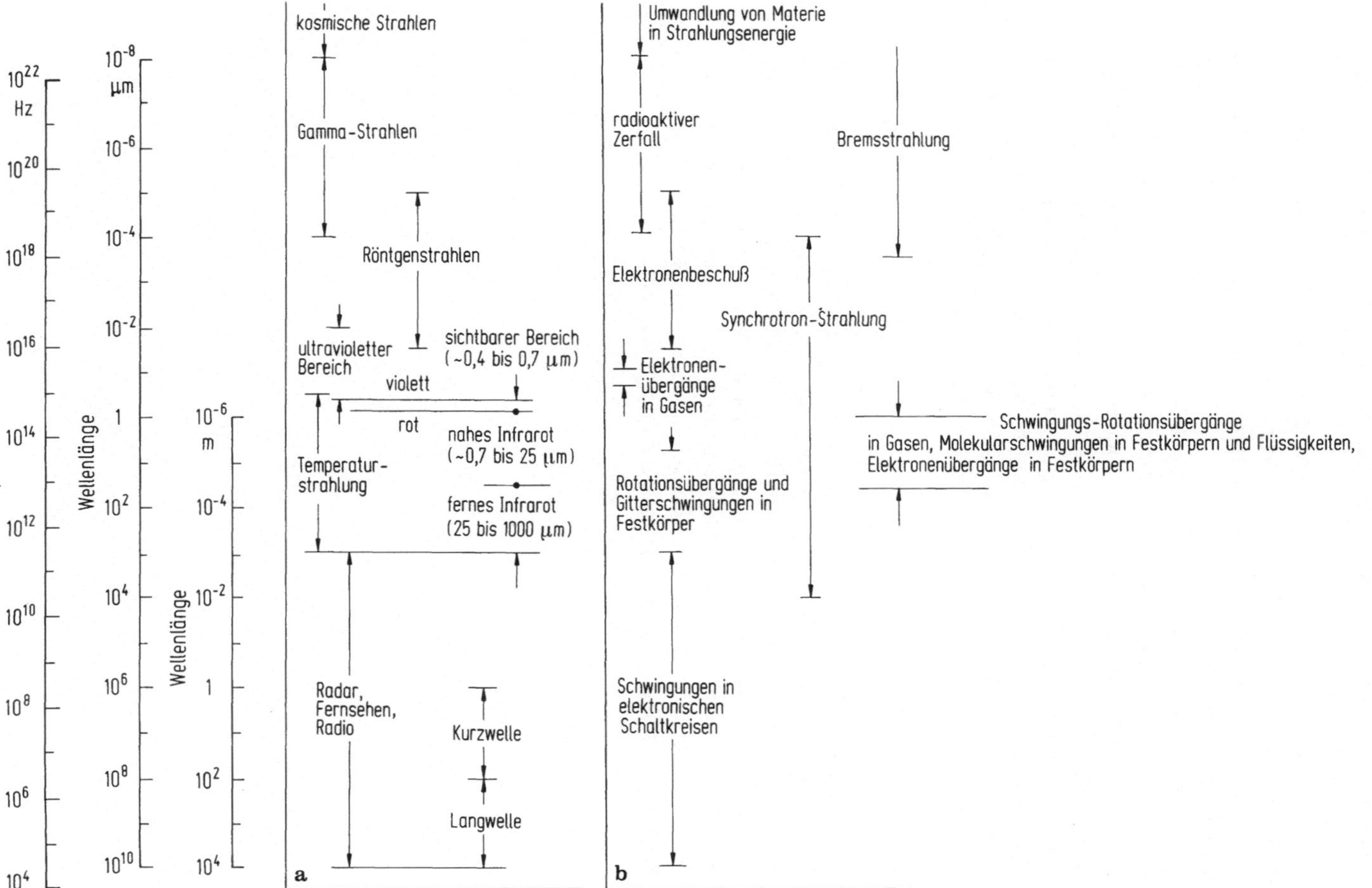

Bild 1.2. Spektrum der elektromagnetischen Strahlung. **a** Strahlungsarten; **b** Entstehungsmechanismen

für beim Strahlungsübergang benutzte Einheiten befindet sich in den Tabellen A2 und A3 im Anhang.

Der hier interessierende Bereich umfaßt den langwelligen Bereich des Ultravioletten, den Bereich des sichtbaren Lichts, der sich von Wellenlängen mit etwa 0,4 bis 0,7 µm erstreckt, und den Infrarot-Bereich, der am roten Ende des sichtbaren Spektrums beginnt und etwa bis $\lambda = 1000$ µm reicht. Der Infrarot-Bereich wird manchmal noch in das nahe Infrarot — vom sichtbaren Bereich bis etwa $\lambda = 25$ µm — und in das ferne Infrarot oberhalb 25 µm unterteilt.

Die Spalte ganz rechts in Bild 1.2 zeigt die verschiedenen Erzeugungsmechanismen für elektromagnetische Strahlung. Einige müssen mit Hilfe der Quantenmechanik beschrieben werden, nach der ein Übergang von angeregten Elektronen oder Molekülen aus einem Energiezustand höherer Energie in einen niedrigerer Energie erfolgt. Diese Übergänge verursachen einen Strahlungsenergieverlust. Die Übergänge können spontan erfolgen, oder sie werden durch die Gegenwart eines Strahlungsfeldes angeregt.

In diesem Kapitel wurde auf die Bedeutung der Temperaturstrahlung hingewiesen, es konnten Schwierigkeiten aufgezeigt werden, die speziell bei Strahlungsproblemen auftreten, und es wurde der Wellenlängenbereich der Temperaturstrahlung innerhalb des elektromagnetischen Spektrums definiert. Im nächsten Kapitel werden die Strahlungseigenschaften eines ideal emittierenden Körpers, des sogenannten Schwarzen Körpers, untersucht. Am Beispiel dieses idealen Strahlers als ein Standardstrahler für Vergleichszwecke (Referenzstrahler) wird das Verhalten der Strahlungsenergie bei Bedingungen, wie sie für den Ingenieur von Wichtigkeit sind, in den folgenden Kapiteln untersucht.

2 Strahlung des Schwarzen Körpers

Vor der Behandlung der Eigenschaften und des Verhaltens des idealen Strahlers, nämlich des „Schwarzen Körpers", sollen einige Aspekte der Wechselwirkung einfallender Strahlungsenergie mit Materie betrachtet werden. Diese Wechselwirkung an der Oberfläche eines Körpers ist nicht allein das Ergebnis einer einzigen Oberflächeneigenschaft sondern hängt auch von den Eigenschaften des unter der Oberfläche befindlichen Materials ab.

Fällt Strahlung auf einen homogenen Körper, so wird ein Teil der Strahlung reflektiert und die restliche Strahlung dringt in den Körper ein. Beim Durchgang durch das Medium kann die Strahlung teilweise oder ganz absorbiert werden. Ist die für die Absorption erforderliche Dicke des betrachteten Materials im Vergleich zu der Dicke des Körpers groß, dann geht der größte Teil der Strahlung vollständig durch den Körper hindurch und tritt seiner Natur nach unverändert wieder aus. Andererseits wird bei stark absorbierendem Material die vom Körper nicht reflektierte Strahlung in einer sehr dünnen Schicht nahe der Oberfläche in innere Energie umgewandelt. Es ist zwischen der Fähigkeit eines Materials, Strahlung durch seine Oberfläche hindurch zu lassen und seiner Fähigkeit, in den Körper eingedrungene Strahlung zu absorbieren, zu unterscheiden. Zum Beispiel wird ein hochpoliertes Metall alle einfallende Strahlung bis auf einen kleinen Teil reflektieren, aber die in den Körper eingedrungene Strahlung wird nach kleiner Eindringtiefe stark absorbiert und in innere Energie umgewandelt. So hat das Material eine sehr starke Absorptionsfähigkeit, obwohl es ein schlechter Absorber für die einfallende Strahlung ist, da der größte Teil reflektiert wird. Nichtmetalle können entgegengesetzte Tendenz zeigen. Sie können einen wesentlichen Teil der in das Material eindringenden Strahlung hindurchlassen, aber es ist hier eine größere Dicke als bei einem Metall erforderlich, um die Strahlung im Inneren zu absorbieren und in innere Energie umzuwandeln. Bei einem Glasfenster z. B. dringt die Strahlung leicht durch seine Oberfläche ein, aber da es ein schlechter Absorber für sichtbare Strahlung ist, wird diese Strahlung hindurchgelassen. Wird die gesamte in einen Körper eindringende Strahlung absorbiert, so heißt der Körper „undurchlässig".

Um für einfallende Strahlung ein guter Absorber zu sein, muß ein Material einen niedrigen Reflexionsgrad an der Oberfläche und im Inneren einen hohen Absorptionsgrad haben, damit die Strahlung am Durchgang gehindert wird. Sind unter der Oberfläche Metalle in Form sehr feiner Partikel abgelagert, so erhält man eine Oberfläche mit niedrigem Reflexionsgrad. Dieser Effekt, der mit einem hohen Absorptionsgrad des Metalls verbunden ist, macht diesen Oberflächentyp zu einem guten Absorber. Hierauf beruht der hohe Absorptionsgrad von Metall-„Schwärzen", wie Platin- oder Goldschwärze [2.1]. Ein Schwarzer Körper muß einen Oberflächenreflexionsgrad von 0 haben und alle auffallende Strahlung vollständig im Inneren absorbieren.

2.1 Größen, Größensymbole, SI-Einheiten

Symbole	Einheiten	Erläuterungen
A	m^2	Oberfläche
c	$m \cdot s^{-1}$	Fortpflanzungsgeschwindigkeit der elektromagnetischen Strahlung in Medien
c_0	$m \cdot s^{-1}$	Fortpflanzungsgeschwindigkeit elektromagnetischer Strahlung im Vakuum
c_1	$W\,m^2$	Erste Plancksche Strahlungskonstante (s. Tabelle A4)
c_2	$m \cdot K$	Zweite Plancksche Strahlungskonstante (s. Tabelle A4)
c_3	$m \cdot K$	Konstante des Wienschen Verschiebungsgesetzes (s. Tabelle A4)
$F_{0-\lambda}$	—	Bruchteil der spezifischen Ausstrahlung eines Schwarzen Körpers im Wellenlängenbereich 0 bis λ, Bruchteilfunktion
h	Js	Plancksches Wirkungsquantum
k	JK^{-1}	Boltzmann-Konstante
L	$W\,m^{-2}\,sr^{-1}$	Strahldichte
L_λ	$W\,m^{-3}\,sr^{-1}$	spektrale Strahldichte
M	$W\,m^{-2}$	spezifische Ausstrahlung
M_λ	$W\,m^{-3}$	spektrale spezifische Ausstrahlung
n	—	Brechzahl
R	m	Radius
T	K	Temperatur
ζ	—	$c_2/(\lambda T)$
η	m^{-1}	Wellenzahl ($\eta = 1/\lambda$)
ϑ	°, rad	Polar- (oder Konus-)Winkel (gemessen gegen die Flächennormale)
$\varkappa$	m^{-1}	Absorptionskoeffizient für elektromagnetische Strahlung
λ	m	Wellenlänge im Vakuum
λ_m	m	Wellenlänge in einem Medium
ν	s^{-1}	Frequenz
σ	$W\,m^{-2}\,K^{-4}$	Stefan-Boltzmann-Konstante, s. (2.22)
Φ	W	Energie pro Zeiteinheit, Energiestrom, Strahlungsfluß, Wärmestrom
Φ_e	W	abgestrahlte Energie pro Zeiteinheit (Strahlungsfluß)
φ	°, rad	Azimutwinkel
ω	sr	Raumwinkel

Hochgesetzte Zeichen

                  gerichtete Größe

Indices

k	sphärisch
max	maximaler Energie zugeordnet

n	in Richtung der Flächennormalen
p	projiziert
s	bezogen auf Schwarzen Körper
η	wellenzahlabhängig
λ	wellenlängenabhängig
$\lambda_1\text{--}\lambda_2$	im Wellenlängenbereich λ_1 bis λ_2
λT	berechnet bei λT
ν	frequenzabhängig

2.2 Definition eines Schwarzen Körpers

Als Schwarzer Körper wird ein Körper definiert, bei dem alle einfallende Strahlung eindringen kann (es wird keine Energie reflektiert), und die gesamte einfallende Strahlung (keine Energie wird hindurchgelassen) im Inneren vollständig absorbiert wird. Das gilt für Strahlung aller Wellenlängen und Einfallswinkel. Der Schwarze Körper ist also für alle einfallende Strahlung ein idealer Absorber. Aus dieser Definition lassen sich qualitativ alle anderen Eigenschaften ableiten.

Ein so definierter idealer Schwarzer Körper ist technisch nicht herstellbar, aber man kann ihn beliebig genau annähern. Die Vorstellung eines so definierten Schwarzen Körpers ist jedoch die Grundlage für die Untersuchung des Energieübergangs durch Strahlung. Als idealer Absorber dient er als Vergleichsstandard, mit dem die Absorptionsgrade realer Körper verglichen werden können. Wie man weiter sehen wird, sendet der Schwarze Körper auch die maximal mögliche Strahlungsenergie aus und ist so ebenfalls ein idealer Vergleichsstandard für Strahlung emittierende Körper. Die Strahlungseigenschaften eines Schwarzen Körpers lassen sich aus der Quantentheorie ableiten und sind experimentell bestätigt worden.

Nur wenige Oberflächen wie Ruß, 3M-schwarz, Platinschwarz und Goldschwarz erreichen annähernd die Fähigkeit des Schwarzen Körpers, Strahlungsenergie in hohem Maße zu absorbieren. Der Schwarze Körper erhielt seinen Namen aus der Eigenschaft, daß gute Absorber für das Auge bei einfallendem sichtbaren Licht tatsächlich schwarz erscheinen. Das Auge ist jedoch, außer für den sichtbaren Strahlungsbereich, kein guter Indikator für die Absorptionsfähigkeit von Oberflächen im Wellenlängenbereich der Temperaturstrahlung. Eine Oberfläche mit einem weißen Farbanstrich auf Ölbasis ist für bei Raumtemperatur emittierte Infrarotstrahlung ein sehr guter Absorber, aber ein schlechter für den für sichtbares Licht charakteristischen kurzwelligen Bereich.

2.3 Eigenschaften eines Schwarzen Körpers

Neben der Eigenschaft, alle auffallende Strahlung zu absorbieren, hat der Schwarze Körper noch andere wichtige Eigenschaften, die im folgenden aufgezeigt werden sollen.

2.3.1 Idealer Strahler

Betrachten wir einen Schwarzen Körper homogener Temperatur im Vakuum innerhalb eines ideal isolierten, umschlossenen Raumes beliebiger Form, dessen Wände ebenfalls schwarze Strahler mit gleichförmiger Temperaturverteilung sind, die jedoch anfangs eine von der Temperatur des eingeschlossenen Schwarzen Körpers (Bild 2.1) abweichende Temperatur haben. Nach einer gewissen Zeit nehmen der Schwarze Körper und die Umhüllung eine gemeinsame homogene Gleichgewichtstemperatur an. In diesem Gleichgewichtszustand strahlt der Schwarze Körper genauso viel Energie ab wie er absorbiert. Um dieses zu beweisen, soll überlegt werden, was geschehen würde, wenn die einfallende und emittierte Strahlung bei dem betrachteten System nicht gleich wären. Das hätte zur Folge, daß der von der Umhüllung umschlossene Schwarze Körper sich entweder erwärmen oder abkühlen müßte. Dieses wiederum würde eine Wärmeübertragung zwischen zwei Körpern gleicher Temperatur bedeuten, was im Widerspruch zum Zweiten Hauptsatz der Thermodynamik steht. Da der Schwarze Körper definitionsgemäß die maximal mögliche Strahlung aus seiner Umgebung bei jeder Wellenlänge und aus jeder Richtung absorbiert, folgt, daß er auch den maximal möglichen Betrag an Gesamtstrahlung emittieren muß. Das bedeutet, daß Absorber, die weniger als der betrachtete ideale Schwarze Körper absorbieren, auch weniger Energie als der Schwarze Körper emittieren, um im Gleichgewicht zu bleiben. Die Tatsache, daß ein Körper kontinuierlich Strahlung aussendet, selbst wenn er sich mit seiner Umgebung im Temperaturgleichgewicht befindet, beschreibt das Prevostsche Gesetz.

2.3.2 Isotropie der Strahlung innerhalb einer schwarzen Umhüllung

Betrachtet man jetzt die in Bild 2.1 dargestellte isotherme Umhüllung mit schwarzen Wänden beliebiger Form, gibt dem Schwarzen Körper im Innern eine andere

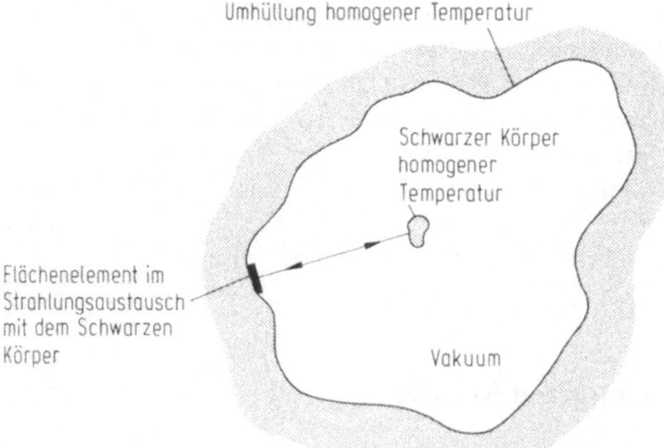

Bild 2.1. Geometrische Anordnung eines Schwarzen Körpers in einer geschlossenen Umhüllung zur Ableitung der Eigenschaften des Schwarzen Körpers

Lage und dreht ihn in eine andere Richtung, so muß sich auch jetzt der Schwarze Körper auf gleicher Temperatur befinden, weil die gesamte Umhüllung isotherm bleibt. Demzufolge muß der Schwarze Körper den gleichen Strahlungsbetrag aussenden wie zuvor. Um den Gleichgewichtszustand aufrecht zu erhalten, muß der Schwarze Körper auch den gleichen Betrag an Strahlung von den Wänden des umschließenden Raumes empfangen. Das bedeutet, die vom Schwarzen Körper empfangene Gesamtstrahlung ist unabhängig von Richtung und Lage des Körpers innerhalb des umschlossenen Raumes; daher ist die Strahlung, die jeden Punkt innerhalb des umschlossenen Raumes durchdringt, von der Lage und Richtung unabhängig. Das bedeutet, daß die den umschlossenen Raum erfüllende Schwarze Strahlung isotrop ist.

Der Schwarze Körper hat nicht nur die Eigenschaft, die maximal mögliche Gesamtstrahlung zu emittieren, er emittiert zusätzlich auch die maximal mögliche Energie bei jeder Wellenlänge und in jede Richtung. Das soll im folgenden bewiesen werden.

2.3.3 Der Schwarze Körper als idealer Strahler in jede Richtung

Betrachten wir jetzt ein Flächenelement auf der Oberfläche der schwarzen isothermen Umhüllung und einen elementaren Schwarzen Körper innerhalb des umschlossenen Raumes. Ein Teil der Strahlung eines Oberflächenelementes trifft unter einem bestimmten Winkel auf den elementaren Körper. Diese Strahlung wird definitionsgemäß absorbiert. Um das thermische Gleichgewicht und die Isotropie der Strahlung innerhalb des umschlossenen Raumes zu erhalten, muß die in die Einfallsrichtung zurück emittierte Strahlung gleich der empfangenen sein. Da der Körper Strahlung aus jeder Richtung maximal absorbiert, muß er auch maximal in jede Richtung emittieren. Da die den Raum füllende schwarze Strahlung isotrop ist, muß darüber hinaus die Strahlung, die von der umschließenden schwarzen Fläche aus jeder Richtung empfangen oder in jede Richtung emittiert wird, projiziert auf eine senkrecht zur Ausstrahlungsrichtung stehenden Flächeneinheit, die gleiche sein wie die in jede andere Richtung.

2.3.4 Der Schwarze Körper als idealer Strahler bei jeder Wellenlänge

Ein Schwarzer Körper befindet sich in einem evakuierten, geschlossenen Raum, und das ganze System ist im thermischen Gleichgewicht. Die Wände der Umhüllung sollen die spezielle Eigenschaft haben, nur Strahlung in einem kleinen Wellenlängenintervall $d\lambda_1$ um die Wellenlänge λ_1 zu emittieren und zu absorbieren. Der Schwarze Körper absorbiert alle in diesem Wellenlängenbereich einfallende Strahlung vollständig. Um das Temperaturgleichgewicht mit der Umgebung aufrecht zu erhalten, muß der Schwarze Körper Strahlung in dem selben Wellenlängenbereich zurückstrahlen; die Strahlung wird dann von der Umhüllung absorbiert, die nur in diesem speziellen Wellenlängenbereich absorbieren sollte. Da der Schwarze Körper alle Strahlung im Wellenlängenbereich $d\lambda_1$ absorbiert, muß er auch in den Bereich $d\lambda_1$ maximal ausstrahlen. Nun kann eine zweite Umhüllung definiert werden, die nur in einem Bereich $d\lambda_2$ um die Wellenlänge λ_2 absorbiert und emittiert. Der Schwarze Körper muß dann ebenso bei der Wellenlänge λ_2 maximal emittieren. Daraus folgt, daß der Schwarze Körper ein perfekter Strahler bei jeder Wellenlänge ist. Die bei dieser Betrachtung für die Umhüllung vorgegebenen speziellen Eigenschaften haben keine Bedeutung für den Schwarzen Körper, da die Emissionseigenschaften eines Körpers nur von den Eigenschaften des Körpers abhängen und nicht von dem den Körper umschließenden Raum.

2.3.5 Gesamtstrahlung in Vakuum als eine nur von der Temperatur abhängige Funktion

Ändert sich die Temperatur der Umhüllung, dann paßt sich die Temperatur des eingeschlossenen Schwarzen Körpers der neuen Umgebungstemperatur an, d. h. das ganze isolierte System strebt dem thermischen Gleichgewicht zu. Das System ist wieder isotherm und evakuiert, absorbierte und emittierte Energie des Schwarzen Körpers sind wieder gleich, obwohl der Temperaturwert der Umhüllung ein anderer als im vorhergehenden Fall ist. Der Schwarze Körper absorbiert (und emittiert) definitionsgemäß einen dieser Temperatur entsprechenden maximalen Betrag, und die Eigenschaften der Umgebung haben keinen Einfluß auf das Emissionsverhalten des Schwarzen Körpers: Die Gesamtstrahlungsenergie, die von einem Schwarzen Körper in Vakuum emittiert wird, ist nur eine Funktion seiner Temperatur.

Der 2. Hauptsatz der Thermodynamik verbietet den Energieübergang von einer kälteren zu einer wärmeren Oberfläche, ohne daß dabei Arbeit geleistet wird. Würde die emittierte Strahlungsenergie eines Schwarzen Körpers mit fallender Temperatur steigen, so kann man leicht eine Anordnung entwerfen, die diesem Gesetz widerspricht. Man betrachte z. B. zwei unendliche, parallele, schwarz strahlende Platten (Bild 2.2). Die obere Platte wird auf der Temperatur T_1 gehalten, die höher als die Temperatur T_2 der unteren Platte ist. Nimmt die Energieemission mit steigender Temperatur ab, dann ist die pro Zeiteinheit von der Platte 2 emittierte Energie Φ_{e2} größer als die von Platte 1 emittierte Energie Φ_{e1}. Da die Platten schwarz sind, absorbiert jede Platte die gesamte von der anderen Platte emittierte Energie. Zur Erhaltung der Temperatur dieser Platten muß ein

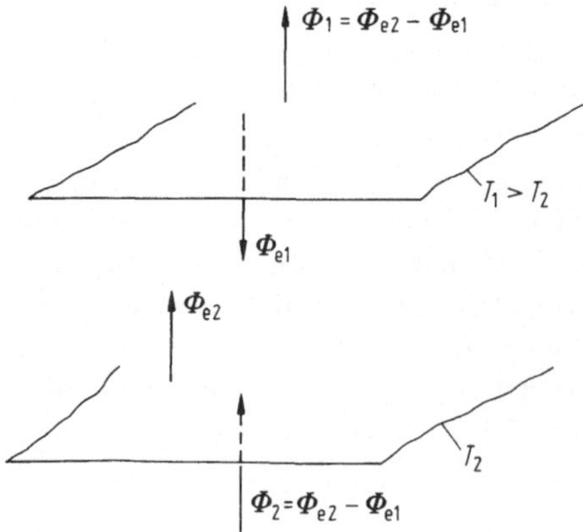

Bild 2.2. Gegen den 2. Hauptsatz der Thermodynamik verstoßende Anordnung

Energiebetrag $\Phi_1 = \Phi_{e2} - \Phi_{e1}$ von Platte 1 pro Zeiteinheit abgezogen und ein gleicher Betrag der Platte 2 hinzugefügt werden. Auf diese Weise wird Energie von der kälteren zur wärmeren Platte übertragen, ohne dabei Arbeit von außen zu leisten. Die vom Schwarzen Körper emittierte Strahlungsenergie muß also mit der Temperatur ansteigen.

Daraus folgt, daß die gesamte von einem Schwarzen Körper emittierte Strahlungsenergie proportional einer monoton ansteigenden Funktion der Temperatur ist.

2.4 Strahlungseigenschaften eines Schwarzen Körpers

2.4.1 Definition der Strahldichte eines Schwarzen Körpers [2.2]

Es soll ein Flächenelement dA betrachtet werden, das von einer Halbkugel mit dem Radius R mit einer Oberfläche von $2\pi R^2$ umgeben ist, die sich über einen Raumwinkel von 2π Steradian (sr) über einem Punkt in der Mitte der Basis erstreckt (Bild 2.3).

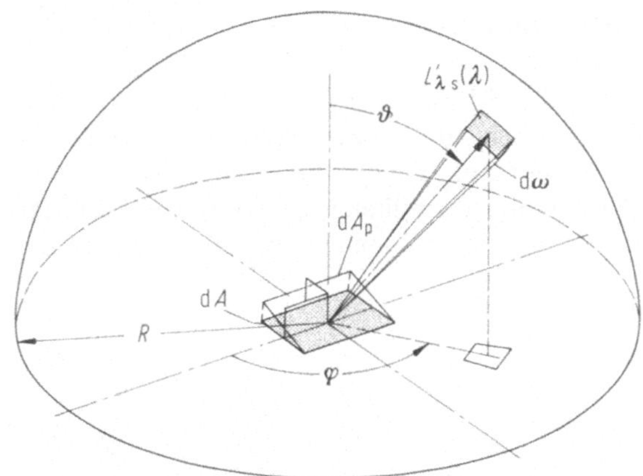

Bild 2.3. Spektrale Strahldichte einer schwarzen Fläche

Bei einer Halbkugel mit dem Einheitsradius entspricht der von der Basismitte ausgehende Raumwinkel direkt der Fläche auf der Einheitshalbkugel. Die Richtung wird durch die Winkel ϑ und φ bestimmt (Bild 2.3), wobei der Winkel ϑ von der Flächennormalen der Basis zur Fläche auf der Einheitshalbkugel gemessen wird. Die Lage des Winkels für $\varphi = 0$ ist willkürlich.

Die in jede beliebige Richtung emittierte Strahlung wird in Ausdrücken der Strahldichte beschrieben. Man unterscheidet die spektrale Strahldichte, die sich auf Strahlung in einem Bereich $d\lambda$ um die Wellenlänge λ bezieht, während die Gesamtstrahldichte oder nur Strahldichte die Strahlung aller Wellenlängen berücksichtigt. Die spektrale Strahldichte eines Schwarzen Körpers wird mit $L'_{\lambda s}(\lambda)$ bezeichnet. Die Indices bedeuten, daß sich die Größe auf eine bestimmte Wellenlänge und auf einen Schwarzen Körper bezieht. Die spektrale Strahldichte beschreibt nur Strahlung in einer Richtung, ist also stets eine gerichtete Größe, was durch

das hochgesetzte Zeichen zum Ausdruck gebracht wird. Die emittierte spektrale
Strahldichte ist definiert als die in einem schmalen Wellenlängenbereich pro Zeiteinheit und von dem auf die Fläche senkrecht zur ϑ,φ-Richtung projizierten Flächenelement in den Raumwinkel abgegebene Strahlungsenergie. Das Bezeichnungssystem wird im einzelnen im Abschn. 3.1.2 erläutert.

Wie im Abschn. 2.4.2 gezeigt wird, ist die so definierte (d. h. auf die projizierte
Fläche bezogene) Strahldichte des Schwarzen Körpers nicht von der Strahlungs-
richtung abhängig. Daher wird die Größe für die Strahldichte des Schwarzen
Körpers nicht durch Einsetzen verschiedener Winkel (ϑ, φ) geändert. Analog
zur spektralen Strahldichte $L'_{\lambda s}$ wird die Strahldichte mit L'_s bezeichnet. Sie beinhal-
tet die Strahlung für alle Wellenlängen; der Index und die funktionelle Abhängigkeit von λ erscheinen nicht. Die spektrale Strahldichte und die Strahldichte sind
durch das folgende Integral über alle Wellenlängen verbunden:

$$L'_s = \int\limits_{\lambda=0}^{\infty} L'_{\lambda s}(\lambda)\, d\lambda \ . \tag{2.1}$$

2.4.2 Winkelunabhängigkeit der Strahldichte

Die Unabhängigkeit der Strahldichte des Schwarzen Körpers von der Abstrahlungsrichtung läßt sich aus Bild 2.4a ableiten. Ein schwarz emittierendes Flächenelement dA befindet sich im Zentrum einer umhüllenden, konzentrischen, isothermen Hohlkugel vom Radius R. Wieder sind Umhüllung und Flächenelement im
thermischen Gleichgewicht, so daß die gesamte Strahlung im Inneren des umschlos-

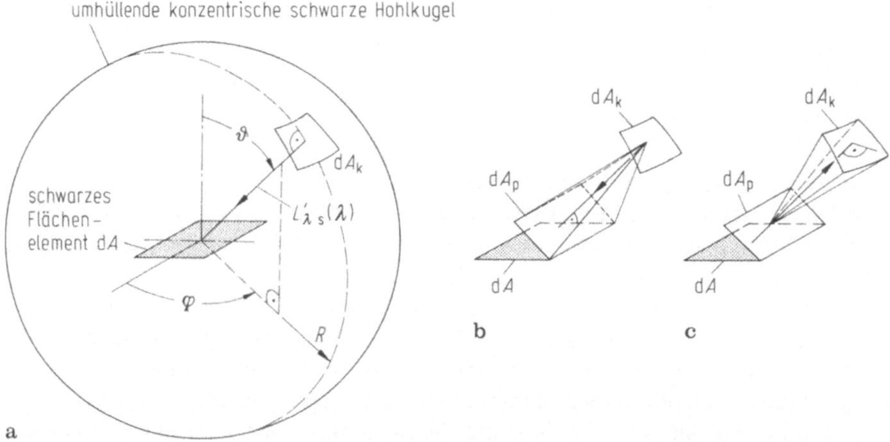

Bild 2.4. Energieaustausch zwischen einem Flächenelement der umhüllenden, konzentrischen
Hohlkugel und einem Element innerhalb der Umhüllung. **a** schwarzes Flächenelement dA innerhalb der schwarzen, umhüllenden, konzentrischen Hohlkugel; **b** Energieübergang von dA_k nach
dA_p; **c** Energieübergang von dA_p nach dA_k

senen Raumes isotrop ist. Betrachtet man Strahlung im Wellenlängenbereich $d\lambda$ um λ, die vom Element dA_k der umhüllenden Fläche in Richtung des sich im Zentrum befindenden Flächenelementes emittiert wird (Bild 2.4b), so ist die in diese Richtung emittierte Strahlung pro Raumwinkel und Zeit gegeben mit $L'_{\lambda s, n}(\lambda)\, dA_k\, d\lambda$. Man benutzt die normale spektrale Strahldichte eines Schwarzen Körpers, da die Energie senkrecht zum Flächenelement dA_k der schwarzen Wand der umhüllenden, konzentrischen Hohlkugel emittiert wird. Der Energiebetrag pro Zeiteinheit, der auf dA übertragen wird, hängt vom Raumwinkel ab, unter dem dA von dA_k aus erscheint. Dieser Raumwinkel entspricht der projizierten Fläche dA senkrecht zur Richtung (ϑ, φ), geteilt durch R^2. Die projizierte Fläche dA ist

$$dA_p = dA \cos \vartheta \,. \tag{2.2}$$

Dann ist die von dA absorbierte Energie

$$d^3\Phi'_{\lambda s}(\lambda, \vartheta, \varphi) = L'_{\lambda s, n}(\lambda)\, dA_k\, d\lambda\, \frac{dA \cos \vartheta}{R^2} \,. \tag{2.3}$$

Die von dA in Richtung (ϑ, φ) emittierte und auf dA einfallende Energie (Bild 2.4c) muß gleich der von dA_k absorbierten sein, oder aber das Gleichgewicht wäre gestört. Daher ist

$$L'_{\lambda s}(\lambda, \vartheta, \varphi)\, dA_p\, \frac{dA_k}{R^2}\, d\lambda = d^3\Phi'_{\lambda s}(\lambda, \vartheta, \varphi) = L'_{\lambda s, n}(\lambda)\, dA_k\, \frac{dA \cos \vartheta}{R^2}\, d\lambda \,. \tag{2.4}$$

Bei Gültigkeit von (2.2) folgt

$$L'_{\lambda s}(\lambda, \vartheta, \varphi) = L'_{\lambda s, n}(\lambda) \neq f(\vartheta, \varphi) \,. \tag{2.5}$$

Diese Gleichung zeigt, daß die Strahldichte eines Schwarzen Körpers, wie sie hier mittels der projizierten Fläche definiert wird, von der Emissionsrichtung unabhängig ist. Weder der Index n noch die Richtungsangabe (ϑ, φ) werden zur vollständigen Beschreibung der schwarzen Strahlung benötigt. Da der Schwarze Körper immer ein idealer Absorber und Emitter ist, sind diese Eigenschaften des Schwarzen Körpers von seiner Umgebung unabhängig. Daher sind diese Ergebnisse von beiden getroffenen Annahmen unabhängig: 1) Es existiert eine umhüllende konzentrische Hohlkugel. 2) Es herrscht thermodynamisches Gleichgewicht zwischen strahlender Fläche und dieser Umhüllung.

Es soll noch bemerkt werden, daß es bei den Gesetzen für Schwarze Körper, wie sie hier abgeleitet wurden, einige Ausnahmen gibt. Diese sind für die ingenieurtechnischen Anwendungen jedoch von geringer Bedeutung. Sie müssen jedoch berücksichtigt werden, wenn bei Wärmeübergangsprozessen durch Strahlung extrem schnelle Übergangsprozesse ablaufen. Liegt die Übergangszeit in der Größenordnung des Prozesses, der die Strahlungsemission eines Körpers bestimmt, dann können die die Absorption beschreibenden Größen gegen die Emissionseigenschaften vernachlässigt werden. In diesen Fällen muß die Auffassung von der Temperatur, wie sie der Ableitung der Gesetze für die Strahlung Schwarzer

Körper zugrundegelegt wurde, revidiert werden. Die Behandlung dieser Probleme überschreitet jedoch den Rahmen dieses Buches (s. a. Teil 3, Abschn. 1.9).

2.4.3 Definition der spezifischen Ausstrahlung eines Schwarzen Körpers; Lambertsches Kosinus-Gesetz

Die Strahldichte ist über die Flächenprojektion definiert worden. Man kann nun in gleicher Weise eine Größe definieren, die ein Maß für die Energie ist, die in eine gegebene Richtung pro Flächeneinheit (nicht-projiziert) emittiert wird. Sie wird als $M'_{\lambda s}(\lambda, \vartheta, \varphi)$ definiert und ist diejenige Energie, die von einer schwarzen Fläche pro Zeit- und Flächeneinheit innerhalb eines kleinen Wellenlängenbereiches $d\lambda$ um die Wellenlänge λ in den Raumwinkel 1, der konzentrisch um den Winkel (ϑ, φ) liegt, emittiert wird. Die im Wellenlängenbereich $d\lambda$ um λ emittierte Energie pro Zeiteinheit beträgt in jeder Richtung $d^3\Phi'_{\lambda s}(\lambda, \vartheta, \varphi)$; sie läßt sich auf zwei Arten ausdrücken:

$$d^3\Phi'_{\lambda s}(\lambda, \vartheta, \varphi) = M'_{\lambda s}(\lambda, \vartheta, \varphi)\, dA\, d\omega\, d\lambda = L'_{\lambda s}(\lambda)\, dA \cos \vartheta\, d\omega\, d\lambda\,.$$

Daraus folgt konsequenterweise die Beziehung

$$M'_{\lambda s}(\lambda, \vartheta, \varphi) = L'_{\lambda s}(\lambda) \cos \vartheta = M'_{\lambda s}(\lambda, \vartheta)\,. \tag{2.6}$$

Man sieht sofort aus dem Ausdruck $L'_{\lambda s}(\lambda) \cos \vartheta$ in (2.6), daß $M'_{\lambda s}(\lambda, \vartheta, \varphi)$ nicht von φ abhängt und als $M'_{\lambda s}(\lambda, \vartheta)$ geschrieben werden kann. Die Größe $M'_{\lambda s}(\lambda, \vartheta)$ wird die gerichtete spektrale spezifische Ausstrahlung für eine schwarze Oberfläche genannt. Im Falle nichtschwarzer Oberflächen ist für $M'_{\lambda s}$ eine Abhängigkeit vom Winkel φ vorhanden.

Die Gleichung (2.6) ist das Lambertsche Kosinus-Gesetz. Oberflächen, die eine gerichtete spezifische Ausstrahlung haben, und für die diese Beziehung gilt, nennt man diffuse oder Lambertsche Oberflächen. Ein Schwarzer Körper, der sich immer wie eine diffuse Oberfläche verhält, dient als Vergleichsstandard für die gerichteten Größen realer Oberflächen, die im allgemeinen nicht dem Kosinus-Gesetz genügen.

2.4.4 Hemisphärische spektrale spezifische Ausstrahlung eines Schwarzen Körpers

Zur Berechnung der gesamten Strahlungsenergie, die eine Oberfläche gegebener Temperatur abstrahlt, benötigt man die spektrale spezifische Ausstrahlung, integriert über alle Raumwinkel der umgebenden hemisphärischen Umhüllung, die sich über der betrachteten schwarzen Oberfläche befindet. Diese Größe wird hemisphärische spektrale spezifische Ausstrahlung einer schwarzen Oberfläche $M_{\lambda s}(\lambda)$ genannt. Es ist die Energie, die eine schwarze Oberfläche pro Zeit- und Flächeneinheit im Wellenlängenbereich $d\lambda$ um λ abgibt. Bild 2.5 zeigt das Flächenelement dA in der Mitte einer konzentrischen Einheitskugel. Durch Definition ist ein beliebiger Raumwinkel über dA gleich dem herausgegriffenen Flächen-

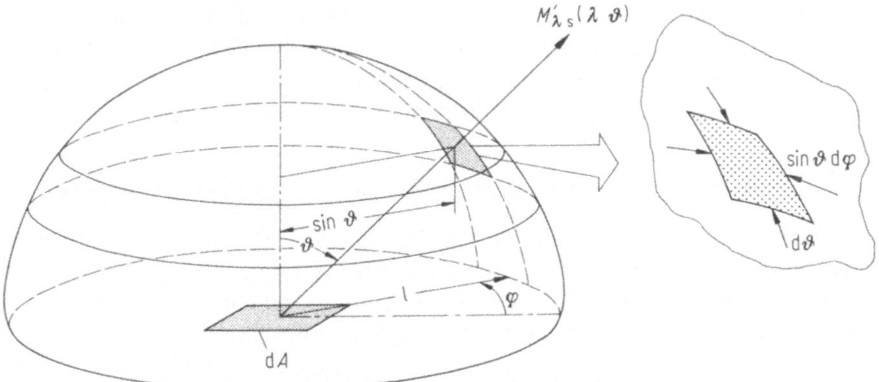

Bild 2.5. Einheitskugel zur Ableitung der Beziehung zwischen der Strahldichte des Schwarzen Körpers und dessen hemisphärischer spezifischer Ausstrahlung

bereich auf der Einheitskugel. Ein Flächenelement dieser Einheitskugel ist gegeben durch

$$d\omega = \sin\vartheta\,d\vartheta\,d\varphi\,.$$

Die spektrale spezifische Ausstrahlung von dA pro Zeit- und Flächeneinheit, die auf die Kugelfläche gelangt, ist dann

$$M'_{\lambda s}(\lambda,\,\vartheta)\,\sin\vartheta\,d\vartheta\,d\varphi\,.$$

Bei Gültigkeit von (2.6) ergibt sich

$$M'_{\lambda s}(\lambda,\,\vartheta)\,d\omega = L'_{\lambda s}(\lambda)\,\cos\vartheta\,\sin\vartheta\,d\vartheta\,d\varphi\,. \tag{2.7}$$

Die spektrale spezifische Ausstrahlung des Schwarzen Körpers über den Halbraum erhält man durch Integration über alle Raumwinkel aus (2.7)

$$M_{\lambda s}(\lambda) = L'_{\lambda s}(\lambda)\int\limits_{\varphi=0}^{2\pi}\int\limits_{\vartheta=0}^{\pi/2}\cos\vartheta\,\sin\vartheta\,d\vartheta\,d\varphi \tag{2.8a}$$

oder

$$M_{\lambda s}(\lambda) = 2\pi L'_{\lambda s}(\lambda)\int\limits_{0}^{1}\sin\vartheta\,d\,(\sin\vartheta) = \pi L'_{\lambda s}(\lambda)\,, \tag{2.8b}$$

wobei bei der hemisphärischen Größe M jetzt der ', der die gerichteten Größen kennzeichnet, verschwindet.

Ebenfalls aus (2.6) erhält man für die Abstrahlung senkrecht zur Oberfläche ($\vartheta = 0$; $\cos\vartheta = 1$):

$$M'_{\lambda s,\,n}(\lambda) = L'_{\lambda s}(\lambda)$$

und aus (2.8b)

$$M_{\lambda s}(\lambda) = \pi M'_{\lambda s,\,n}(\lambda)\,. \tag{2.9}$$

Aus geometrischen Überlegungen findet man das folgende einfache Verhältnis: Die hemisphärische spektrale spezifische Ausstrahlung des Schwarzen Körpers ist das π-fache der Strahldichte oder das π-fache der gerichteten spezifischen Ausstrahlung senkrecht zur Oberfläche. Diese Beziehung für einen Schwarzen Körper wird in den folgenden Abschnitten für die Beziehungen zwischen gerichteten und hemisphärischen Größen noch sehr wichtig sein.

2.4.5 Spektrale spezifische Ausstrahlung in einen bestimmten Raumwinkel

Manchmal interessiert nur die in einen Teil des ein Flächenelement umschließenden gesamten hemisphärischen Raumes emittierte Strahlung. Die spezifische Ausstrahlung in einen Raumwinkel, der sich von ϑ_1 bis ϑ_2 und von φ_1 bis φ_2 erstreckt, erhält man durch Änderung der Integrationsgrenzen in (2.8a).

$$M_{\lambda s}(\lambda, \vartheta_1 - \vartheta_2, \varphi_1 - \varphi_2) = L'_{\lambda s}(\lambda) \int_{\varphi_1}^{\varphi_2} \int_{\vartheta_1}^{\vartheta_2} \cos \vartheta \, \sin \vartheta \, d\vartheta \, d\varphi$$

$$= L'_{\lambda s}(\lambda) \, \frac{\sin^2 \vartheta_2 - \sin^2 \vartheta_1}{2} \, (\varphi_2 - \varphi_1) \, . \tag{2.10}$$

2.4.6 Spektralverteilung der spezifischen Ausstrahlung; Plancksches Gesetz

Wichtige Eigenschaften des Schwarzen Körpers sind diskutiert worden: Der Schwarze Körper wurde sowohl als ein idealer Absorber als auch als ein idealer Strahler definiert, seine Strahldichte und seine spezifische Ausstrahlung in Vakuum sind ausschließlich Funktionen der Temperatur des Schwarzen Körpers; die emittierte Energie des Schwarzen Körpers folgt dem Lambertschen Kosinus-Gesetz.

Alle diese Eigenschaften des Schwarzen Körpers konnten durch thermodynamische Gesetze bewiesen werden. Eine weitere, sehr wichtige fundamentale Eigenschaft des Schwarzen Körpers bleibt jedoch noch zu beweisen. Es ist die Formel, die die Größe der emittierten Strahldichte bei jeder Wellenlänge wiedergibt, die also die emittierte, spektrale Strahldichteverteilung beschreibt. Diese Beziehung kann man nicht aus rein thermodynamischen Gesetzen ableiten. Die Suche nach dieser Formel führte M. Planck zu Untersuchungen und Hypothesen, die schließlich die Grundlage der Quantentheorie bildeten. Auf die Ableitung der Spektralverteilung soll hier verzichtet, und es sollen nur die Ergebnisse vorgestellt werden. Der interessierte Leser kann in verschiedenen Standard-Physikbüchern [2.3–2.5] die vollständige Ableitung des Planckschen Strahlungsgesetzes finden.

Planck [2.6] konnte zeigen, und experimentell wurde dieses bestätigt, daß die Spektralverteilung der spezifischen Ausstrahlung und der Strahldichte in Vakuum für einen Schwarzen Körper eine Funktion der Temperatur und der Wellenlänge ist und durch den folgenden Ausdruck beschrieben werden kann:

$$M_{\lambda s}(\lambda) = \pi L'_{\lambda s}(\lambda) = \frac{2\pi c_1}{\lambda^5 (e^{c_2/(\lambda T)} - 1)} \, . \tag{2.11a}$$

Diese Gleichung ist das Plancksche Gesetz für die spektrale spezifische Ausstrahlung. Wie gezeigt werden wird, muß für Strahlung in ein Medium, in dem die Lichtgeschwindigkeit nicht c_0 ist, die Gl. (2.11a) mit einem Faktor, der die Brechzahl enthält (s. Abschn. 2.4.12), multipliziert werden. Bei den meisten technischen Problemen soll die spezifische Ausstrahlung in Luft oder in andere Gase mit der Brechzahl $n = c_0/c$, die nahe bei 1 liegt, bestimmt werden, so daß (2.11a) anwendbar ist. Die Werte für die Konstanten c_1 und c_2 sind in Tabelle A4 aufgeführt. Diese Konstanten sind $c_1 = hc_0^2$ und $c_2 = hc_0/k$, wobei h die Planck-Konstante und k die Boltzmann-Konstante ist. ($h = 6{,}626 \cdot 10^{-34}$ J s und $k = 1{,}381 \cdot 10^{-23}$ J/K. Die Konstante c_1 wird manchmal auch als $2\pi hc_0^2$ definiert). Gleichung (2.11a) ist von großer Bedeutung, da sie quantitative Ergebnisse für die Strahlung eines Schwarzen Körpers liefert.

Beispiel 2.1
Eine ebene schwarze Oberfläche strahlt bei einer Temperatur von 1089 K. Wie groß ist die gerichtete spezifische Ausstrahlung des Schwarzen Körpers bei einem Winkel von 60° zur Flächennormalen und einer Wellenlänge von 6 μm?

Aus (2.11a) folgt

$$L'_{\lambda s}(6\,\mu m) = \frac{2 \cdot 5{,}955310 \cdot 10^{-17}\ \text{W m}^2}{6^5 \cdot 10^{-30}\ \text{m}^5 \left(\exp \dfrac{14388\,\mu m \cdot K}{6\,\mu m \cdot 1089\ K} - 1\right) \text{sr}} = 1{,}90 \cdot 10^9\ \text{W m}^{-3}\,\text{sr}^{-1}.$$

Nach (2.6) ist die gerichtete spektrale spezifische Ausstrahlung

$$M'_{\lambda s}(6\,\mu m, 60°) = L'_{\lambda s}(6\,\mu m)\cos 60° = 9{,}52 \cdot 10^8\ \text{Wm}^{-3}\,\text{sr}^{-1}.$$

Beispiel 2.2
Die Sonne strahlt wie ein Schwarzer Körper bei 5780 K. Wie groß ist die Strahldichte der Sonne in der Mitte des sichtbaren Spektralbereiches?
Nach Bild 1.2 beträgt die interessierende Wellenlänge 0,55 μm. Dann folgt aus (2.11a)

$$L'_{\lambda s}(0{,}55\,\mu m) = \frac{2 \cdot 5{,}955310 \cdot 10^{-17}\ \text{W m}^2}{0{,}55^5 \cdot 10^{-30}\ \text{m}^5 \left(\exp \dfrac{14388\,\mu m \cdot K}{0{,}55\,\mu m \cdot 5780\ K} - 1\right) \text{sr}} = 2{,}59 \cdot 10^{13}\ \text{W m}^{-3}\,\text{sr}^{-1}.$$

Alternative Formen von (2.11a) werden angewendet, wenn aus praktischen Gründen die Frequenz oder Wellenzahl statt der Wellenlänge benutzt werden soll. Die Anwendung der Frequenz ist bei Vorgängen von Vorteil, bei denen ein Übergang von Strahlung zwischen zwei Medien stattfindet; denn in dieser Situation bleibt die Geschwindigkeit konstant, während sich die Wellenlänge aufgrund der Änderung in der Fortpflanzungsgeschwindigkeit ändert. Für die Transformation der Gl. (2.11a) von Wellenlängen in Frequenzen gilt im Vakuum: $\lambda = c_0/v$ und somit $d\lambda = -(c_0/v^2)\,dv$.

Dann wird die hemisphärische spektrale spezifische Ausstrahlung im Wellenlängenbereich $\mathrm{d}\lambda$

$$M_{\lambda\mathrm{s}}(\lambda)\,\mathrm{d}\lambda = \frac{2\pi c_1\,\mathrm{d}\lambda}{\lambda^5(\mathrm{e}^{c_2/(\lambda T)}-1)} = \frac{-2\pi c_1 v^3\,\mathrm{d}v}{c_0^4(\mathrm{e}^{c_2 v/(c_0 T)}-1)} = -M_{v\mathrm{s}}(v)\,\mathrm{d}v\;. \qquad (2.11\,\mathrm{b})$$

Die Größe $M_{v\mathrm{s}}(v)$ ist die spezifische Ausstrahlung in Vakuum pro Einheit des
Frequenzbereiches um v. Die Strahldichte ist $L'_{v\mathrm{s}}(v) = M_{v\mathrm{s}}(v)/\pi$.

Die Wellenzahl $\eta = 1/\lambda$ ist die Anzahl der Wellen pro Längeneinheit. Dann ist

$$\mathrm{d}\lambda = -\frac{1}{\eta^2}\,\mathrm{d}\eta$$

und

$$M_{\lambda\mathrm{s}}(\lambda)\,\mathrm{d}\lambda = -\frac{2\pi c_1\eta^3\,\mathrm{d}\eta}{\mathrm{e}^{c_2\eta/T}-1} = -M_{\eta\mathrm{s}}(\eta)\,\mathrm{d}\eta\;. \qquad (2.11\,\mathrm{c})$$

Die Größe $M_{\eta\mathrm{s}}(\eta)$ ist die spezifische Ausstrahlung pro Einheit des Wellenzahl-
intervalls um η.

Die Strahldichte ist dann

$$L'_{\eta\mathrm{s}}(\eta) = M_{\eta\mathrm{s}}(\eta)/\pi\;.$$

Zum besseren Verständnis des Planckschen Gesetzes, (2.11 a), ist in Bild 2.6
die spektrale spezifische Ausstrahlung als Funktion der Wellenlänge für verschiedene Werte der Temperatur wiedergegeben. Auffallend ist die Zunahme der
emittierten Energie bei allen Wellenlängen mit steigender Temperatur. Es wird
im Abschn. 2.3.5 gezeigt, daß die gesamte (d. h. alle Wellenlängen berücksichti-
gende) abgestrahlte Energie mit der Temperatur zunimmt, wie auch aus der Er-
fahrung bekannt ist. Dasselbe Verhalten zeigt die Energie bei jeder einzelnen Wellenlänge.

Eine andere charakteristische Eigenschaft des Planckschen Gesetzes ist die
Verschiebung des Maximums der spektralen spezifischen Ausstrahlung mit steigender Temperatur in Richtung kürzerer Wellenlängen. Bild 2.6 zeigt weiter, daß
im kürzeren Wellenlängenbereich des Spektrums die emittierte Energie schneller
mit der Temperatur zunimmt als die emittierte Energie bei langen Wellenlängen.

Auch die Lage des sichtbaren Spektralbereiches ist in Bild 2.6 wiedergegeben.
Beispielsweise wird von einem Körper mit einer Temperatur von 555 K nur ein
sehr kleiner Energiebetrag im sichtbaren Bereich emittiert, der nicht ausreicht,
um mit dem Auge wahrgenommen zu werden. Da bei tieferen Temperaturen die
Kurven vom roten zum violetten Ende des Spektrums abfallen (vgl. Bild 2.6), wird
rotes Licht bei steigender Temperatur als erstes sichtbar. Beim sogenannten Draper
Punkt von 798 K $\hat{=}$ 525 °C [2.7] erscheint dem menschlichen Auge ein erwärmtes
Objekt in abgedunkelter Umgebung als dunkelrot. Höhere Temperaturen lassen
zusätzliche Wellenlängen des sichtbaren Spektralbereiches erkennbar werden und
bei einer genügend hohen Temperatur erscheint das emittierte Licht weiß. Die dem
Auge weiß erscheinende zusammengesetzte Strahlung ist ein Gemisch aus allen
sichtbaren Wellenlängen.

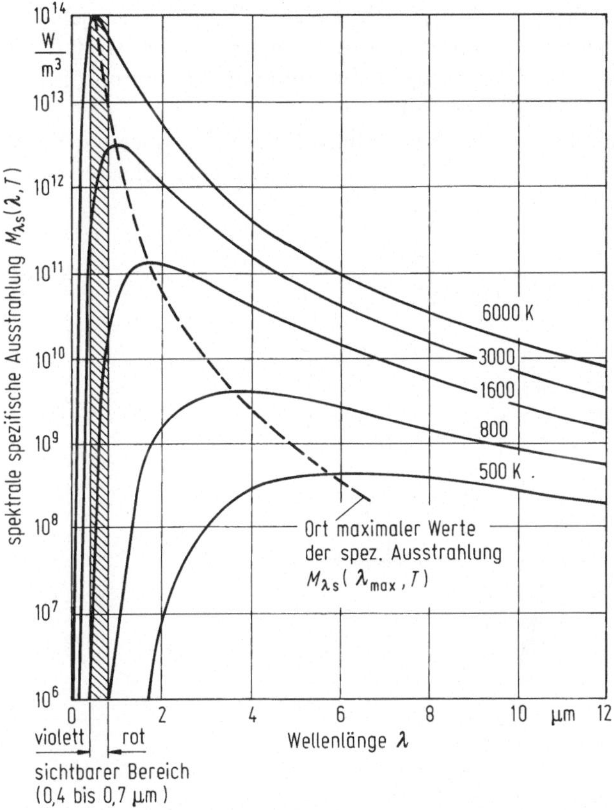

Bild 2.6. Hemisphärische spektrale spezifische Ausstrahlung eines Schwarzen Körpers für verschiedene Temperaturen in K

Um eine hohe Lichtausbeute (sichtbarer Spektralbereich) einer Glühfadenlampe zu erzielen, muß die Temperatur des Wolframdrahtes hoch sein; anderenfalls würde zuviel an elektrischer Energie in Wärmestrahlung umgewandelt, die im Infrarotbereich emittiert wird und nicht sichtbar ist. Die meisten Wolframglühlampen arbeiten nur bei etwa 3000 K und geben auf diese Weise einen großen Teil ihrer Energie im Infrarotbereich ab, aber die mit der Temperatur steigende Abdampfrate des Wolframdrahtes begrenzt die Temperatur auf diesen Wert. Die Sonne emittiert ein Spektrum, das dem eines Schwarzen Körpers einer Temperatur von etwa 5780 K entspricht, und hier liegt ein bemerkenswerter Betrag der emittierten Energie im sichtbaren Spektralbereich. Das menschliche Auge hat in diesem von uns als sichtbaren Spektralbereich bezeichneten Wellenlängenbereich die größte Empfindlichkeit. Er ist identisch mit dem Bereich maximaler Energieabstrahlung bei der Sonnentemperatur. Obwohl menschliches Sehen auf die Sonne abgestimmt ist, trifft dies nicht für alle Lebewesen auf der Erde zu. Schildkröten haben Augen, die auf Infrarot sensibilisiert sind, aber nicht auf

Blau; Bienen reagieren auf Ultraviolett, aber nicht auf Rot. Wäre das menschliche Auge in anderen Spektralbereichen empfindlich (z. B. im Infraroten, so daß wir Wärmebilder im „Dunkeln" sehen könnten), dann müßte die Definition für den „sichtbaren Bereich des Spektrums" eine andere sein.

Gleichung (2.11a) kann für manche Anwendungen in eine bequemere Form gebracht werden, bei der man nicht für jeden T-Wert eine Kurve zeichnen muß. Nach einer Division durch T^5 erhält man

$$\frac{M_{\lambda s}(\lambda,\, T)}{T^5} = \frac{\pi L'_{\lambda s}(\lambda,\, T)}{T^5} = \frac{2\pi c_1}{(\lambda T)^5\,(e^{c_2/(\lambda T)} - 1)}\,. \qquad (2.12)$$

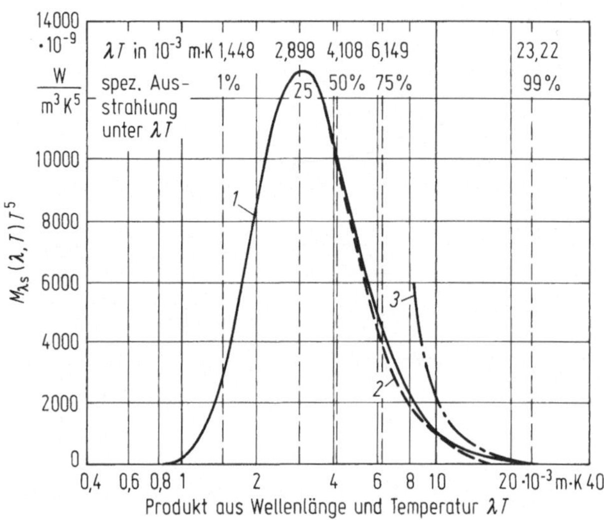

Bild 2.7. Spektralverteilung der hemisphärischen spezifischen Ausstrahlung eines Schwarzen Körpers. *1* Plancksche Verteilung; *2* Wiensche Verteilung; *3* Rayleigh-Jeans-Verteilung

Diese Gleichung gibt die Größe $M_{\lambda s}(\lambda,\, T)/T^5$ als Funktion einer einzigen Variablen λT wieder. Eine Darstellung dieser Beziehung zeigt Bild 2.7, wobei die Vielzahl der Kurven von Bild 2.6 entfällt. Eine Zusammenstellung von Zahlenwerten befindet sich in Tabelle A5.

Beispiel 2.3
Wie groß ist die spektrale spezifische Ausstrahlung bei einer Wellenlänge von $\lambda = 2\ \mu$m für einen Schwarzen Körper von $T = 833{,}33$ K?
    Für $\lambda T = 1666{,}7\ \mu$m · K ist nach Tabelle A5: $M_{\lambda s}/T^5 = 5{,}1841 \cdot 10^{-6}$ W/(K^5 m^3). Daraus folgt $M_{\lambda s} = 5{,}1841 \cdot 10^{-6} \cdot 833{,}33^5 = 2{,}083 \cdot 10^9$ W/m^3.

Beispiel 2.4
Wie groß ist die Strahldichte eines Schwarzen Körpers bei $\lambda = 2\ \mu$m für $T = 2500$ K?

In Tabelle A5 findet man für $\lambda T = 5000\ \mu\text{m} \cdot \text{K}$, für $M_{\lambda s}/T^5$ den Wert $0{,}71383 \cdot 10^{-11}$ W pro $(\text{m}^2\ \mu\text{m} \cdot \text{K}^5)$. Dann ist $L'_{\lambda s} = M_{\lambda s}/\pi$, $L_{\lambda s}(2\ \mu\text{m}) = 0{,}71383 \cdot 10^{-11}(1/\pi)\,2500^5 = 2{,}22 \cdot 10^{11}$ W pro $(\text{m}^3\ \text{sr})$.

2.4.7 Näherungen für die Spektralverteilung

Die Plancksche Strahlungsverteilung gibt die Strahldichte für einen Schwarzen Körper wieder. Diese Strahldichte ist die maximale Strahldichte, die ein beliebiger Körper bei einer gegebenen Wellenlänge für eine gegebene Temperatur ausstrahlen kann. Diese Strahldichte dient als optimaler Referenzstandard, mit dem die Strahlung jeder realen Oberfläche verglichen werden kann. Im Kap. 3 werden die Vergleichsmethoden erläutert. Die Plancksche Verteilung ist ebenfalls ein Maß für die maximale Strahlungsleistung, die mit einem beliebigen technischen Strahler je erreicht werden kann.

Es gibt für das Plancksche Gesetz recht einfache Näherungsformeln, deren Anwendung in vielen Fällen die Rechnung erheblich erleichtern. Es muß jedoch darauf geachtet werden, daß sie nur in denjenigen Wellenlängenbereichen Anwendung finden dürfen, in denen sie Ergebnisse ausreichender Genauigkeit liefern.

Wiensche Formel. Ist der Ausdruck $e^{c_2/(\lambda T)} \gg 1$, kann im Nenner von (2.12) die 1 vernachlässigt werden und man erhält

$$\frac{L'_{\lambda s}(\lambda, T)}{T^5} = \frac{2c_1}{(\lambda T)^5\ e^{c_2/(\lambda T)}} \, . \tag{2.13}$$

Dieser Ausdruck ist das Wiensche Gesetz, dessen Anwendungsgebiet im Bereich niedriger Temperaturen liegt. Es liefert Ergebnisse mit einer Unsicherheit unter 1 % für λT kleiner als 3000 $\mu\text{m} \cdot \text{K}$.

Rayleigh-Jeanssches Gesetz. Eine andere Näherung bekommt man, wenn man die Exponentialfunktion im Nenner von (2.12) als Reihe entwickelt.

$$e^{c_2/(\lambda T)} - 1 = 1 + \frac{c_2}{\lambda T} + \frac{1}{2!}\left(\frac{c_2}{\lambda T}\right)^2 + \frac{1}{3!}\left(\frac{c_2}{\lambda T}\right)^3 + \ldots - 1 \, . \tag{2.14}$$

Für Werte λT groß gegen c_2 kann diese Reihe nach dem 2. Glied abgebrochen werden, und (2.12) wird zu

$$\frac{L'_{\lambda s}(\lambda, T)}{T^5} = \frac{2c_1}{c_2}\frac{1}{(\lambda T)^4} \, . \tag{2.15}$$

Dieser Ausdruck wird als die Rayleigh-Jeanssche Formel bezeichnet und liefert Ergebnisse mit einer Unsicherheit von kleiner 1 % für λT größer als $8 \cdot 10^5\ \mu\text{m} \cdot \text{K}$. Dieser Bereich liegt weit außerhalb des meist bei Wärmestrahlungsproblemen interessierenden Bereiches, da ein Schwarzer Körper über 99,9 % seiner Energie bei niedrigeren λT-Werten emittiert. Die Formel wird für langwellige Strahlung anderer Strahler, wie z. B. für Radiowellen benutzt.

Einen Vergleich dieser Näherungsformeln mit dem Planckschen Strahlungsgesetz zeigt Bild 2.7.

2.4.8 Wiensches Verschiebungsgesetz

Eine andere interessierende Größe des Emissionsspektrums des Schwarzen Körpers ist die Wellenlänge λ_{max}, bei der die spezifische Ausstrahlung $M_{\lambda s}(\lambda)$ für eine gegebene Temperatur ihr Maximum erreicht. Dieses Maximum verlagert sich mit steigender Temperatur zu kürzeren Wellenlängen, wie die gestrichelte Linie in Bild 2.6 zeigt. Den Wert $\lambda_{max}T$ findet man im Maximum der Verteilungskurve in Bild 2.7. Man kann ihn auch analytisch durch Differenzieren der Planckschen Gleichung ermitteln. Man setzt die Ableitung der Gleichung gleich Null und erhält die transzendente Gleichung

$$\lambda_{max}T = \frac{c_2}{5} \; \frac{1}{1 - e^{-c_2/(\lambda_{max}T)}} \, . \tag{2.16}$$

Eine Lösung dieser Gleichung hat die Form

$$\lambda_{max}T = c_3 \, . \tag{2.17}$$

Dieses ist eine Form des Wienschen Verschiebungsgesetzes. Werte der Konstanten c_3 befinden sich in Tabelle A4. Gleichung (2.17) zeigt, daß das Maximum der spezifischen Ausstrahlung bzw. der Strahldichte sich mit zunehmender Temperatur zu kürzeren Wellenlängen verlagert, also umgekehrt proportional zu T ist.

Beispiel 2.5
Welche Temperatur eines Schwarzen Körpers entspricht einem maximalen Wert für die spektrale spezifische Ausstrahlung $M_{\lambda s}$ in der Mitte des sichtbaren Spektrums?

Bild 1.2 zeigt, daß sich das sichtbare Spektrum über den Bereich 0,4 bis 0,7 µm erstreckt und daß das Zentrum dieses Bereiches bei 0,55 µm liegt. Aus (2.17) folgt

$$T = \frac{c_3}{\lambda_{max}} = \frac{2898 \, \mu\text{m} \cdot \text{K}}{0,55 \, \mu\text{m}} = 5270 \, \text{K} \, .$$

Dieser Wert liegt nahe der effektiven Strahlungsoberflächentemperatur der Sonne von 5780 K.

2.4.9 Strahldichte und spezifische Ausstrahlung

Bisher wurde stets die Energie pro Wellenlängenintervall (z. B. spektrale Strahldichte) behandelt, die ein Schwarzer Körper bei einer Wellenlänge in Vakuum abstrahlt. Jetzt soll gezeigt werden, wie sich die Strahldichte bestimmen läßt, die die Strahlung aller Wellenlängen berücksichtigt. Das Ergebnis ist eine erstaunlich einfache Beziehung. Die spektrale Strahldichte eines schmalen Wellenlängenbereiches dλ ist durch $L'_{\lambda s}(\lambda)$ dλ gegeben. Nach Integration über alle Wellenlängen in den Grenzen 0 und ∞ ergibt sich die Strahldichte (auch: Gesamtstrahldichte)

$$L'_s = \int_0^\infty L'_{\lambda s}(\lambda) \, d\lambda \, . \tag{2.18}$$

Dieses Integral erhält nach Einsetzen der Planckschen Verteilung aus (2.12) und eine Einführung der Variablen von $\zeta = c_2/(\lambda T)$ die Form

$$
\begin{aligned}
L_{\rm s}' &= \int\limits_0^\infty \frac{2c_1}{\lambda^5(e^{c_2/(\lambda T)} - 1)}\, d\lambda \\
&= \int\limits_\infty^0 \left(\frac{c_2}{\lambda T}\right)^5 \left(\frac{T}{c_2}\right)^5 \frac{2c_1}{e^{c_2/(\lambda T)} - 1} \left(\frac{\lambda T}{c_2}\right)^2 \left(\frac{-c_2}{T}\right) d\left(\frac{c_2}{\lambda T}\right) \\
&= \frac{2c_1 T^4}{c_2^4} \int\limits_0^\infty \frac{\zeta}{e^\zeta - 1}\, d\zeta\ .
\end{aligned}
\tag{2.19}
$$

Bei Benutzung der Integraltafel [2.8] erhält man

$$
L_{\rm s}' = \frac{2c_1 T^4}{c_2^4} \frac{\pi^4}{15}
\tag{2.20}
$$

oder

$$
L_{\rm s}' = \frac{\sigma}{\pi} T^4\ ,
\tag{2.21}
$$

wobei die neu eingeführte Konstante

$$
\sigma = \frac{2c_1\pi^5}{15 c_2^4} = 5{,}6703 \cdot 10^{-8}\ \mathrm{W\,m^{-2}\,K^{-4}}
\tag{2.22}
$$

ist.

Dann ist die spezifische Ausstrahlung eines Schwarzen Körpers in Vakuum

$$
M_{\rm s} = \int\limits_0^\infty M_{\lambda \rm s}(\lambda)\, d\lambda = \int\limits_0^\infty \pi L_{\lambda \rm s}'(\lambda)\, d\lambda = \sigma T^4\ .
\tag{2.23}
$$

Diese Beziehung ist das Stefan-Boltzmannsche Gesetz, wobei σ die Stefan-Boltzmann-Konstante ist. Der experimentell bestimmte Wert für σ weicht geringfügig von dem nach (2.22) (s. Tabelle A4) berechneten ab.

Beispiel 2.6
Die spezifische Ausstrahlung pro Raumwinkel- und Flächeneinheit senkrecht zu einer Schwarzen Körper-Oberfläche beträgt 10000 W/(m² sr). Wie groß ist die Oberflächentemperatur?
Die hemisphärische spezifische Ausstrahlung ist mit der spezifischen Ausstrahlung in Richtung der Flächennormalen durch folgende Beziehung verknüpft: $M_{\rm s} = \pi M_{\rm s,n}'$. Daher ist aus (2.23) $T = (\pi M_{\rm s,n}'/\sigma)^{1/4} = (10000\pi/5{,}67032 \cdot 10^{-8})^{1/4}$ K $= 863$ K. Für die Stefan-Boltzmann-Konstante ist der Wert $\sigma = 5{,}67032 \cdot 10^{-8}$ Wm^{-2} K^{-4} verwendet worden.

Beispiel 2.7
Eine schwarze Oberfläche hat eine hemisphärische spezifische Ausstrahlung von 6309 W/m². Wie hoch ist die Oberflächentemperatur? Bei welcher Wellenlänge liegt das Maximum der spektralen spezifischen Ausstrahlung?

Aus dem Stefan-Boltzmannschen Gesetz folgt für die Temperatur des Schwarzen Körpers $T = (M_{\mathrm{s}}/\sigma)^{1/4} = (6309/5{,}67032 \cdot 10^{-8})^{1/4}$ K $= 578$ K. Mit dieser Temperatur erhält man aus dem Wienschen Verschiebungsgesetz $\lambda_{\max} = c_3/T = (2897{,}8/576)\ \mu\mathrm{m} = 5{,}03\ \mu\mathrm{m}$.

Beispiel 2.8

Ein elektrischer, quadratischer Plattenheizkörper mit 0,1 m Kantenlänge strahlt 100 W nach jeder Seite ab. Geht man davon aus, daß die Heizplatte schwarz ist, wie hoch ist ihre Temperatur?

Unter Anwendung des Stefan-Boltzmannschen Gesetzes ist

$$T = (\Phi/A\sigma)^{1/4} = \left[\frac{10^4\ \mathrm{W\ m}^{-2}}{5{,}670\,32 \cdot 10^{-8}\ \mathrm{W\ m}^{-2}\ \mathrm{K}^{-4}}\right]^{1/4} = 648\ \mathrm{K}\ .$$

In (2.5) wurde gezeigt, daß die spektrale Strahldichte einer schwarzen Oberfläche $L'_{\lambda\mathrm{s},}(\lambda)$ unabhängig vom Emissionswinkel ist. Die Integration über alle Wellenlängen ändert natürlich diese Winkelunabhängigkeit nicht. Die Strahldichte einer Oberfläche ist das, was das Auge als „Helligkeit" empfindet. Eine schwarze Oberfläche wird stets die gleiche Helligkeit aufweisen, gleich aus welchem Winkel sie betrachtet wird.

2.4.10 Abhängigkeit der maximalen Strahldichte von der Temperatur

Die Strahldichte ist bei bekannter Wellenlänge durch die Plancksche Spektralverteilung gegeben. Es ist bemerkenswert, daß man durch Einsetzen des Wienschen Verschiebungsgesetzes, (2.17) in (2.12), folgenden Ausdruck erhält:

$$L'_{\lambda_{\max}\mathrm{s}} = T^5\,\frac{2c_1}{c_3^5(e^{c_2/c_3} - 1)} = c_4 T^5\ , \tag{2.24}$$

wobei c_4 in Tabelle A4 angegeben ist. Es zeigt sich hier, daß die maximale Strahldichte mit der 5. Potenz der Temperatur ansteigt. Da $L'_{\lambda\mathrm{s}}/T^5$, wie (2.12) zeigt, nur eine Funktion von λT ist, folgt, daß bei einer Temperaturänderung des Schwarzen Körpers von T_1 auf T_2 gleichzeitig die Wellenlängen λ_1 und λ_2 so gewählt werden müssen, daß $\lambda_1 T_1 = \lambda_2 T_2$ ist. Der Wert von $L'_{\lambda\mathrm{s}}/T^5$ ändert sich nicht. Deshalb ändert sich die Strahldichte bei λ_2 für die Temperatur T_2 wie $(T_2/T_1)^5$ gegenüber der Strahldichte bei λ_1 für die Temperatur T_1. Dieses ist eine allgemeine Erklärung des Wienschen Verschiebungsgesetzes.

2.4.11 Strahlung des Schwarzen Körpers in einem Wellenlängenbereich

Die hemisphärische spezifische Ausstrahlung eines Schwarzen Körpers in Vakuum lautet nach dem Stefan-Boltzmannschen Gesetz:

$$M_{\mathrm{s}} = \int\limits_0^\infty M_{\lambda\mathrm{s}}(\lambda)\ \mathrm{d}\lambda = \sigma T^4\ .$$

Oft ist es bei Berechnungen des Strahlungsaustausches erwünscht, denjenigen Teil der spezifischen Ausstrahlung zu bestimmen, der in einem gegebenen Wellenlängenbereich emittiert wird, wie es in Bild 2.8 dargestellt ist. Diese Bruchteil-

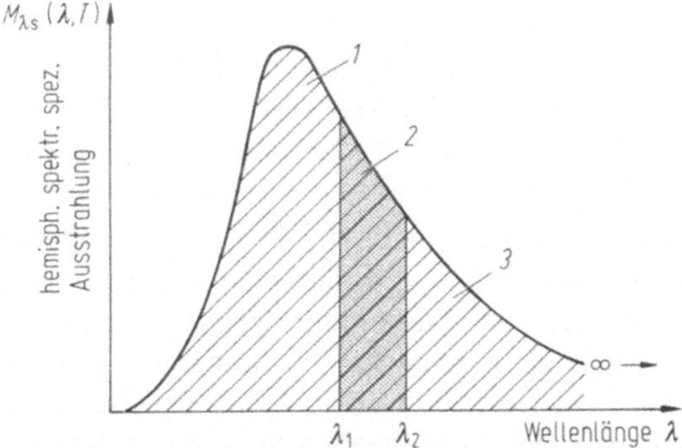

Bild 2.8. Hemisphärische spezifische Ausstrahlung im Wellenlängenbereich λ_1 bis λ_2. *1* spektrale Verteilung für die Temperatur T eines Schwarzen Körpers; *2* spezifische Ausstrahlung im Wellenlängenbereich λ_1 bis λ_2; *3* die Fläche unter der Kurve entspricht der spezifischen Ausstrahlung σT^4

funktion soll mit $F_{\lambda_1-\lambda_2}$ bezeichnet werden und wird wiedergegeben durch das Verhältnis

$$F_{\lambda_1-\lambda_2} = \frac{\int_{\lambda_1}^{\lambda_2} M_{\lambda s}(\lambda)\, d\lambda}{\int_0^\infty M_{\lambda s}(\lambda)\, d\lambda} = \frac{1}{\sigma T^4} \int_{\lambda_1}^{\lambda_2} M_{\lambda s}(\lambda)\, d\lambda. \tag{2.25}$$

Das letzte Integral in (2.25) läßt sich durch je zwei Integrale mit einer unteren Integrationsgrenze von $\lambda = 0$ ausdrücken:

$$F_{\lambda_1-\lambda_2} = \frac{1}{\sigma T^4}\left[\int_0^{\lambda_2} M_{\lambda s}(\lambda)\, d\lambda - \int_0^{\lambda_1} M_{\lambda s}(\lambda)\, d\lambda \right] = F_{0-\lambda_2} - F_{0-\lambda_1}. \tag{2.26}$$

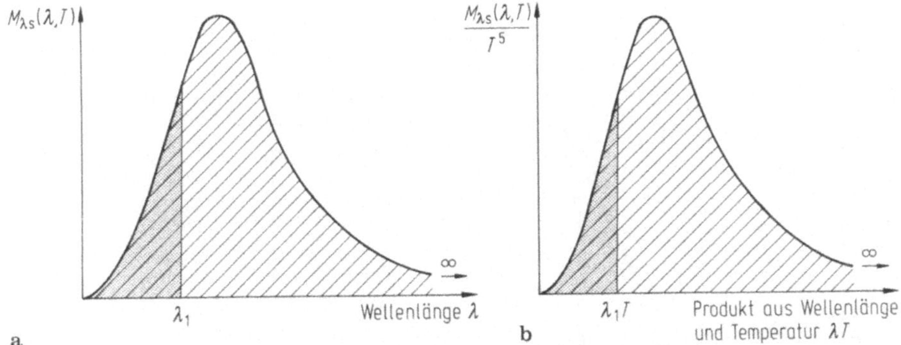

Bild 2.9. Physikalische Interpretation des Faktors F, wobei $F_{0-\lambda_1}$ oder $F_{0-\lambda_1 T}$ das Verhältnis der schraffierten zur gerasterten Fläche darstellt. **a** die Kurve entspricht einer diskreten Temperatur. Die Fläche unter der Kurve ist σT^4; **b** bei der verallgemeinerten Darstellung ist die Fläche unter der Kurve gleich σ

Die Bruchteilfunktion der spezifischen Ausstrahlung in einem beliebigen Wellenlängenbereich kann ermittelt werden, wenn Werte für $F_{0-\lambda}$ als Funktion von λ tabelliert vorliegen. Die $F_{0-\lambda_1}$-Funktion wird in Bild 2.9a dargestellt und entspricht der gestrichelten Fläche, dividiert durch die gesamte Fläche unter der Kurve.

Für einen Schwarzen Körper gibt die Funktion $F_{\lambda_1-\lambda_2}$ wegen des einfachen Zusammenhangs der spezifischen Ausstrahlung mit der Strahldichte, (2.8b), auch den innerhalb des Wellenlängenbereichs λ_1 bis λ_2 emittierten Teil der Strahldichte wieder. Da $M_{\lambda s}$ von T abhängt, muß bei Anwendung von (2.26) $F_{0-\lambda}$ für jedes T tabelliert werden. Diese Schwierigkeit kann jedoch umgangen werden, wenn man die F-Funktion mit nur einer einzigen Variablen λT ausdrücken kann (Bild 2.9b). Auf diese Weise erhält man einen universellen Satz von F-Werten, der für alle Temperaturen und Wellenlängen gilt. Diese allgemeine Form erhält man aus (2.26):

$$F_{\lambda_1-\lambda_2} = F_{\lambda_1 T-\lambda_2 T} = \frac{1}{\sigma}\left[\int_0^{\lambda_2 T} \frac{M_{\lambda s}(\lambda)}{T^5}\,\mathrm{d}(\lambda T) - \int_0^{\lambda_1 T} \frac{M_{\lambda s}(\lambda)}{T^5}\,\mathrm{d}(\lambda T)\right]$$

$$= F_{0-\lambda_2 T} - F_{0-\lambda_1 T} \tag{2.27}$$

Wie in (2.12) gezeigt wurde, ist $M_{\lambda s}/T^5$ nur eine Funktion von λT, so daß die Integranden in (2.27) nur von der Variablen λT abhängen. Die Werte sind in Tabelle A5 wiedergegeben und in Bild 2.10 ist $F_{0-\lambda T}$ als Funktion von λT dargestellt.

Die tabellierten $F_{0-\lambda T}$-Werte sind auch in erweiterter Form für größere Genauigkeitsanforderungen verfügbar. In den Tabellen von Pivovonsky und Nagel

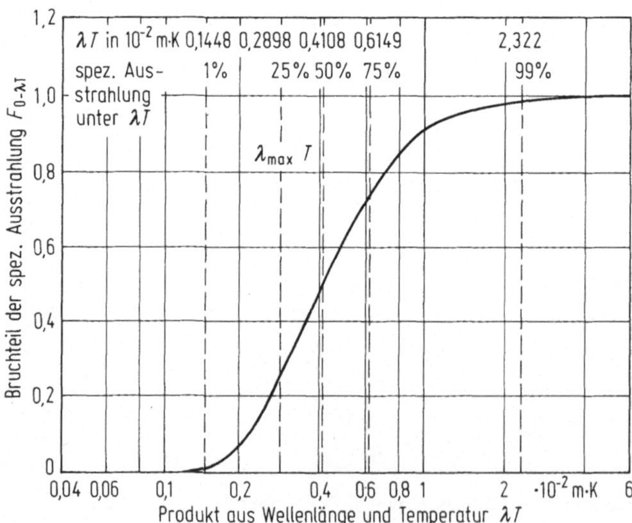

Bild 2.10. Bruchteilfunktion der hemisphärischen spezifischen Ausstrahlung eines Schwarzen Körpers im Bereich 0 bis λT

[2.9] sind z. B. die Werte für jeden λT-Bereich von 10 µm · K über einen sehr weiten λT-Bereich tabelliert. Andere Quellen für Funktionen der Schwarzen Strahlung befinden sich in [2.10, 2.11]. Weitere Näherungspolynome für $F_{0-\lambda T}$ enthält der Anhang A.

Es gibt eine Vielzahl von Anwendungsmöglichkeiten für $F_{0-\lambda T}$-Werte, wie folgende Beispiele zeigen.

Beispiel 2.9

Ein Schwarzer Körper strahlt bei einer Temperatur von 2780 K. Es soll die hemisphärische spezifische Ausstrahlung mittels eines Strahlungsempfängers gemessen werden. Dieser Strahlungsempfänger absorbiert alle Strahlung im λ-Bereich von 0,8 bis 5 µm, aber keine Energie außerhalb dieses Bereiches. Wie groß ist die prozentuale Korrektur, die bei der Energiemessung anzubringen ist? Wenn sich der Empfindlichkeitsbereich des Empfängers um 0,5 µm ausdehnen ließe, nach welcher Seite des Spektrums sollte dieses geschehen?

Man nimmt $\lambda_1 T = 0,8\ \mu\text{m} \cdot 2780\ \text{K} = 2224\ \mu\text{m} \cdot \text{K}$ und $\lambda_2 T = 5\ \mu\text{m} \cdot 2780\ \text{K} = 13\,900\ \mu\text{m} \cdot \text{K}$ und erhält damit den Teil der Energie außerhalb des Empfindlichkeitsbereiches, der $F_{0-\lambda_1 T}$
$+ F_{\lambda_2 T - \infty} = F_{0-\lambda_1 T} + (1 - F_{0-\lambda_2 T}) = 0,10089 + 0,00437 + 1 - 0,96216 = 0,1431$ ist. Das bedeutet, 14,3 % der gesamten einfallenden Energie wird vom Empfänger nicht erfaßt. Die Ausdehnung des Empfindlichkeitsbereiches nach längeren Wellenlängen bringt nur wenig mehr an Genauigkeit, da die Kurve für F in diesem Gebiet nur eine geringe Neigung gegen λT hat. Die Ausdehnung zu kürzeren Wellenlängen bringt einen größeren Anstieg des erfaßten Energieintervalls:
$\lambda_1' T = 0,3\ \mu\text{m} \cdot 2780\ \text{K} = 834\ \mu\text{m} \cdot \text{K}$:

$$F_{0-\lambda_1' T} + F_{\lambda_2 T - \infty} = 0,00004 - 0,00001 + 1 - 0,96216 = 0,0379 \cong 4\,\%$$

liegen außerhalb des erfaßten Wellenlängenbereiches bzw.
$\lambda_2' T = 5,5\ \mu\text{m} \cdot 2780\ \text{K} = 15\,290\ \mu\text{m} \cdot \text{K}$:

$$F_{0-\lambda_1 T} + F_{\lambda_2' T - \infty} = 0,10089 + 0,00437 + 1 - 0,97050 + 0,00005 = 0,1348 \cong 13,5\,\% \,.$$

Beispiel 2.10

Es steht ein Strahlungsempfänger, der innerhalb der Bandbreite von 1 µm empfindlich ist, zur Verfügung. Bestimmt werden soll die spezifische Ausstrahlung von zwei Schwarzen Körpern; der eine hat eine Temperatur von 2780 K, der andere von 5560 K. Der Empfindlichkeitsbereich von 1 µm des Empfängers soll nun jeweils so eingestellt werden, daß die Mitte dieses Bereiches genau im Maximum der spezifischen Ausstrahlung liegt. Bei welchem der beiden Schwarzen Körper wird ein Maximum der emittierten Energie gemessen? Wie hoch ist der erfaßte Prozentsatz in beiden Fällen?

Nach dem Wienschen Verschiebungsgesetz liegt das Maximum der spezifischen Ausstrahlung in jedem Fall bei $\lambda_{max} = 2,8978 \cdot 10^{-3}\ \text{m} \cdot \text{K}/T$. Für die höhere Temperatur ergibt ein Wellenlängenintervall von 1 µm eine weitere Streckung der λT-Werte um das Maximum $\lambda_{max} T$ auf der normierten Kurve des Schwarzen Körpers (Bild 2.7), so daß die Messung bei 5560 K genauer wäre. Für den Schwarzen Körper bei 5560 K ist $\lambda_{max} = 0,5212\ \mu\text{m}$ und $\lambda_1 T = (0,5212 - 0,5000)\ \mu\text{m} \cdot 5560\ \text{K} = 118\ \mu\text{m} \cdot \text{K}$ und ebenso $\lambda_2 T = 1,0212\ \mu\text{m} \cdot 5560\ \text{K} = 5678\ \mu\text{m} \cdot \text{K}$. Dann ist der Prozentsatz der erfaßten spezifischen Ausstrahlung $100\,(F_{0-5678} - F_{0-118}) = 100\,(0,71076 - 0,00212 - 0)$ $= 70,9\,\%$. Eine ähnliche Rechnung für den Schwarzen Körper von der Temperatur 2780 K zeigt, daß 51,7 % der spezifischen Ausstrahlung von dem Empfänger erfaßt werden.

Beispiel 2.11

Ein Band in einem Lampenkolben befindet sich auf einer Temperatur von 3000 K. Angenommen, das Band emittierte ein Spektrum wie ein Schwarzer Körper, wie groß ist dann der Energieanteil, der in den sichtbaren Spektralbereich fällt?

Der sichtbare Bereich liegt zwischen $\lambda = 0,4\ \mu\text{m}$ und $\lambda = 0,7\ \mu\text{m}$. Der gesuchte Teil ist dann

$$F_{0-2100\ \mu\text{m} \cdot \text{K}} - F_{0-1200\ \mu\text{m} \cdot \text{K}} = 0,0831 - 0,0021 = 0,081 \cong 8,1\,\%.$$

Einige gebräuchliche Werte für $F_{0-\lambda T}$ sind in Tabelle 2.1 wiedergegeben. Es ist bemerkenswert, daß genau 1/4 der spezifischen Ausstrahlung im Wellenlängenbereich unterhalb des Maximums der Planckschen Spektralverteilung bei jeder beliebigen Temperatur liegt ($c_3 = \lambda_{max} T = 2{,}897790 \cdot 10^{-3}$ m $\cdot$ K). Für diesen Wert scheint es keine einfache physikalische Erklärung zu geben, und es muß zu den Phänomenen gerechnet werden, wie z. B. die Erdanziehungskraft und das Stefan-Boltzmannsche T^4-Gesetz, wo mit einfachen Naturgesetzen komplizierte Vorgänge beschrieben werden können.

Tabelle 2.1. Bruchteilfunktion der spezifischen Ausstrahlung eines Schwarzen Körpers für den Bereich 0 bis λT

λT 10^{-6} m $\cdot$ K	$F_{0-\lambda T}$
1448	0,01
2899	0,25
4109	0,50
6149	0,75
23000	0,99

2.4.12 Strahlung eines Schwarzen Körpers in ein beliebiges Medium

Die bisher abgeleiteten Ausdrücke für die Strahlung eines Schwarzen Körpers beziehen sich auf dessen Emission in Vakuum oder in ein Medium, für das $n \approx 1$ ist. Wird die Emission eines Schwarzen Körpers, der sich innerhalb eines großen Volumens, in dem sich kein Vakuum sondern ein beliebiges Medium befindet, betrachtet, so werden die Größen c_1 und c_2 der Planckschen Gleichung für die Energieverteilung durch

$$c_1' = hc^2 \tag{2.28a}$$

$$c_2' = \frac{hc}{k} \tag{2.28b}$$

ersetzt, so daß

$$M_{\lambda_m s}(\lambda_m)\, d\lambda_m = \frac{2\pi c_1'}{\lambda_m^5 (e^{c_2/(\lambda_m T)} - 1)}\, d\lambda_m \tag{2.29}$$

ist, wobei k die Boltzmann-Konstante, h die Planck-Konstante, c die Fortpflanzungsgeschwindigkeit des Lichts im betreffenden Medium und λ_m die Wellenlänge in dem betreffenden Medium sind.

Da die Geschwindigkeit c vom Medium abhängt, ist es besser, c_1 und c_2 in Abhängigkeit von c_0 der Lichtgeschwindigkeit im Vakuum zu definieren, so daß dann c_1 und c_2 Konstanten sind. Die Fortpflanzungsgeschwindigkeit im Medium ist durch $c = c_0/n$ gegeben, wobei n die Brechzahl ist. Die Plancksche Energieverteilung in einem Wellenlängenbereich $\mathrm{d}\lambda_\mathrm{m}$ wird dann (unter Beachtung, daß λ_m die Wellenlänge im Medium ist)

$$M_{\lambda_\mathrm{m}s}(\lambda_\mathrm{m})\,\mathrm{d}\lambda_\mathrm{m} = \frac{2\pi c^2 h}{\lambda_\mathrm{m}^5(e^{ch/(k\lambda_m T)} - 1)}\,\mathrm{d}\lambda_\mathrm{m} = \frac{2\pi c_0^2 h}{n^2\lambda_\mathrm{m}^5(e^{c_0 h/(nk\lambda_m T)} - 1)}\,\mathrm{d}\lambda_\mathrm{m}\,,$$

$$M_{\lambda_\mathrm{m}s}(\lambda_\mathrm{m}) = \frac{2\pi c_1}{n^2\lambda_\mathrm{m}^5(e^{c_2/(n\lambda_m T)} - 1)}\,. \tag{2.30a}$$

In (2.30a) ist $c_1 = hc_0^2$ und $c_2 = hc_0/k$. Die Werte von c_1 und c_2 sind in Tabelle A4 aufgeführt. Gleichung (2.30a) kann in verallgemeinerter Form analog (2.12) wiedergegeben werden:

$$\frac{M_{\lambda_\mathrm{m}s}}{n^3 T^5} = \frac{2\pi c_1}{(n\lambda_\mathrm{m}T)^5\,(e^{c_2/(n\lambda_m T)} - 1)}\,. \tag{2.30b}$$

Das bedeutet für Bild 2.7, daß die Ordinate durch $M_{\lambda_\mathrm{m}s}/(n^3 T^5)$ und die Abszisse durch $n\lambda_\mathrm{m}T$ ersetzt werden müssen. Wird bei (2.30a) statt der Wellenlänge die Frequenz benutzt, erhält man

$$M_{\nu s} = \frac{2\pi n^2 c_1 \nu^3}{c_0^4(e^{c_2\nu/(c_0 T)} - 1)}\,. \tag{2.31}$$

Die Frequenz ν in einem beliebigen Medium ist die gleiche wie im Vakuum. Für λ_m gilt $\lambda_\mathrm{m} = \lambda/n$, wobei λ der Wert im Vakuum ist.

Die Integration von (2.30a) über alle Wellenlängen erfolgt wie in (2.19), wenn n konstant ist. So bekommt das Stefan-Boltzmannsche Gesetz für die hemisphärische spezifische Ausstrahlung in ein Medium der Brechzahl n die Form

$$M_{s,\mathrm{m}} = n^2\sigma T^4\,. \tag{2.32}$$

Die Strahlung eines Schwarzen Körpers in Glas ($n \approx 1{,}5$) ist also 2,25mal größer als die in Luft (s. Teil 3 Abschn. 6.6.2). Das Wiensche Verschiebungsgesetzt wird jetzt

$$n\lambda_{\mathrm{max},\mathrm{m}}T = c_3\,, \tag{2.33}$$

wobei $\lambda_{\mathrm{max},\mathrm{m}}$ die Wellenlänge bei dem Emissionsmaximum in das betreffende Medium ist. Diese Verfeinerungen werden nur in einigen der nachfolgenden Abschnitte benutzt, da ihr Anwendungsgebiet bei technischen Strahlungsproblemen nur klein ist. Eine erwähnenswerte Ausnahme bilden die Ergebnisse der Arbeiten von Gordon et al. [2.12–2.14] über Strahlungseffekte in geschmolzenem Glas. Anwendungen dieser Art werden im Teil 3 Abschn. 6.6 und ausführlich bei Viskanta und Anderson [2.15] diskutiert.

2.5 Herstellung eines Schwarzen Körpers

Will man die Strahlungseigenschaften von realen Materialien messen, so benötigt man eine schwarze Fläche als Bezugsnormal, mit der ein direkter Vergleich zwischen der realen Oberfläche und der idealen (schwarzen) Fläche möglich ist. Da es in der Natur keine idealen schwarzen Flächen gibt, verwendet man eine spezielle Technik, um eine sehr gute Annäherung an eine solche schwarze Fläche zu erzielen. Bild 2.11 zeigt einen Metallzylinder, der zu einem Hohlraum mit einer

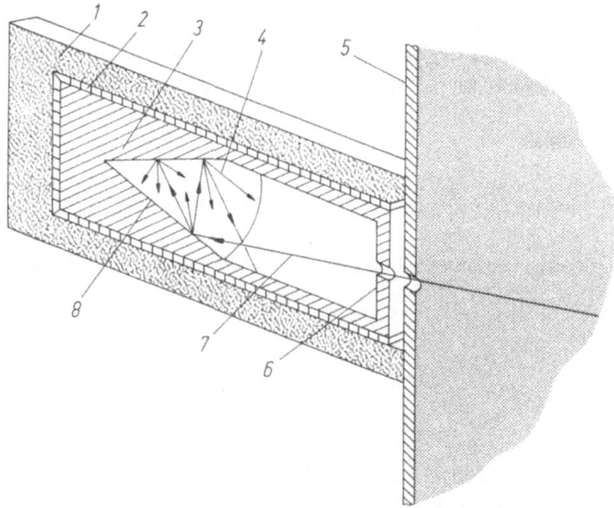

Bild 2.11. Hohlraum zur Realisierung einer schwarz strahlenden Fläche. *1* Isolierung; *2* Heizung; *3* Kupferzylinder; *4* reflektierte Strahlung; *5* polierte Fläche; *6* schwarze Fläche; *7* einfallender Strahl; *8* stark absorbierende Fläche

kleinen Öffnung ausgebildet wurde. Gelangt ein einfallender Strahl in den Hohlraum, wie Bild 2.11 zeigt, so trifft er auf die Hohlraumwand und ein Teil wird absorbiert; der verbleibende Rest reflektiert. Der reflektierte Teil fällt auf einen anderen Teil der Wand und wird wieder teilweise absorbiert bzw. reflektiert. Es ist klar, daß bei einer kleinen Hohlraumöffnung nur sehr wenig von dem ursprünglichen Einfallsstrahl wieder durch die Öffnung austreten kann. So nähert sich, wenn die Öffnung des Hohlraumes genügend klein ist, diese dem Verhalten einer schwarzen Fläche, da der überwiegende Teil der einfallenden Strahlung absorbiert wird. Um den Hohlraum auf möglichst homogener Temperatur zu halten, da sich nur dann der Innenraum durch Strahlungsaustausch im thermischen Gleichgewicht befindet, wird der auf Bild 2.11 dargestellte Hohlraum aus einem Kupferzylinder gefertigt und mit Isolationsmaterial umgeben. Erwärmt man den Hohlraum, so stellt die Öffnung eine Strahlungsquelle für Schwarze Strahlung dar; denn wie im Abschn. 2.3.1 gezeigt, ist eine ideal absorbierende Fläche auch eine ideal emittierende. Die polierte Oberfläche an der Vorderseite des Hohlraumes schützt die Öffnung vor Streustrahlung aus der Umgebung.

Die Erzielung isothermer Bedingungen in einem derartigen Hohlraum ist eine schwierige, aber unbedingt erforderliche Voraussetzung, damit die Strahlungseigenschaften wirklich denen eines Hohlraumstrahlers entsprechen. Eine andere Schwierigkeit bei Verwendung eines solchen Hohlraumes als Schwarzen Körper ist die durch die Beheizungsmethode und das Wandmaterial begrenzte obere Betriebstemperatur. Diese begrenzt den Energieaustritt aus der Öffnung, insbesondere im kurzwelligen Spektralbereich.

Geht man davon aus, daß der Hohlraum vollkommen isotherm und perfekt isoliert ist, und wäre die Austrittsöffnung unendlich klein, so daß sie nicht das Strahlungsgleichgewicht in dem abgeschlossenen Raum stört, dann ist die Strahlung aus der Öffnung Strahlung eines Schwarzen Körpers, und der Hohlraum ist vollständig von dieser erfüllt. Es ist wichtig, daß unter diesen Bedingungen auch Strahlung, die von der Hohlraumwand emittiert wird, selbst dann noch Schwarze Strahlung ist, wenn die Wand kein idealer schwarzer Strahler ist. Trifft die Schwarze Strahlung innerhalb des Hohlraumes auf die Wand, wird ein Teil absorbiert und der restliche Teil reflektiert. Da die Wand nach außen wegen der idealen Isolation keine Energie abgeben soll, muß die innen absorbierte Energie wieder emittiert werden. Die Summe von reflektierter und emittierter Energie der Wand muß gleich der Energie der einfallenden Schwarzen Strahlung sein.

Wird ein Körper in den Hohlraum eingebracht, der so klein ist, daß er nicht die Bedingungen innerhalb des Hohlraumes stört, nimmt er die Gleichgewichtstemperatur des Hohlraumes an. Da der Netto-Energieaustausch mit dem eingebrachten Körper Null sein muß, ist die aus der Öffnung des Schwarzen Körpers austretende Strahlung, die aus emittierten und reflektierten Anteilen besteht, Schwarze Strahlung. Daher ist die Strahlung des Körpers gleich der Umgebungsstrahlung, und der Körper innerhalb des Hohlraumes ist nicht sichtbar.

2.6 Zusammenfassung der Eigenschaften des Schwarzen Körpers

Es wurde gezeigt, daß der ideale Schwarze Körper bestimmte grundlegende Eigenschaften besitzt, die ihn zu einem Referenzstandard machen, mit dem sich alle realen emittierenden Körper vergleichen lassen. Diese Eigenschaften sind:

1. Der Schwarze Körper ist der bestmögliche Absorber und Emitter für Strahlungsenergie bei jeder Wellenlänge und in jeder Richtung.
2. Die Strahldichte und die hemisphärische spezifische Ausstrahlung eines Schwarzen Körpers in ein Medium mit der Brechzahl n wird durch das Stefan-Boltzmannsche Gesetz wiedergegeben:

$$\pi L'_s = M_s = n^2 \sigma T^4 \, .$$

Tabelle 2.2. Strahlungsgrößen des Schwarzen Körpers ($n \approx 1$)

Zeichen	Bezeichnung der Größe	Definition (s. DIN 5496)	Geometrie	Formel	SI-Einheit
$L'_{\lambda s}(\lambda, T)$	spektrale Strahldichte	Die in gegebener Richtung pro Flächeneinheit einer senkrecht zur Abstrahlungsrichtung projizierten Fläche pro Zeiteinheit und Wellenlängeneinheit in den Raumwinkel emittierte Strahlungsenergie		$\dfrac{2c_1}{\lambda^5(e^{c_2/(\lambda T)} - 1)}$	$\mathrm{W\ m^{-3}\ sr^{-1}}$
$L'_{s}(T)$	Strahldichte	Die über alle Wellenlängen integrierte spektrale Strahldichte		$\dfrac{\sigma T^4}{\pi}$	$\mathrm{W\ m^{-2}\ sr^{-1}}$
$M'_{\lambda s}(\lambda, \vartheta, T)$	gerichtete spektrale spezifische Ausstrahlung	Strahlungsenergie pro durchstrahltes Raumwinkelelement in Richtung ϑ pro Flächenelement, Wellenlänge und Zeit		$L'_{\lambda s} \cos \vartheta$	$\mathrm{W\ m^{-3}\ sr^{-1}}$
$M'_{s}(\vartheta, T)$	gerichtete spezifische Ausstrahlung	Die über alle Wellenlängen integrierte gerichtete spektrale spezifische Ausstrahlung		$\dfrac{\sigma T^4}{\pi} \cos \vartheta$	$\mathrm{W\ m^{-2}\ sr^{-1}}$
$M_{\lambda s}(\lambda, \vartheta_1 - \vartheta_2, \varphi_1 - \varphi_2, T)$	spektrale spezifische Ausstrahlung in einen endlichen Raumwinkel	In den Raumwinkel $\vartheta_1 \leqq \vartheta \leqq \vartheta_2$, $\varphi_1 \leqq \varphi \leqq \varphi_2$ pro Oberflächenelement, Wellenlängenintervall und Zeit emittierte Strahlungsenergie		$L'_{\lambda s}(\varphi_2 - \varphi_1) \times$ $\times \dfrac{\sin^2 \vartheta_2 - \sin^2 \vartheta_1}{2}$	$\mathrm{W\ m^{-3}}$

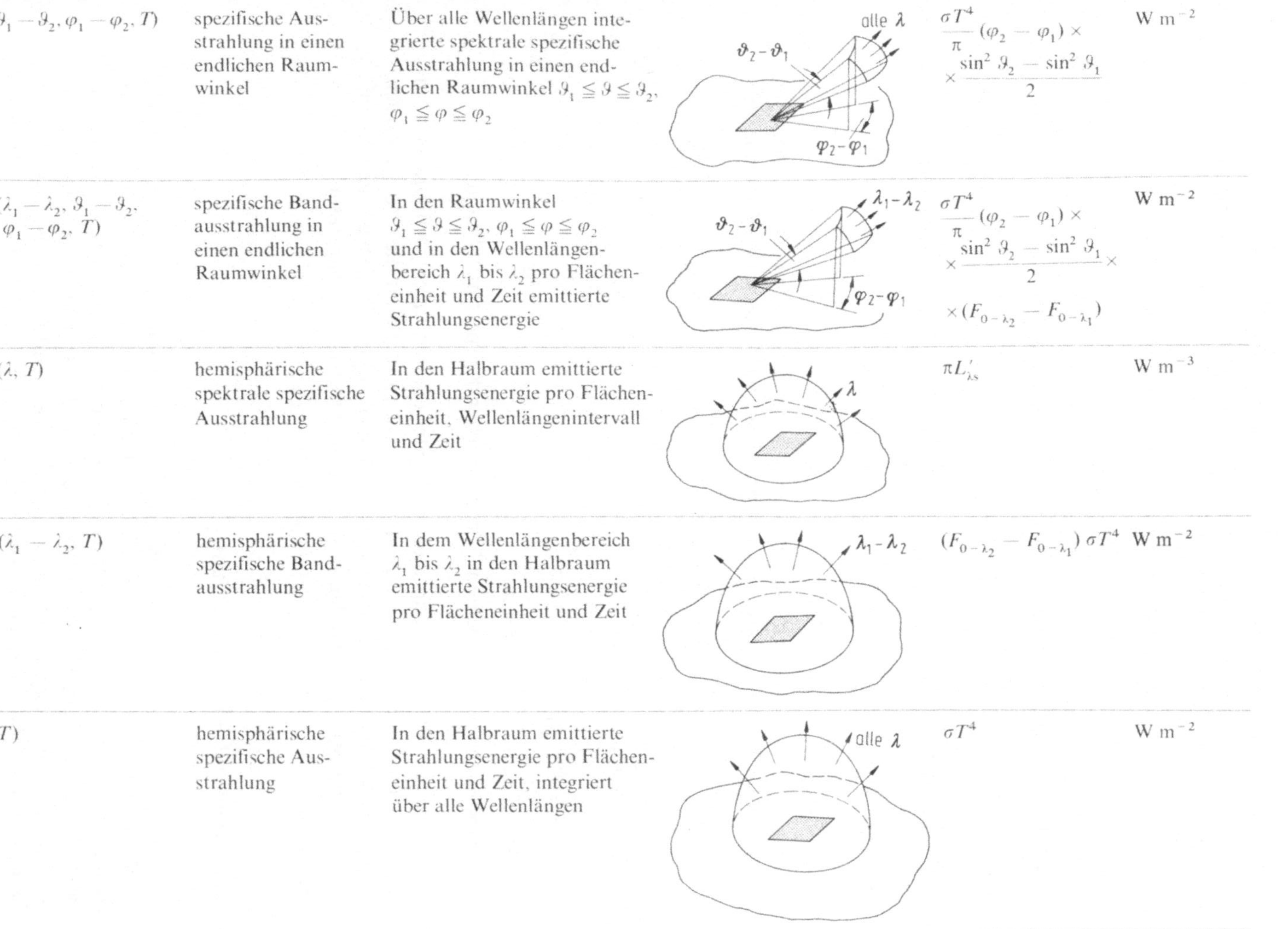

$M_s(\vartheta_1 - \vartheta_2, \varphi_1 - \varphi_2, T)$	spezifische Ausstrahlung in einen endlichen Raumwinkel	Über alle Wellenlängen integrierte spektrale spezifische Ausstrahlung in einen endlichen Raumwinkel $\vartheta_1 \leqq \vartheta \leqq \vartheta_2$, $\varphi_1 \leqq \varphi \leqq \varphi_2$	$\dfrac{\sigma T^4}{\pi}(\varphi_2 - \varphi_1) \times \dfrac{\sin^2 \vartheta_2 - \sin^2 \vartheta_1}{2}$	$\mathrm{W\,m^{-2}}$
$M_{\lambda s}(\lambda_1 - \lambda_2, \vartheta_1 - \vartheta_2, \varphi_1 - \varphi_2, T)$	spezifische Bandausstrahlung in einen endlichen Raumwinkel	In den Raumwinkel $\vartheta_1 \leqq \vartheta \leqq \vartheta_2$, $\varphi_1 \leqq \varphi \leqq \varphi_2$ und in den Wellenlängenbereich λ_1 bis λ_2 pro Flächeneinheit und Zeit emittierte Strahlungsenergie	$\dfrac{\sigma T^4}{\pi}(\varphi_2 - \varphi_1) \times \dfrac{\sin^2 \vartheta_2 - \sin^2 \vartheta_1}{2} \times \times (F_{0-\lambda_2} - F_{0-\lambda_1})$	$\mathrm{W\,m^{-2}}$
$M_{\lambda s}(\lambda, T)$	hemisphärische spektrale spezifische Ausstrahlung	In den Halbraum emittierte Strahlungsenergie pro Flächeneinheit, Wellenlängenintervall und Zeit	$\pi L'_{\lambda s}$	$\mathrm{W\,m^{-3}}$
$M_{\lambda s}(\lambda_1 - \lambda_2, T)$	hemisphärische spezifische Bandausstrahlung	In dem Wellenlängenbereich λ_1 bis λ_2 in den Halbraum emittierte Strahlungsenergie pro Flächeneinheit und Zeit	$(F_{0-\lambda_2} - F_{0-\lambda_1})\,\sigma T^4$	$\mathrm{W\,m^{-2}}$
$M_s(T)$	hemisphärische spezifische Ausstrahlung	In den Halbraum emittierte Strahlungsenergie pro Flächeneinheit und Zeit, integriert über alle Wellenlängen	σT^4	$\mathrm{W\,m^{-2}}$

3. Die gerichtete spektrale spezifische Ausstrahlung und die gerichtete spezifische Ausstrahlung des Schwarzen Körpers folgt dem Lambertschen Kosinus-Gesetz:

$$M'_{\lambda s}(\lambda, \vartheta) = M_{\lambda s, n}(\lambda) \cos \vartheta \, ,$$

$$M'_{s}(\vartheta) = M'_{s, n} \cos \vartheta \, .$$

4. Die Spektralverteilung der Strahldichte eines Schwarzen Körpers ist durch die Plancksche Verteilung gegeben:

$$L'_{\lambda s}(\lambda) = \frac{2c_1}{\lambda^5 (e^{c_2/(\lambda T)} - 1)}$$

für Emission in Vakuum,

$$L'_{\lambda_m s}(\lambda_m) = \frac{2c_1}{n^2 \lambda_m^5 (e^{c_2/(n \lambda_m T)} - 1)}$$

für Emission in ein Medium.

5. Die Wellenlänge, bei der das Maximum der spektralen Strahldichteverteilung der Strahlung eines Schwarzen Körpers liegt, wird durch das Wiensche Verschiebungsgesetz gegeben:

$$\lambda_{max} = \frac{c_3}{T}$$

für Emission in Vakuum,

$$\lambda_{max, m} = \frac{c_3}{nT}$$

für Emission in ein Medium.

6. Die Strahlung ist vom Material des Schwarzen Körpers unabhängig.

Wegen der Vielzahl der in diesem Kapitel erscheinenden Definitionen sind die Größen in Tabelle 2.2 zusammengestellt. Die Formeln für die Größen werden entweder in Ausdrücken der spektralen Strahldichte $L'_{\lambda s}(\lambda, T)$, die nach dem Planckschen Gesetz berechnet worden sind, oder der Oberflächentemperatur T wiedergegeben.

2.7 Geschichtliche Entwicklung

Die Ableitungen der angenäherten Spektralverteilungen von Wien und von Raleigh-Jeans, das Stefan-Boltzmannsche Gesetz und das Wiensche Verschiebungsgesetz gehen aus der spektralen Strahldichteverteilung hervor, wie sie das von Max Planck aufgestellte Gesetz beschreibt. Es ist jedoch interessant festzustellen, daß alle diese Beziehungen vor der Veröffentlichung der Planckschen Arbeit im Jahr 1901 formuliert und ursprünglich durch eine etwas umständliche thermodynamische Beweisführung abgeleitet worden sind.

Im Jahr 1879 empfahl Joseph Stefan [2.16] aufgrund der von ihm gefundenen experimentellen Ergebnisse eine Beziehung, nach der die spezifische Ausstrahlung der 4. Potenz der absoluten Temperatur eines strahlenden Körpers proportional sein sollte. Ludwig Edward Boltzmann [2.17] konnte im Jahr 1884 die gleiche Beziehung aus einem Carnotschen Kreisprozeß ableiten unter der Annahme, daß sich der Strahlungsdruck wie der Druck der Arbeitsflüssigkeit verhält.

Wilhelm Carl Werner Otto Fritz (Willy) Wien [2.18] leitete 1891 das Verschiebungsgesetz ab, indem er einen Kolben betrachtete, der sich in einem verspiegelten Zylinder bewegt. Dabei fand er, daß sowohl die spektrale Energiedichte in einem isothermen, geschlossenen Raum als auch die spektrale spezifische Ausstrahlung eines Schwarzen Körpers direkt proportional der 5. Potenz der absoluten Temperatur sind, wenn „entsprechende Wellenlängen" gewählt werden. Die im Abschn. 2.4.8, (2.17), dargestellte Beziehung wird oft als Wiensches Verschiebungsgesetz bezeichnet, ist aber tatsächlich eine Konsequenz aus dem vorher Gesagten.

Auch Wien [2.19] leitet die Spektralverteilung der Strahldichte aus thermodynamischen Schlußfolgerungen und Annahmen über Absorptions- und Emissionsprozesse ab.

Die von Lord Raleigh (1900) und Sir James Jeans (1905) angegebene Spektralverteilung basiert auf der Annahme der Gültigkeit der klassischen Theorie von der Gleichverteilung der Energie [2.20, 2.21].

Die Tatsache, daß Messungen und einige theoretische Überlegungen den Wienschen Ausdruck für die Spektralverteilung bei hohen Temperaturen und/oder großen Wellenlängen nicht bestätigten, veranlaßte Planck, harmonische Oszillatoren zu untersuchen, von denen man annahm, daß sie Emitter und Absorber für Strahlungsenergie wären. Planck ging davon aus, daß sich die Strahldichte eines Schwarzen Körpers mit steigender Temperatur nicht einer endlichen Grenze nähern sollte. Die Wiensche Formel, (2.13), zeigt, daß diese Bedingung nicht eingehalten wird. Das Plancksche Verteilungsgesetz, (2.11), jedoch genügt dieser Bedingung. Durch weitere Annahmen in bezug auf die mittlere Energie der Oszillatoren gelang es Planck, sowohl das Wiensche als auch das Raleigh-Jeanssche Gesetz abzuleiten. Planck fand schließlich eine empirische Gleichung, die die gemessenen Energieverteilungen über dem gesamten Spektrum wiedergibt. Die Untersuchungen, welche Änderungen an der Theorie erlaubt sind, um zu der Ableitung dieser empirischen Gleichung zu gelangen, führte zu den Annahmen, die die Grundlage der Quantentheorie sind. Es konnte gezeigt werden, daß die quantentheoretische Plancksche Gleichung direkt zu all den Ergebnissen führt, die zuvor von Wien, Stefan, Boltzmann, Raleigh und Jeans abgeleitet wurden.

Als interessanter und informativer, zusammenfassender Bericht über die Geschichte der Temperaturstrahlung wird der Artikel von Barr [2.22] empfohlen. Bei Lewis [2.23] findet man eine ausführliche Diskussion der Ableitungen des Planckschen Gesetzes; die Vorgeschichte des Planckschen Strahlungsgesetzes beschreibt Kangro [2.24]. Empfehlenswert ist auch eine Darstellung von Drude: Physik des Äthers auf elektromechanischer Grundlage [2.25].

Aufgaben

1. Ein Schwarzer Körper in Luft hat eine Temperatur von 1000 K.
   a) Wie groß ist die spektrale Strahldichte senkrecht zur schwarzen Oberfläche bei $\lambda = 3\,\mu$m?
   b) Wie groß ist die spektrale Strahldichte unter einem Winkel von $\vartheta = 60°$ zur Normalen der schwarzen Oberfläche bei $\lambda = 3\,\mu$m?
   c) Wie groß ist die gerichtete spektrale spezifische Ausstrahlung der Oberfläche bei $\vartheta = 60°$ und $\lambda = 3\,\mu$m?
   d) Bei welchem λ wird die maximale spektrale Strahldichte vom Schwarzen Körper abgestrahlt, und wie groß ist diese?
   e) Wie groß ist die hemisphärische spezifische Ausstrahlung des Schwarzen Körpers?

Lösung:
a) $\lambda T = 3000 \cdot 10^{-6}\,$m $\cdot$ K. Aus Tabelle A5 folgt:

$$\frac{M_{\lambda s}}{T^5} = 1,2830 \cdot 10^{-5}\,\text{W m}^{-3}\,\text{K}^{-5}$$

$$L'_{\lambda s} = \frac{M_{\lambda s}}{\pi} = \frac{1,2830 \cdot 10^{-5}\,\text{W m}^{-3}\,\text{K}^{-5}\,\text{sr}^{-1} \cdot 1000^5\,\text{K}^5}{\pi} = 4,08 \cdot 10^9\,\text{W m}^{-3}\,\text{sr}^{-1}\,.$$

b) Aus (2.5) folgt für

$$L'_{\lambda s}(60°) = L'_{\lambda s,\,n} = 4,08 \cdot 10^9\,\text{W m}^{-3}\,\text{sr}^{-1}\,.$$

c) $M'_{\lambda s}(\lambda, \vartheta, T)$ für $\lambda = 3\,\mu$m, $\vartheta = 60° = L'_{\lambda s} \cdot \cos 60° = 4,08 \cdot 10^9 \cdot 0,5\,\text{W m}^{-3}\,\text{sr}^{-1} = 2,04 \times 10^9\,\text{W m}^{-3}\,\text{sr}^{-1}$

d) Aus (2.17) folgt $\lambda_{\max} T = c_3$ und aus Tabelle A4: $b = 2,898 \cdot 10^{-3}\,$m $\cdot$ K.

$$\lambda_{\max} = c_3/T = \frac{2,898 \cdot 10^3\,\text{m} \cdot \text{K}}{1000\,\text{K}} = 2,898 \cdot 10^{-6}\,\text{m} = 2,898\,\mu\text{m}\,.$$

In Tabelle A5 findet man für $\lambda_{\max} T = 2898 \cdot 10^{-6}\,$m $\cdot$ K

$$\frac{M_{\lambda s}}{T^5} = 1,287 \cdot 10^{-5}\,\text{W m}^{-3}\,\text{K}^{-5}\,.$$

$$L'_{\lambda s}\ \text{bei}\ \lambda_{\max} = \frac{1,287 \cdot 10^{-5}\,\text{W}}{\pi\,\text{m}^3\,\text{K}^5\,\text{sr}}\,1000^5\,\text{K}^5 = 4,097 \cdot 10^9\,\text{W m}^{-3}\,\text{sr}^{-1}.$$

e) Nach (2.23) und Tabelle A4 ist

$$M_s(T) = \sigma T^4 = 5,670 \cdot 10^{-8}\,\text{W m}^{-2}\,\text{K}^{-4} \cdot 1000^4\,\text{K}^4 = 56\,700\,\text{W m}^{-2}$$

2. Die hemisphärischen spektralen spezifischen Ausstrahlungen $M_{\lambda s}(\lambda T)$ in W m^{-3} von einem Schwarzen Körper in Luft sind als Funktion der Wellenlänge λ in μm für die Oberflächentemperaturen von 1000 und 5000 K aufzutragen.

Lösung: Vergleiche Bild 2.6

3. Ein Schwarzer Körper strahlt bei 1100 K in den freien Raum.
   a) Wie groß ist das Verhältnis der spektralen Strahldichte des Schwarzen Körpers bei $\lambda = 1\,\mu$m zur spektralen Strahldichte des Schwarzen Körpers bei $\lambda = 5\,\mu$m?
   b) Welcher Bruchteil der spezifischen Ausstrahlung des Schwarzen Körpers liegt zwischen den Wellenlängen $\lambda = 1\,\mu$m und $\lambda = 5\,\mu$m?
   c) Bei welcher Wellenlänge liegt das Maximum der Spektralverteilung für diesen Schwarzen Körper?
   d) Wie groß ist die spezifische Ausstrahlung eines Schwarzen Körpers im Bereich $1\,\mu$m $\leq \lambda \leq 5\,\mu$m?

Lösung:

a) $\lambda_1 T = 1\ \mu m \cdot 1100\ K = 1100 \cdot 10^{-6}\ m \cdot K$,

$\lambda_2 T = 5\ \mu m \cdot 1100\ K = 5500 \cdot 10^{-6}\ m \cdot K$.

Bei Benutzung der Tabelle A5:

$$\frac{L'_{\lambda s}(\lambda_1 T)}{L'_{\lambda s}(\lambda_2 T)} = \frac{M_{\lambda s}(\lambda_1 T)/T^5}{M_{\lambda s}(\lambda_2 T)/T^5} = \frac{4,8485 \cdot 10^{-7}\ W\ m^3\ K^5\ sr}{5,8632 \cdot 10^{-6}\ m^3\ K^5\ sr\ W} = 0,0827$$

(nach Kürzen von π; T sind identisch!)

b) Aus Tabelle A5 fclgt:

$$F_{0-\lambda_1 T} = F_{0-1100} = 0,000911 ,$$

$$F_{0-\lambda_2 T} = F_{0-5500} = 0,69088 .$$

Der Bruchteil der spezifischen Ausstrahlung zwischen $\lambda_1 T$ und $\lambda_2 T$ ist dann 0,69088 — 0,00091 = 0,68997.

c) Aus Tabelle A4 folgt:

$$\lambda_{max} T = c_3 = 2,8978 \cdot 10^{-3}\ m \cdot K ,$$

$$\lambda_{max} = \frac{2,8978 \cdot 10^{-3}\ m \cdot K}{1100\ K} = 2,634 \cdot 10^{-6}\ m = 2,634\ \mu m .$$

d) Aus Tabelle 2.2 folgt für die spezifische Ausstrahlung im Wellenlängenbereich von $\lambda_1 = 1\ \mu m$ bis $\lambda_2 = 5\ \mu m$:

$$M_{\lambda s}(\lambda_1 - \lambda_2,\ T) = (F_{0-\lambda_2} - F_{0-\lambda_1})\,\sigma T^4$$
$$= 0,68997 \cdot 5,67051 \cdot 10^{-8}\ W\ m^{-2}\ K^{-4} \cdot 1100^4\ K^4 = 57283\ W\ m^{-2} .$$

4. Die Oberfläche der Sonne hat eine spektrale Strahlungstemperatur (Schwarze Temperatur) von 5780 K.

   a) Wieviel Prozent der spezifischen Ausstrahlung der Sonne liegt im sichtbaren Bereich (0,4 bis 0,7 μm)?

   b) Wieviel Prozent liegt im Ultravioletten?

   c) Bei welcher Wellenlänge und Frequenz wird die maximale Energie pro Wellenlängeneinheit ausgestrahlt?

   d) Wie groß ist der maximale Wert der spezifischen Ausstrahlung?

Lösung:

a) $\lambda_1 T = 0,4\ \mu m \cdot 5780\ K = 2312 \cdot 10^{-6}\ m \cdot K$,

$\lambda_2 T = 0,7\ \mu m \cdot 5780\ K = 4046 \cdot 10^{-6}\ m \cdot K$,

$$F_{0-\lambda_2 T} - F_{0-\lambda_1 T} = (0,48987 - 0,00071) - (0,12003 + 0,00237)$$
$$= 0,48916 - 0,12240 = 0,36676 \cong 36,7\% .$$

b) Nach Bild 1.2 liegt der ultraviolette Spektralbereich zwischen 0,01 und 0,4 μm

$\lambda_1 T = 0,01\ \mu m \cdot 5780\ K = 57,80 \cdot 10^{-6}\ m \cdot K$,

$\lambda_2 T = 0,4\ \mu m \cdot 5780\ K = 2312 \cdot 10^{-6}\ m \cdot K$,

im Ultravioletten liegen:

$$F_{0-\lambda_2 T} - F_{0-\lambda_1 T} = (0,12240 - 0) = 0,1224 \cong 12,2\% .$$

c) Maximale Energie wird emittiert bei

$$\lambda_{max} T = c_3 = 2,8978 \cdot 10^{-3}\ m \cdot K ,$$

$$\lambda_{max} = \frac{2,8978 \cdot 10^{-3}\ m \cdot K}{5780\ K} = 5,0135 \cdot 10^{-7}\ m = 0,501\ \mu m ,$$

$$\nu_{\text{max}} = \frac{c}{\lambda_{\text{max}}} = \frac{2,9979 \cdot 10^8 \text{ m s}^{-1}}{5,0135 \cdot 10^{-7} \text{ m}} = 5,98 \cdot 10^{14} \text{ s}^{-1} \, .$$

d) Für $\lambda_{\text{max}} T = 2897,8 \cdot 10^{-6}$ m $\cdot$ K findet man in Tabelle A5

$$\frac{M_{\lambda s}}{T^5} = 1,2867 \cdot 10^{-5} \text{ W m}^{-3} \text{ K}^{-5} \, ,$$

$$M_{\lambda s}(\lambda_{\text{max}}) = 1,2867 \cdot 10^{-5} \text{ W m}^{-3} \text{ K}^{-5} \cdot 5780^5 \text{ K}^5 = 8,30 \cdot 10^{13} \text{ W m}^{-3} \, .$$

5. Ein Schwarzer Körper strahlt so, daß die Wellenlänge bei maximaler Strahldichte 1,5 μm beträgt. Welcher Teil der spezifischen Ausstrahlung dieses Schwarzen Körpers liegt im Bereich $\lambda = 1$ μm bis $\lambda = 4$ μm?

Lösung:
Aus dem Wienschen Verschiebungsgesetz folgt:
$T = c_3/\lambda_{\text{max}} = 2,8978 \cdot 10^{-3}$ m $\cdot$ K$/1,5 \cdot 10^{-6}$ m $= 1932$ K ,
$\lambda_2 T = 4 \cdot 10^{-6}$ m $\cdot 1932$ K $= 7728 \cdot 10^{-6}$ m $\cdot$ K ,
$\lambda_1 T = 1 \cdot 10^{-6}$ m $\cdot 1932$ K $= 1932 \cdot 10^{-6}$ m $\cdot$ K ,
$F_{0-\lambda_2 T} - F_{0-\lambda_1 T} = (0,84580 - 0,00096) - (0,05919 - 0,00263)$
$\qquad\qquad\qquad = 0,84484 - 0,05656 = 0,78828 = 0,788 \, .$

6. Wie hoch muß die Temperatur eines Schwarzen Körpers sein, damit ein Viertel der emittierten Energie im sichtbaren Bereich liegt?

Lösung:
Es existieren zwei symmetrische Lösungen: Bei einer Temperatur liegt der Hauptanteil der emittierten Energie im infraroten, und bei der anderen Temperatur liegt der Hauptanteil der Energie im ultravioletten Spektralbereich. Man nimmt an, daß das Ergebnis mit der niedrigen Temperatur gesucht wird und berechnet für das Intervall $0,4$ μm $\leq \lambda < 0,7$ μm die Bruchteilfunktion der emittierten Energie und fährt fort, bis diese Bruchteilfunktion 0,25 wird.
Aus Tabelle A5 folgt für $T = 4345$ K:
$\lambda_2 T = 0,7$ μm $\cdot 4345$ K $= 3042$ μm $\cdot$ K ,
$\lambda_1 T = 0,4$ μm $\cdot 4345$ K $= 1738$ μm $\cdot$ K ,
$F_{0-\lambda_2 T} - F_{0-\lambda_1 T} = 0,28272 - 0,03239 = 0,25033 = 0,250 \, ,$

$T = 4345$ K .

7. Zeige, daß $L'_{\lambda s}(\lambda, T)$ mit T für jeden festen λ-Wert wächst.

Lösung:
Aus (2.11 a) folgt

$$L'_{\lambda s}(\lambda) = \frac{2c_1}{\lambda^5 (e^{c_2/(\lambda T)} - 1)} \, .$$

Die Änderung von $L'_{\lambda s}$ mit der Temperatur T beträgt bei festem λ:

$$\left(\frac{\partial L'_{\lambda s}}{\partial T}\right)_\lambda = \frac{-2c_1 \, e^{c_2/(\lambda T)} \left(-\dfrac{c_2}{\lambda T^2}\right)}{\lambda^5 (e^{c_2/(\lambda T)} - 1)^2} = \frac{2c_1 c_2}{\lambda^6} \, \frac{e^{c_2/(\lambda T)}}{T^2 (e^{c_2/(\lambda T)} - 1)^2} \, .$$

c_1, c_2 und λ sind positiv, so daß auch $\left(\dfrac{\partial L'_{\lambda s}}{\partial T}\right)_\lambda$ immer positiv ist. So muß $L'_{\lambda s}$ für jedes beliebige λ mit der Temperatur T anwachsen.

8. Schwarze Strahlung tritt aus einer kleinen Öffnung eines Ofens bei 1400 K aus.
   a) Welcher Anteil der Strahlung wird durch eine ringförmige Scheibe vor dem Ofen abgefangen?
   b) Wie groß ist der durch die Öffnung gehende Anteil?

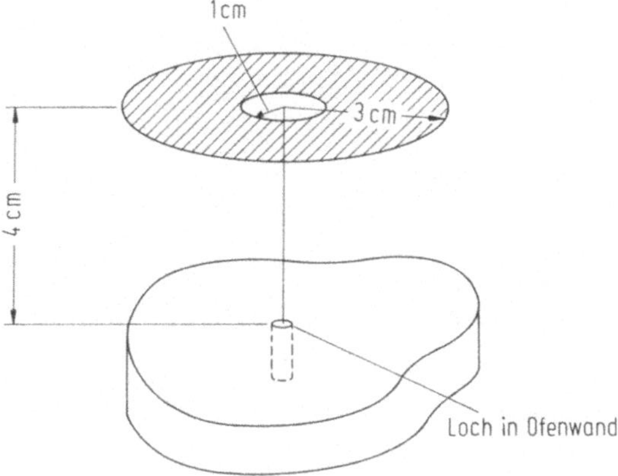

Lösung:
a) Aus Tabelle 2.2 folgt für den auf die ringförmige Scheibe gelangenden Anteil

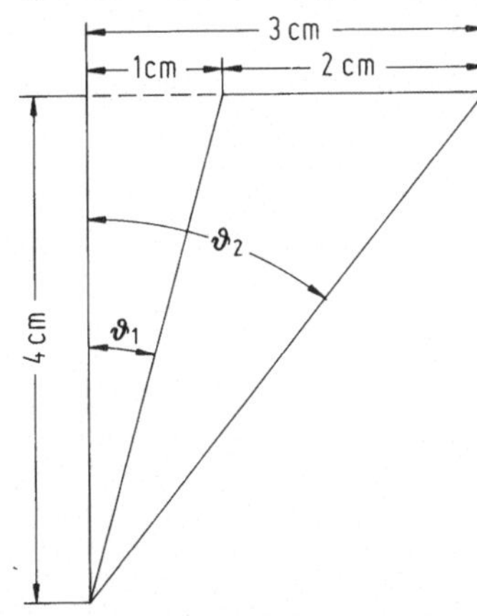

$$\frac{2\pi}{\pi} \frac{(\sin^2 \vartheta_2 - \sin^2 \vartheta_1)}{2} = \sin^2 \vartheta_2 - \sin^2 \vartheta_1 ,$$

$$\sin \vartheta_2 = \frac{3}{\sqrt{4^2 + 3^2}} ,$$

$$\sin \vartheta_1 = \frac{1}{\sqrt{4^2 + 1^2}} .$$

Anteil der ringförmigen Scheibe

$$\frac{3^2}{4^2 + 3^2} - \frac{1}{4^2 + 1} = 0,360 - 0,059 = 0,301 .$$

b) Anteil der Öffnung
   $$\sin^2 \vartheta_1 = 0,059 .$$

9. a) Eine Scheibe Quarzglas läßt 92 % der einfallenden Strahlung in dem Wellenlängenbereich zwischen 0,35 und 2,7 µm durch und ist praktisch undurchlässig für Strahlung bei längeren und kürzeren Wellenlängen. Gesucht ist der Anteil der Solarstrahlung in Prozent, den das Glas durchlassen wird. (Annahme: Die Sonne strahlt wie ein Schwarzer Körper von 5780 K).
   b) Wenn die Gartenerde in einem Gewächshaus wie ein Schwarzer Körper strahlt und eine Temperatur von 38 °C hat, wieviel Prozent von dieser Strahlung wird vom Glas durchgelassen?

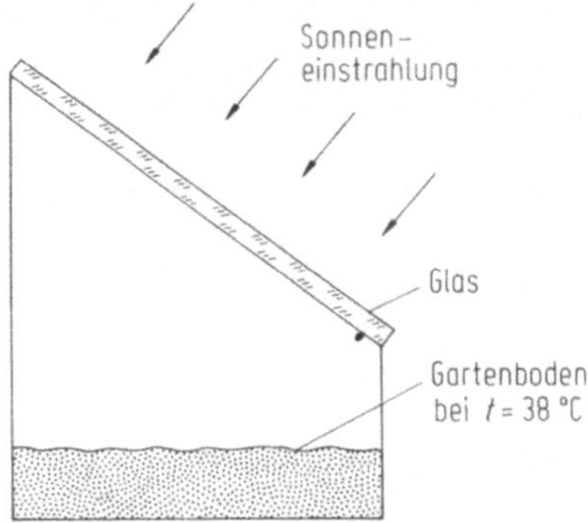

Lösung:
a) $\lambda_1 T = 0,35\ \mu\text{m} \cdot 5780\ \text{K} = 2023 \cdot 10^{-6}\ \text{m} \cdot \text{K}$,
$\lambda_2 T = 2,7\ \mu\text{m} \cdot 5780\ \text{K} = 15606 \cdot 10^{-6}\ \text{m} \cdot \text{K}$,

aus Tabelle A5:

$F_{0-\lambda_1 T} = 0,06673 + 0,00356 = 0,07029$,

$F_{0-\lambda_2 T} = 0,97196 + 0,00003 = 0,97199$.

Hindurchgelassene Sonnenstrahlung in Prozent

$(0,9720 - 0,0703) \cdot 0,92 \cdot 100\% = 83\%$.

b) $\lambda_1 T = 0,35\ \mu\text{m} \cdot 311\ \text{K} = 109 \cdot 10^{-6}\ \text{m} \cdot \text{K}$,
$\lambda_2 T = 2,7\ \mu\text{m} \cdot 311\ \text{K} = 840 \cdot 10^{-6}\ \text{m} \cdot \text{K}$,
aus Tabelle A5:

$F_{0-\lambda_1 T} \approx 0$,
$F_{0-\lambda_2 T} = 3,99 \cdot 10^{-5} - 0,40 \cdot 10^{-5} = 3,59 \cdot 10^{-5}$.

Durch das Glas hindurchgelassene Bodenstrahlung in Prozent

$(3,6 \cdot 10^{-5} - 0) \cdot 0,92 \cdot 100\% = 0,003\%$.

10. a) Leite das Wiensche Verschiebungsgesetz durch Differenzieren des Planckschen Gesetzes
nach der Wellenzahl η ab und zeige, daß

$$T/\eta_{\max} = 5,0995 \cdot 10^{-3}\ \text{m} \cdot \text{K}$$

ist.

b) Ein Student stellt fest, daß das Maximum der von der Sonne emittierten Strahlung nach
dem Wienschen Verschiebungsgesetz bei einer Wellenlänge von etwa

$$\lambda_{\max} = c_3/T_{\text{Sonne}} = \frac{2,8978 \cdot 10^{-3}\ \text{m} \cdot \text{K}}{5\,780\ \text{K}} = 0,501\ \mu\text{m}$$

liegt. Unter Verwendung von $\eta_{\max} = 1/0,501\ \mu\text{m}$ löst der Student wieder nach der Sonnentemperatur auf, wobei er das Ergebnis benutzt, daß in Teil a) abgeleitet wurde. Stimmt
die berechnete Temperatur mit der Sonnentemperatur überein? Das Ergebnis ist zu be-
gründen.

Lösung:
a) Nach (2.11 c) ist

$$M_{\eta s}(\eta) = \frac{2\pi c_1 \eta^3}{e^{c_2 \eta/T} - 1} .$$

Das Maximum erhält man durch Differenzieren nach η und Null setzen:

$$\left(\frac{\partial M_{\eta s}}{\partial \eta}\right)_T = \frac{6\pi c_1 \eta^2 (e^{c_2 \eta/T} - 1) - 2\pi c_1 \eta^3 c_2\, e^{c_2 \eta/T}\, T^{-1}}{(e^{c_2 \eta/T} - 1)^2} = 0\,,$$

$$3(e^{c_2 \eta_{max}/T} - 1) = \frac{c_2 \eta_{max}}{T}\, e^{c_2 \eta_{max}/T}\,.$$

Die Lösung dieser Gleichung ist

$$\frac{T}{\eta_{max}} = \text{const}\,.$$

Für $T/\eta_{max} = 5{,}0995 \cdot 10^{-3}\ \text{m} \cdot \text{K}$ ist die Gleichung erfüllt.

b) Für die Auflösung nach T benutzt man

$$\eta_{max} = \frac{1}{0{,}501}\ \mu\text{m}^{-1} = \frac{10^6}{0{,}501}\ \text{m}^{-1}\,,$$

$$T = \frac{5{,}0995 \cdot 10^{-3}\ \text{m} \cdot \text{K} \cdot 10^6\ \text{m}^{-1}}{0{,}501} = 10\,179\ \text{K}\,.$$

Dieser Wert ist viel zu groß. Der Grund ist, daß M_λ die emittierte Energie pro Wellenlänge λ ist, dagegen M_η die Energie pro η. Die Maxima in den Kurven M_λ über λ und M_η über η liegen *nicht* bei sich entsprechenden Werten von η und λ, $\eta = 1/\lambda$ aber $\eta_{max} \neq 1/\lambda_{max}$.

3 Definition der Eigenschaften nichtschwarzer Oberflächen

3.1 Einführung

Im Kap. 2 wurde das Strahlungsverhalten eines Schwarzen Körpers ausführlich behandelt. Die idealen Eigenschaften eines Schwarzen Körpers dienen als Standard, gegen das sich das Verhalten von real strahlenden Körpern vergleichen läßt. Das Strahlungsverhalten eines realen Körpers hängt von vielen Faktoren ab, wie der Zusammensetzung, Oberflächenbehandlung, Temperatur, Wellenlänge der Strahlung, des Winkels, unter dem die Strahlung emittiert wird oder auf die Oberfläche auftrifft sowie von der spektralen Verteilung der einfallenden Strahlung auf die Oberfläche. Zur Beschreibung des Strahlungsverhaltens realer Materialien, bezogen auf das Strahlungsverhalten des Schwarzen Körpers, wurden verschiedene Emissions-, Absorptions- und Reflexionsgrößen, sowohl gemittelte als auch ungemittelte, verwendet.

In diesem Kapitel werden die Strahlungseigenschaften undurchlässiger Materialien definiert. Um diese Definitionen optimal nutzen zu können, werden alle Voraussetzungen exakt angegeben. Da es aber eine Vielzahl von Definitionen gibt, ist nicht zu erwarten, daß das vorliegende Kapitel so vollständig ist, wie es im Kap. 2 über den Schwarzen Körper der Fall ist. Weiter werden einige unterschiedliche Definitionen ein und derselben Größe nur kurz angesprochen. Ziel ist es hier, einen möglichst umfassenden Überblick über die verfügbaren Informationen zu geben, so daß das Kapitel auch zum Nachschlagen geeignet ist. Zur Erleichterung sind die Abschnitte unterteilt worden und in sich abgeschlossen.

Die exakten Definitionen von Strahlungseigenschaften resultieren aus der Notwendigkeit, korrekt definierte Stoffwerte für die Anwendung bei Wärmeaustauschberechnungen zur Verfügung zu haben. Die wenigen in der Literatur vorhandenen Werte erfordern neue detaillierte Messungen. Wegen der Schwierigkeit bei der Durchführung solcher detaillierter Messungen sind die meisten Tabellenwerte gemittelte Werte. Mittelwerte für die Strahlungseigenschaften gibt es für alle Richtungen, für alle Wellenlängen oder auch für beide Parameter gemeinsam.

Anhand der in diesem Kapitel eingeführten Definitionen soll die Bedeutung solcher Mittelwerte verdeutlicht werden. Die Definitionen geben Beziehungen zwischen den verschiedenen gemittelten Größen in Form von Gleichungen an. Dadurch ist es möglich, die vorhandenen Stoffwerte optimal zu nutzen. So lassen sich z. B. aus gemessenen Emissionsgradwerten, wenn man bestimmte einschränkende Voraussetzungen beachtet, Werte für den Absorptionsgrad ermitteln.

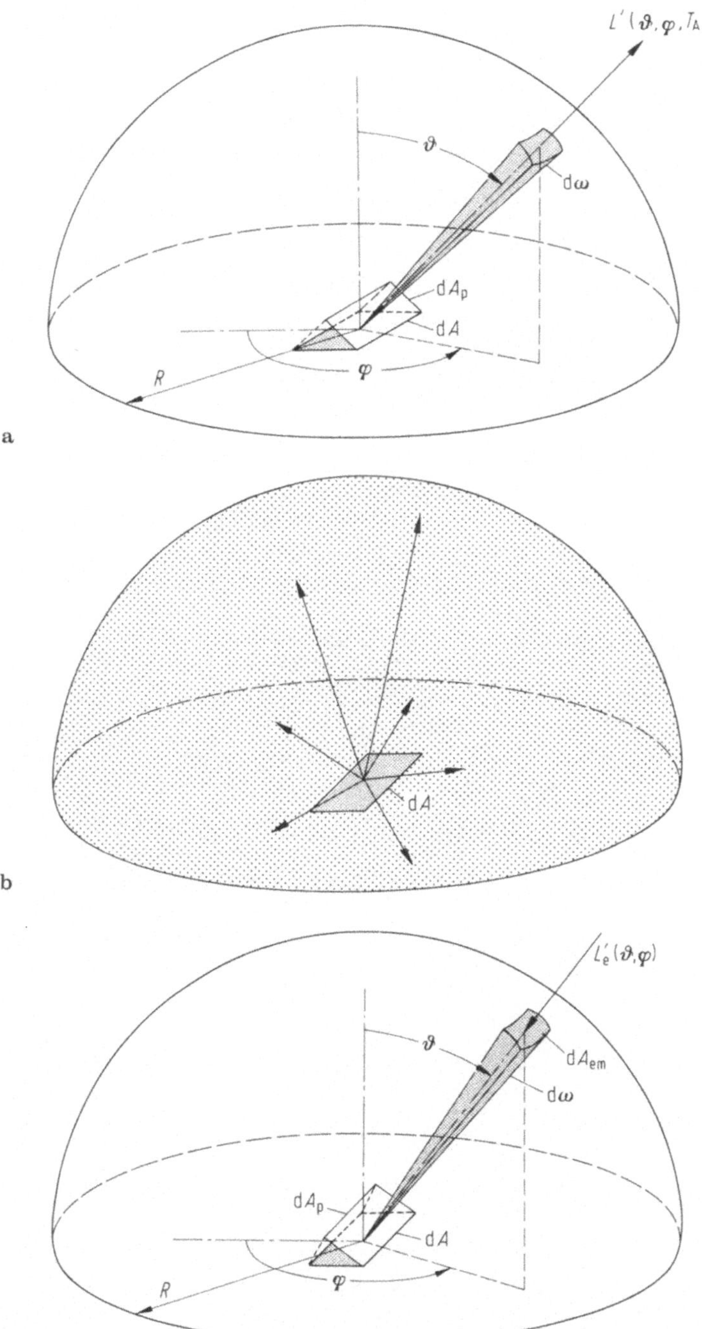

Bild 3.1. Darstellung der gerichteten und hemisphärischen Strahlungseigenschaften. **a** gerichteter Emissionsgrad $\varepsilon'(\vartheta, \varphi, T_A)$; **b** hemisphärischer Emissionsgrad $\varepsilon(T_A)$; **c** gerichteter Absorptionsgrad $\alpha'(\vartheta, \varphi, T_A)$;

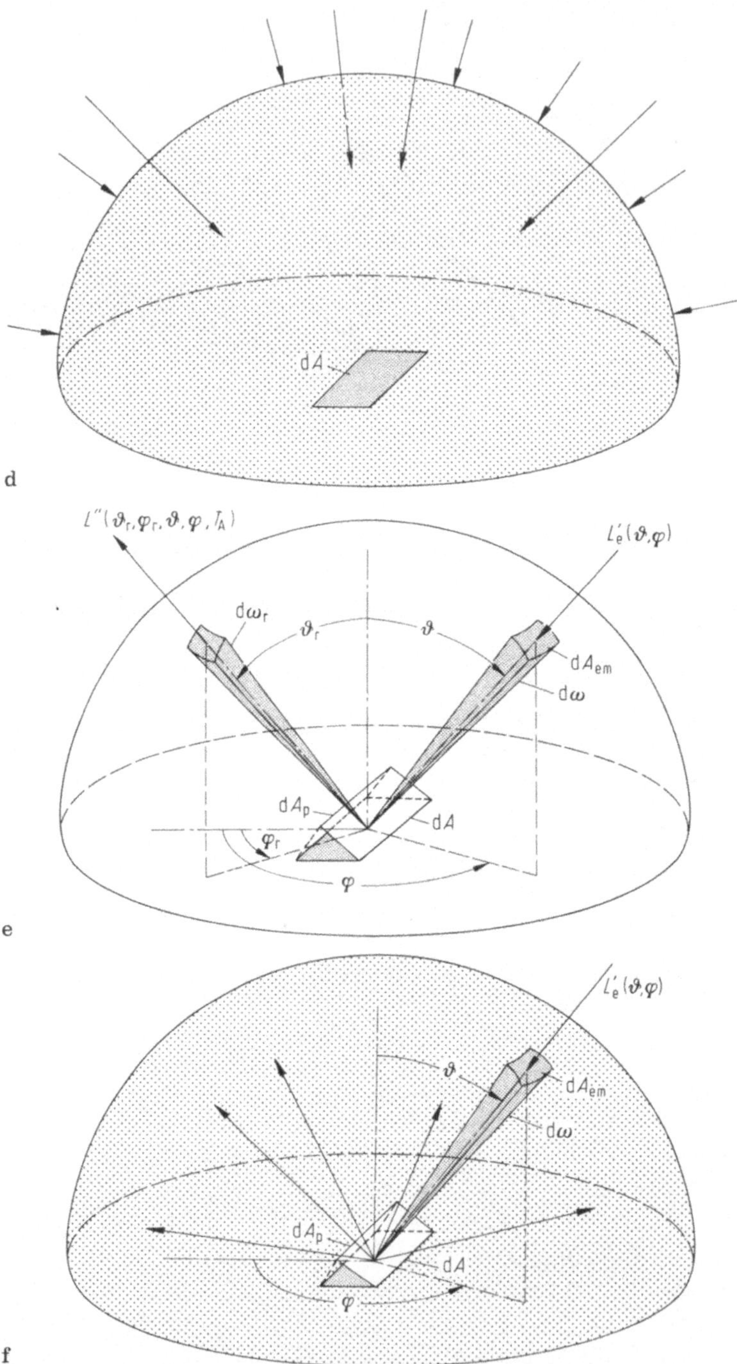

Bild 3.1. (Fortsetzung) **d** hemisphärischer Absorptionsgrad $\alpha(T_A)$; **e** gerichtet-gerichteter Reflexionsgrad $\varrho''(\vartheta_r, \varphi_r, \vartheta, \varphi, T_A)$; **f** gerichtet-hemisphärischer Reflexionsgrad $\varrho'(\vartheta, \varphi, T_A)$;

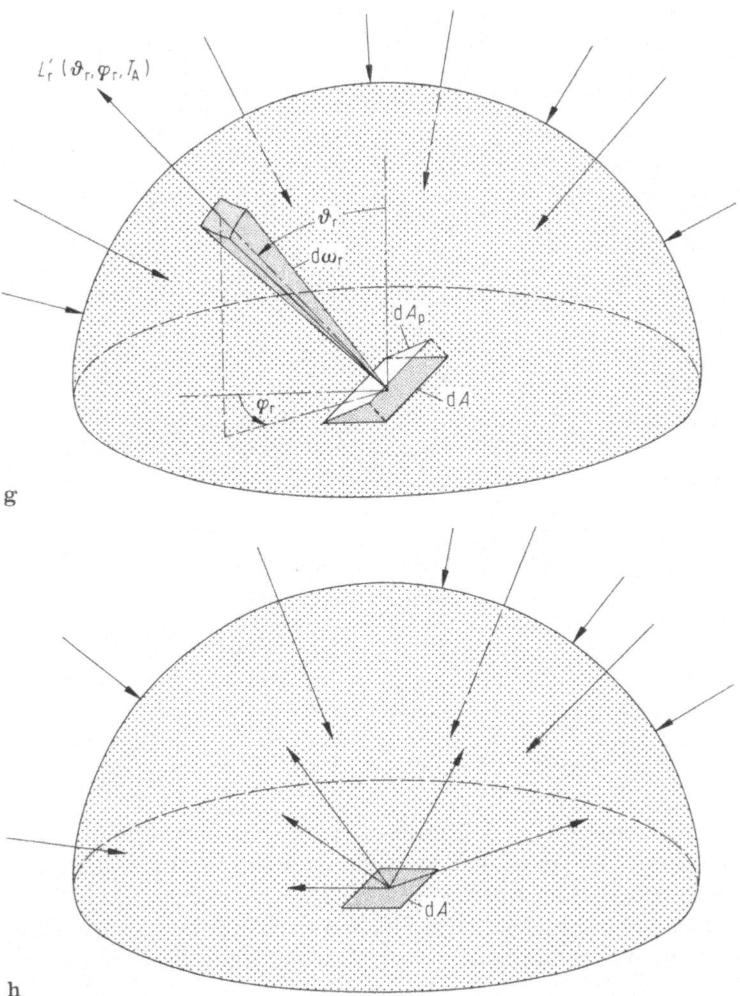

Bild 3.1. (Fortsetzung) **g** hemisphärisch-gerichteter Reflexionsgrad $\varrho'(\vartheta_r, \varphi_r, T_A)$; **h** hemisphärischer Reflexionsgrad $\sigma(T_A)$

Diese Beschränkungen sind oft falsch interpretiert worden, was zu Fehlern bei der Anwendung der Meßwerte führte.

Nach einer eingehenden Diskussion der Ableitungen für die Definitionen der Eigenschaften folgen die Beschränkungen, denen die Beziehungen zwischen den verschiedenen Eigenschaften unterliegen. Als Hilfe zum Verständnis dieser Definitionen soll die in Bild 3.1 wiedergegebene schematische Darstellung der Arten der gerichteten Eigenschaften dienen. Jede dieser Abbildungen bezieht sich auf eine der eingeführten Definitionen, um so die physikalische Interpretation der

Tabelle 3.1. Zusammenstellung von Definitionen der Oberflächeneigenschaften

Größe	Symbol	Definitions-gleichung	Bild
Emissionsgrad			
gerichtet spektral	ε'_λ	(3.2)	3.1a
gerichtet gesamt	ε'	(3.2)	3.1a
hemisphärisch spektral	ε_λ	(3.5)	3.1b
hemisphärisch gesamt	ε	(3.6)	3.1b
Absorptionsgrad			
gerichtet spektral	α'_λ	(3.10a)	3.1c
gerichtet gesamt	α'	(3.14)	3.1c
hemisphärisch spektral	α_λ	(3.16)	3.1d
hemisphärisch gesamt	α	(3.18)	3.1d
Reflexionsgrad			
gerichtet-gerichtet spektral	ϱ''_λ	(3.20)	3.1e
gerichtet-hemisphärisch spektral	$\varrho'_\lambda(\vartheta, \varphi)$	(3.24)	3.1f
hemisphärisch-gerichtet spektral	$\varrho'_\lambda(\vartheta_r, \varphi_r)$	(3.26)	3.1g
hemisphärisch spektral	ϱ_λ	(3.29)	3.1h
gerichtet-gerichtet gesamt	ϱ''	(3.39)	3.1e
gerichtet-hemisphärisch gesamt	$\varrho'(\vartheta, \varphi)$	(3.41a)	3.1f
hemisphärisch-gerichtet gesamt	$\varrho'(\vartheta_r, \varphi_r)$	(3.41b)	3.1g
hemisphärisch gesamt	ϱ	(3.43)	3.1h

diskutierten Größen zu erleichtern. In Tabelle 3.1 ist jede Eigenschaft aufgeführt mit dem für sie verwendeten Symbol und der Nummer ihrer Definitionsgleichung. Das Bezeichnungssystem wird im Abschn. 3.1.2 erläutert.

Im Kap. 5 werden dann die gemessenen Stoffwerte realer Materialien angegeben, um die praktische Anwendung der hier abgeleiteten Beziehungen zu demonstrieren.

Größen wie Emissionsgrad und Absorptionsgrad sind im allgemeinen als Oberflächeneigenschaften gedacht. Wie bereits am Anfang vom Kap. 2 gesagt, wird für ein undurchlässiges Material derjenige Anteil der auftreffenden Strahlung, der nicht reflektiert wird, innerhalb einer Schicht unterhalb der Oberfläche absorbiert. Diese Schicht kann für ein Material mit hoher innerer Absorption, wie z. B. Metall, sehr dünn sein, sie kann aber auch bei einem weniger stark absorbierenden dielektrischen Material 1 mm oder stärker sein. Emission findet dagegen auch innerhalb des sich unter der Oberfläche erstreckenden Materials statt. Der die Oberfläche verlassende Energiebetrag hängt davon ab, wieviel von der durch jedes innere Volumenelement emittierten Energie die Oberfläche erreicht und sie durchdringen kann. Wie im Teil 3, Abschn. 6.6 gezeigt wird, kann auch ein Teil der Energie, die die Oberfläche erreicht hat, von der Oberfläche zurück in den Körper reflektiert werden. Dieser Anteil hängt von der Brechzahl des Körpers relativ zu der des Mediums außerhalb des Körpers ab. So hängt also die Emissionsfähigkeit eines Körpers von der Brechzahl des den Körper umgebenden Mediums ab. Mit nur wenigen Ausnahmen werden Emissionsgradmessungen für Emission in Luft oder Vakuum durchgeführt, so daß tabellierte Werte von ε_λ oder ε sich auf ein externes Medium mit $n \approx 1$ beziehen. Es muß jedoch darauf hingewiesen werden, daß, wenn das an die Oberfläche angrenzende Medium eine Brechzahl $n > 1$ aufweist, ε_λ und α_λ und natürlich auch ε und α von den tabellierten Werten abweichen können.

3.1.1 Bezeichnungen der Strahlungsgrößen

Es gibt eine Reihe von Vorschlägen für Bezeichnungen von Strahlungsgrößen. Auch international ergaben sich bei einigen Bezeichnungen unterschiedliche Auffassungen. So werden oft in englischsprachigen Veröffentlichungen für den Emissionsgrad, Reflexionsgrad und Absorptionsgrad zwei unterschiedliche Bezeichnungen gewählt, eine mit der Endung -ty und eine mit -ance (z. B. emissivity — emittance usw.). Diese Bezeichnungen gehen auf einen Vorschlag des National Bureau of Standards (NBS) zurück [3.1]. Mit der Endung -ty werden Stoffgrößen bezeichnet, die sich auf eine Substanz mit optisch glatter, nicht verunreinigter Oberfläche beziehen. Die Endung -ance bezeichnet Meßwerte, die sich auf Stoffe beziehen, bei denen die Oberflächenbedingungen spezifiziert werden müssen. In der deutschen Normung sind solche Vorschläge (Emissionsgrad — scheinbarer oder resultierender Emissionsgrad) nicht akzeptiert worden. Der *Emissionsgrad* z. B. ist das Verhältnis der spezifischen Ausstrahlung einer möglichst genau zu charakterisierenden Oberfläche zu der eines Schwarzen Körpers bei gleicher Temperatur; die Bezeichnung „Emissionsgrad" läßt keine Rückschlüsse auf die Beschaffenheit der Oberfläche zu [3.2].

3.1.2 Bezeichnungssystem

Wegen der vielen unabhängigen Variablen, die man zur Charakterisierung der Strahlungsgrößen benötigt, ist ein knappes aber genaues Bezeichnungssystem erforderlich. Das Bezeichnungssystem, das hier benutzt wird, ist eine Erweiterung des im vorangegangenen Kapitel eingeführten. Es werden grundsätzlich die in den DIN-Blättern [3.2–3.4] benutzten Bezeichnungen verwendet, jedoch in einigen Fällen mit Zusätzen. Diese sollen ausschließlich der besseren Lesbarkeit dienen. Das kann in Einzelfällen dazu führen, daß auf eine Eigenschaft doppelt hingewiesen wird. Das National Bureau of Standards hat eine Nomenklatur für den Reflexionsgrad veröffentlicht, die auf dem Gebiet der Beleuchtungsstärken und der Messung photometrischer Größen [3.1] von Nutzen ist. Diese Nomenklatur gleicht ungefähr der hier angenommenen. Es wird ein funktionales Bezeichnungssystem für die explizite Wiedergabe der von der Größe abhängigen Variablen benutzt. $\varepsilon'_\lambda(\lambda, \vartheta, \varphi, T_A)$ zeigt z. B., daß ε'_λ von vier bezeichneten Variablen abhängt. Der Strich kennzeichnet eine gerichtete Größe und der Index λ zeigt, daß es sich um eine spektrale Größe handelt. Bestimmte Größen hängen von zwei Richtungen (vier Winkeln) ab; diese Größen sind durch einen Doppelstrich gekennzeichnet. Eine hemisphärische Größe hat keinen Strich und eine Gesamtgröße (bezogen auf alle Wellenlängen) hat keinen Index λ. Eine hemisphärisch-gerichtete oder eine gerichtet-hemisphärische Größe hat einen Einzelstrich. Eine Größe, die von Natur aus gerichtet ist, d. h. sich auf eine Raumwinkeleinheit bezieht, hat aus Konsequenzgründen immer einen Strich, auch dann, wenn in einem speziellen Fall ihr numerischer Wert von der Richtung unabhängig ist. Die Richtungsunabhängigkeit wird durch die Abwesenheit von (ϑ, φ) im funktionalen Bezeichnungssystem gekennzeichnet. Ebenfalls wird eine spektrale Größe immer einen Index λ haben, selbst wenn in speziellen Fällen der numerische Wert sich nicht mit der Wellenlänge ändert. Solch ein spezieller Fall hat jedoch kein λ bei der funktionalen Bezeichnung. In den nachfolgenden Kapiteln wird manchmal zur Vereinfachung der Gleichungen das funktionale Bezeichnungssystem abgekürzt oder unterdrückt. In diesen Fällen ist der Strich nützlich und erleichtert dem Leser die Zuordnung der Größe.

Es wird ferner eine zusätzliche Bezeichnung für Φ, die Energie pro Zeiteinheit für eine endliche Fläche, benötigt, um konsistente mathematische Formeln für das Energiegleichgewicht zu erhalten. $d^2\Phi_\lambda'$ bezeichnet wie bisher eine gerichtet-spektrale Größe; man braucht jedoch das zweite Differential, um zu zeigen, daß die Energie sowohl nach der Wellenlänge als auch nach dem Raumwinkel abgeleitet worden ist, d. h. $d\Phi'$ und $d\Phi_\lambda'$ sind Differentialgrößen bezogen auf den Raumwinkel bzw. auf die Wellenlänge. Tritt die Potenz einer Differentialfläche auf, steigt die Zahl der Ableitungen entsprechend.

Dieses Bezeichnungssystem mag im ersten Moment als kompliziert erscheinen, jedoch wird man dessen Nützlichkeit bei der Behandlung bestimmter spezieller Fälle, wie den des grau emittierenden und diffus reflektierenden Körpers, klar erkennen. Hinzu kommt, daß im Text der Wert der Kurzschreibweise ε_λ' deutlicher herauskommt; man muß nicht jedesmal z. B. „gerichteter spektraler Emissionsgrad" ausschreiben. Tabelle 3.1 gibt eine Übersicht über die verwendeten Bezeichnungssysteme.

Die drei Hauptabschnitte dieses Kapitels behandeln jeweils eine Größe, d. h. den Emissionsgrad, den Absorptionsgrad bzw. den Reflexionsgrad. In jedem dieser Abschnitte wird als erstes die ungemittelte Basisgröße dargestellt, z. B. im ersten Abschnitt der gerichtete spektrale Emissionsgrad. Dann folgen die durch Integration erhaltenen, gemittelten Größen. Der Abschnitt über den Absorptionsgrad enthält auch Formen des Kirchhoffschen Gesetzes, das eine Relation zwischen Absorptionsgrad und Emissionsgrad beschreibt. Der Abschnitt über den Reflexionsgrad enthält die Reziprozitätsbeziehungen.

3.2 Größen, Größensymbole, SI-Einheiten

Symbole	Einheiten	Erläuterungen
A	m²	Oberfläche
C	—	Koeffizient

Symbole	Einheiten	Erläuterungen
F	—	Bruchteilfunktion der spezifischen Ausstrahlung eines Schwarzen Körpers
L	$\mathrm{W\ m^{-2}\ sr^{-1}}$	Strahldichte
L_λ	$\mathrm{W\ m^{-3}\ sr^{-1}}$	spektrale Strahldichte
M	$\mathrm{W\ m^{-2}}$	spezifische Ausstrahlung
M_λ	$\mathrm{W\ m^{-3}}$	spektrale spezifische Ausstrahlung
q	$\mathrm{W\ m^{-2}}$	Wärmestromdichte; Energie pro Zeit- und Flächeneinheit, Strahlungsflußdichte
S	m	Abstand zwischen emittierenden und absorbierenden Elementen
T	K	Temperatur
α	—	Absorptionsgrad
ε	—	Emissionsgrad
ϑ	°, rad	Winkel, gemessen von der Oberflächennormalen, Polarwinkel
λ	m	Wellenlänge
ϱ	—	Reflexionsgrad
σ	$\mathrm{W\ m^{-2}\ K^{-4}}$	Stefan-Boltzmann-Konstante, Tabelle A4
Φ	W	Energie pro Zeiteinheit, Energiestrom, Strahlungsfluß, Wärmestrom
φ	°, rad	Azimutwinkel
ω	sr	Raumwinkel
$\int_\Omega$		Integration über den Raumwinkel der umschließenden Halbkugel

Hochgesetzte Zeichen

$'$ gerichtet
$''$ gerichtet-gerichtet

Indices

A der Oberfläche A
a absorbiert
d diffus
e einfallend
em emittiert oder emittierend
p projiziert
r reflektiert
s bezogen auf Schwarzen Körper
sp spiegelnd
λ spektralabhängig

3.3 Emissionsgrad

Der Emissionsgrad ist ein Maß dafür, wie gut ein realer Körper im Vergleich zu einem Schwarzen Körper abstrahlen kann. Die Strahlungsfähigkeit kann von verschiedenen Faktoren wie Körpertemperatur, Wellenlänge, bei der die Energie abgestrahlt wird, und dem Abstrahlungswinkel abhängen. Der Emissionsgrad wird für gewöhnlich experimentell bei einer Abstrahlungsrichtung normal zur

Oberfläche als Funktion der Wellenlänge und Temperatur gemessen. Zur Berechnung des Energieverlustes eines Körpers wird die spezifische Ausstrahlung in alle Richtungen benötigt, und für eine solche Berechnung braucht man den über alle Richtungen und Wellenlängen integrierten Emissionsgrad. Für den Strahlungsaustausch zwischen endlichen Oberflächen sind die über die Wellenlänge, aber nicht über die Abstrahlungsrichtung gemittelten Emissionsgrade erforderlich. In anderen Fällen werden, wenn die spektrale Abhängigkeit der ε-Werte groß ist, nur die über die Abstrahlungsrichtung gemittelten Spektralwerte benutzt. Es werden also oft unterschiedliche gemittelte Emissionsgradwerte benötigt, die man aus den verfügbaren Meßwerten berechnen muß.

In diesem Abschnitt wird die Definition für den gerichteten spektralen Emissionsgrad gegeben. Dieser so definierte Emissionsgrad wird dann über die Wellenlänge, über die Richtung und schließlich über Wellenlänge und Richtung gemittelt. Mittelwerte, bezogen auf die Wellenlänge, werden mit „Gesamt-" (z. B. Gesamtemissionsgrad), bezogen auf die Richtung als hemisphärische Größen, bezeichnet. Diese Bezeichnungen gelten durchgehend für alle Kapitel dieses Buches.

3.3.1 Gerichteter spektraler Emissionsgrad $\varepsilon_\lambda'(\lambda, \vartheta, \varphi, T_A)$

Die zugrunde liegende Geometrie für emittierte Strahlung demonstriert Bild 3.1 a. Wie im Kap. 2 gezeigt wurde, ist die Strahldichte die Energie pro Zeiteinheit in Richtung (ϑ, φ) und pro projizierter Flächeneinheit $\mathrm{d}A_p$ normal zur Abstrahlungsrichtung pro Raumwinkeleinheit und pro Wellenlängeneinheit. Einige Autoren beziehen die Strahldichte bei ihrer Definition auf den tatsächlichen Oberflächenbereich und nicht auf die projizierte Fläche. Bezieht man die Strahldichte auf die projizierte Fläche, wie es hier geschehen ist, so hat das den Vorteil, daß die Strahldichte für eine schwarze Oberfläche für alle Richtungen denselben Wert hat. Die Emission eines realen Körpers hängt im Gegensatz zur Strahlung eines Schwarzen Körpers von der Richtung ab, was durch den Hinweis (ϑ, φ) bei der Bezeichnung für die Strahldichte gekennzeichnet ist. Die von einem realen Körper $\mathrm{d}A$ der Temperatur T_A pro Zeiteinheit im Wellenlängenbereich $\mathrm{d}\lambda$ und in den Raumwinkel $\mathrm{d}\omega$ abgegebene Energie ist dann gegeben durch

$$\mathrm{d}^3\Phi_\lambda'(\lambda, \vartheta, \varphi, T_A) = L_\lambda'(\lambda, \vartheta, \varphi, T_A)\,\mathrm{d}A\,\cos\vartheta\,\mathrm{d}\lambda\,\mathrm{d}\omega$$
$$= M_\lambda'(\lambda, \vartheta, \varphi, T_A)\,\mathrm{d}A\,\mathrm{d}\lambda\,\mathrm{d}\omega\,. \tag{3.1 a}$$

Bei einem Schwarzen Körper ist die Strahldichte von der Abstrahlungsrichtung unabhängig und ist im Kap. 2 mit $L_{\lambda s}'(\lambda)$ bezeichnet. Hier wird zusätzlich die Bezeichnung T_A eingeführt, um auf temperaturabhängige Stoffgrößen hinzuweisen, so daß die Strahldichte eines Schwarzen Körpers jetzt als $L_{\lambda s}'(\lambda, T_A)$ bezeichnet wird. Die Energie, die ein schwarzes Flächenelement pro Zeiteinheit in $\mathrm{d}\lambda$ und $\mathrm{d}\omega$ emittiert, ist

$$\mathrm{d}^3\Phi_\lambda'(\lambda, \vartheta, T_A) = L_{\lambda s}'(\lambda, T_A)\,\mathrm{d}A\,\cos\vartheta\,\mathrm{d}\lambda\,\mathrm{d}\omega$$
$$= M_{\lambda s}'(\lambda, \vartheta, T_A)\,\mathrm{d}A\,\mathrm{d}\lambda\,\mathrm{d}\omega\,. \tag{3.1 b}$$

Der Emissionsgrad wird als Verhältnis der Emissionsfähigkeit der realen Oberfläche zu der eines Schwarzen Körpers bei gleicher Temperatur definiert. Daraus folgt die Definitionsgleichung für den gerichteten spektralen Emissionsgrad

$$\equiv \varepsilon_\lambda'(\lambda, \vartheta, \varphi, T_A) = \frac{d^3 \Phi_\lambda'(\lambda, \vartheta, \varphi, T_A)}{d^3 \Phi_{\lambda s}'(\lambda, \vartheta, T_A)}$$

$$= \frac{L_\lambda'(\lambda, \vartheta, \varphi, T_A)}{L_{\lambda s}'(\lambda, T_A)} = \frac{M_\lambda'(\lambda, \vartheta, \varphi, T_A)}{M_{\lambda s}'(\lambda, \vartheta, T_A)} . \tag{3.2}$$

Das ist die allgemeinste Art, den Emissionsgrad zu definieren, weil hier die Abhängigkeit von Wellenlänge, Richtung und Oberflächentemperatur erscheint.

Beispiel 3.1
Unter 60° zur Flächennormalen hat eine auf 1000 K erhitzte Oberfläche einen gerichteten spektralen Emissionsgrad von 0,70 bei einer Wellenlänge von 5 µm. Der Emissionsgrad ist isotrop in bezug auf den Winkel φ. Wie groß ist die spektrale Strahldichte in dieser Richtung?
  Aus Tabelle A5 folgt für einen Schwarzen Körper bei λT_A von $5000 \cdot 10^{-6}$ m · K für $M_{\lambda s}(\lambda, T_A)/T_A^5 = 7,1396 \cdot 10^{-6}$ W m^{-3} K^{-5} sr^{-1}. Dann ist

$$L_\lambda'(5 \, \mu m, 60°, 1000 \, K) = \varepsilon_\lambda'(5 \, \mu m, 60°, 1000 \, K) \, L_{\lambda s}'(5 \, \mu m, 1000 \, K)$$

$$= \varepsilon_\lambda'(5 \, \mu m, 60°, 1000 \, K) \frac{M_{\lambda s}}{\pi} (5 \, \mu m, 1000 \, K)$$

$$= 0,70 \cdot \frac{7,1396 \cdot 10^{-6}}{\pi} \cdot 1000^5 = 1,5908 \cdot 10^9 \text{ W m}^{-3} \text{ sr}^{-1} .$$

3.3.2 Gemittelte Emissionsgrade

Aus dem gerichteten spektralen Emissionsgrad, wie er mit (3.2) definiert ist, kann nun ein gemittelter Emissionsgrad durch Verwendung einer von zwei Näherungen abgeleitet werden. Dabei kann entweder über alle Wellenlängen oder über alle Richtungen gemittelt werden.

Gerichteter Gesamtemissionsgrad $\varepsilon'(\vartheta, \varphi, T_A)$

Um einen Mittelwert über alle Wellenlängen zu bekommen, wird die Strahlung, die in die Richtung (ϑ, φ) emittiert wird, durch Integration der gerichteten spektralen spezifischen Ausstrahlungen über alle Wellenlängen berechnet. Die gerichtete spezifische (Gesamt-)Ausstrahlung ist dann (gemäß Definition im Kap. 2, jedoch wird hier oft „Gesamt" weggelassen; unter spezifischer Ausstrahlung ist der über alle Wellenlängen integrierte Ausdruck zu verstehen):

$$M'(\vartheta, \varphi, T_A) = \int_0^\infty M_\lambda'(\lambda, \vartheta, \varphi, T_A) \, d\lambda .$$

Gleichfalls findet man in Tabelle 2.2 für die gerichtete spezifische Ausstrahlung eines Schwarzen Körpers

$$M_s'(\vartheta, T_A) = \int_0^\infty M_{\lambda s}'(\lambda, \vartheta, T_A) \, d\lambda = \frac{\sigma T_A^4 \cos \vartheta}{\pi} .$$

Der gerichtete Gesamtemissionsgrad ist das Verhältnis $M'(\vartheta, \varphi, T_A)$ der realen Oberfläche zu der Größe $M'_s(\vartheta, T_A)$ eines Schwarzen Körpers bei gleicher Temperatur, d. h. der gerichtete Gesamtemissionsgrad ist

$$\equiv \varepsilon'(\vartheta, \varphi, T_A) = \frac{M'(\vartheta, \varphi, T_A)}{M'_s(\vartheta, T_A)} = \frac{\int\limits_0^\infty M'_\lambda(\lambda, \vartheta, \varphi, T_A)\, d\lambda}{(\sigma T_A^4/\pi)\cos\vartheta}$$

$$= \frac{\pi \int\limits_0^\infty L'_\lambda(\lambda, \vartheta, \varphi, T_A)\, d\lambda}{\sigma T_A^4}. \qquad (3.3\,a)$$

$M'_\lambda(\lambda, \vartheta, \varphi, T_A)$ oder $L'_\lambda(\lambda, \vartheta, \varphi, T_A)$ im Zähler kann durch Ausdrücke für $\varepsilon'_\lambda(\lambda, \vartheta, \varphi, T_A)$ nach (3.2) ersetzt werden und man erhält den gerichteten Gesamtemissionsgrad (in Ausdrücken des gerichteten spektralen Emissionsgrades)

$$\equiv \varepsilon'(\vartheta, \varphi, T_A) = \frac{\int\limits_0^\infty \varepsilon'_\lambda(\lambda, \vartheta, \varphi, T_A)\, M'_{\lambda s}(\lambda, \vartheta, T_A)\, d\lambda}{(\sigma T_A^4/\pi)\cos\vartheta}$$

$$= \frac{\pi \int\limits_0^\infty \varepsilon'_\lambda(\lambda, \vartheta, \varphi, T_A)\, L'_{\lambda s}(\lambda, T_A)\, d\lambda}{\sigma T_A^4}. \qquad (3.3\,b)$$

Bei bekannter Wellenlängenabhängigkeit von $\varepsilon'_\lambda(\lambda, \vartheta, \varphi, T_A)$ kann $\varepsilon'(\vartheta, \varphi, T_A)$ als ein durch Integration bestimmter Mittelwert entweder als spezifische Ausstrahlung oder als Strahldichte des Schwarzen Körpers geschrieben werden. $\varepsilon'_\lambda(\lambda, \vartheta, \varphi, T_A)$ muß für große Werte von $L'_{\lambda s}(\lambda, T_A)$ mit hoher Genauigkeit bekannt sein, so daß der Integrand von (3.3b) für große Werte hinreichend genau wird

Beispiel 3.2
Bei 600 K kann $\varepsilon'_\lambda(\lambda, \vartheta, \varphi, T_A)$ durch den Wert 0,8 im Bereich $\lambda = 0$–5 µm und durch den Wert 0,4 im Bereich $\lambda > 5$ µm angenähert werden. Wie groß ist der Wert von $\varepsilon'(\vartheta, \varphi, T_A)$?
   Nach (3.3 b) ist

$$\varepsilon'(\vartheta, \varphi, T_A) = \frac{\pi \int\limits_0^\infty \varepsilon'_\lambda(\lambda, \vartheta, \varphi, T_A)\, L'_{\lambda s}(\lambda, T_A)\, d\lambda}{\sigma T_A^4}.$$

Bei Anwendung der Beziehung

$$L'_{\lambda s}(\lambda, T_A) = \frac{M_{\lambda s}(\lambda, T_A)}{\pi},$$

die aus Tabelle 2.2 folgt, erhält man

$$\varepsilon'(\vartheta, \varphi, T_A) = \int\limits_0^{5T_A} \frac{0{,}8}{\sigma}\, \frac{M_{\lambda s}(\lambda, T_A)}{T_A^5}\, d(\lambda T_A) + \int\limits_{5T_A}^{\infty} \frac{0{,}4}{\sigma}\, \frac{M_{\lambda s}(\lambda, T_A)}{T_A^5}\, d(\lambda T_A).$$

Aus (2.27) folgt

$$\varepsilon'(\vartheta, \varphi, T_A) = 0{,}8 F_{0-3000} + 0{,}4 F_{3000-\infty} = 0{,}8 \cdot 0{,}27322 + 0{,}4(1 - 0{,}27322)$$

$$= 0{,}21858 + 0{,}29071 = 0{,}509 \;.$$

Da 72,7 % der emittierten Energie eines Schwarzen Körpers von 600 K in den Bereich $\lambda > 5\ \mu m$ fällt, liegt das Ergebnis näher bei dem Emissionsgradwert von 0,4.

Hemisphärischer spektraler Emissionsgrad $\varepsilon_\lambda(\lambda, T_A)$

Gleichung (3.2) beschreibt den durch Integration der gerichteten spektralen Größen bestimmten Mittelwert über alle Richtungen einer halbkugelförmig die Oberfläche umschließenden Umhüllung (Bild 3.1b). Die spektrale, von einer Flächeneinheit in alle Richtungen der Halbkugel emittierte Strahlung wird als hemisphärische spektrale spezifische Ausstrahlung bezeichnet und wird durch Integration der Spektralenergie über alle Raumwinkel ermittelt. Das gilt analog zu (2.8a) für einen Schwarzen Körper, so daß

$$M_\lambda(\lambda, T_A) = \int_\Omega L_\lambda'(\lambda, \vartheta, \varphi, T_A) \cos \vartheta \; d\omega$$

ist.

Die Bezeichnung $\int_\Omega d\omega$ verlangt eine Integration über die gesamte Halbkugel und es ist $d\omega = \sin \vartheta \, d\vartheta \, d\varphi$. Hier kann $L_\lambda'(\lambda, \vartheta, \varphi, T_A)$ im allgemeinen nicht vor das Integralzeichen gezogen werden, wie es für den Schwarzen Körper getan werden kann. Nach Anwendung von (3.2) folgt

$$M_\lambda(\lambda, T_A) = L_{\lambda s}'(\lambda, T_A) \int_\Omega \varepsilon_\lambda'(\lambda, \vartheta, \varphi, T_A) \cos \vartheta \; d\omega \;. \tag{3.4a}$$

Für einen Schwarzen Körper ist die hemisphärische spektrale spezifische Ausstrahlung nach (2.8b)

$$M_{\lambda s}(\lambda, T_A) = \pi L_{\lambda s}'(\lambda, T_A) \;. \tag{3.4b}$$

Für das Verhältnis der realen Ausstrahlung einer Oberfläche zu derjenigen eines Schwarzen Körpers ((3.4a) geteilt durch (3.4b)) erhält man folgende Definition:

Der hemisphärische spektrale Emissionsgrad ist (in Ausdrücken des gerichteten spektralen Emissionsgrades)

$$\equiv \varepsilon_\lambda(\lambda, T_A) = \frac{M_\lambda(\lambda, T_A)}{M_{\lambda s}(\lambda, T_A)} = \frac{1}{\pi} \int_\Omega \varepsilon_\lambda'(\lambda, \vartheta, \varphi, T_A) \cos \vartheta \; d\omega \;. \tag{3.5}$$

Hemisphärischer Gesamtemissionsgrad $\varepsilon(T_A)$

Zur Ableitung des hemisphärischen Gesamtemissionsgrades benutzt man die spektrale spezifische Ausstrahlung pro Flächeneinheit aus (3.2) für alle Abstrahlungsrichtung $\varepsilon_\lambda'(\lambda, \vartheta, \varphi, T_A)\, L_{\lambda s}'(\lambda, T_A) \cos \vartheta$. Integriert über alle λ und ω, ergibt dieser Ausdruck die hemisphärische spezifische Ausstrahlung. Teilt man durch die hemisphärische spezifische Ausstrahlung eines Schwarzen Körpers σT_A^4, erhält man folgende Definition:

hemisphärischer Gesamtemissionsgrad (in Ausdrücken des gerichteten spektralen Emissionsgrades)

$$\equiv \varepsilon(T_A) = \frac{M(T_A)}{M_s(T_A)} = \frac{\int\limits_\Omega \int\limits_0^\infty M_\lambda'(\lambda, \vartheta, \varphi, T_A)\, d\lambda\, d\omega}{\sigma T_A^4}$$

$$= \frac{\int\limits_\Omega \int\limits_0^\infty \varepsilon_\lambda'(\lambda, \vartheta, \varphi, T_A)\, L_{\lambda s}'(\lambda, T_A)\, d\lambda\, \cos\vartheta\, d\omega}{\sigma T_A^4} \,. \tag{3.6a}$$

Diese Gleichung kann unter Benutzung von (3.3b) in eine andere Form überführt werden:

hemisphärischer Gesamtemissionsgrad (in Ausdrücken des gerichteten Gesamtemissionsgrades)

$$\equiv \varepsilon(T_A) = \frac{1}{\pi} \int\limits_\Omega \varepsilon'(\vartheta, \varphi, T_A)\, \cos\vartheta\, d\omega \,. \tag{3.6b}$$

Eine Änderung der Integrationsreihenfolge in (3.6a) ergibt

$$\varepsilon(T_A) = \frac{\int\limits_0^\infty L_{\lambda s}'(\lambda, T_A)\left[\int\limits_\Omega \varepsilon_\lambda'(\lambda, \vartheta, \varphi, T_A)\, \cos\vartheta\, d\omega\right] d\lambda}{\sigma T_A^4} \,.$$

Eine dritte Form kann man aus (3.5) ableiten:

hemisphärischer Gesamtemissionsgrad (in Ausdrücken des hemisphärischen spektralen Emissionsgrades)

$$\equiv \varepsilon(T_A) = \frac{\pi \int\limits_0^\infty \varepsilon_\lambda(\lambda, T_A)\, L_{\lambda s}'(\lambda, T_A)\, d\lambda}{\sigma T_A^4} \,. \tag{3.6c}$$

Setzt man (3.4b) ein, bekommt man

$$\varepsilon(T_A) = \frac{\int\limits_0^\infty \varepsilon_\lambda(\lambda, T_A)\, M_{\lambda s}(\lambda, T_A)\, d\lambda}{\sigma T_A^4} \,. \tag{3.6d}$$

Zur physikalischen Interpretation von (3.6d) dient Bild 3.2. In Bild 3.2a ist der Emissionsgrad ε_λ für eine Oberflächentemperatur T_A wiedergegeben. Kurve *1* in Bild 3.2b ist die hemisphärische spektrale spezifische Ausstrahlung für einen Schwarzen Körper bei T_A. Die Fläche unter der Kurve *1* ist σT_A^4, nämlich der Nenner von (3.6d), und ist gleich der Strahlung pro Flächeneinheit, den eine schwarze Oberfläche bei allen Wellenlängen und in alle Richtungen emittiert. Kurve *2* in Bild 3.2b ist das Produkt $\varepsilon_\lambda(\lambda, T_A) \cdot M_{\lambda s}(\lambda, T_A)$ und die Fläche unter dieser Kurve ist das Integral im Zähler von (3.6d), also die spezifische Ausstrahlung der

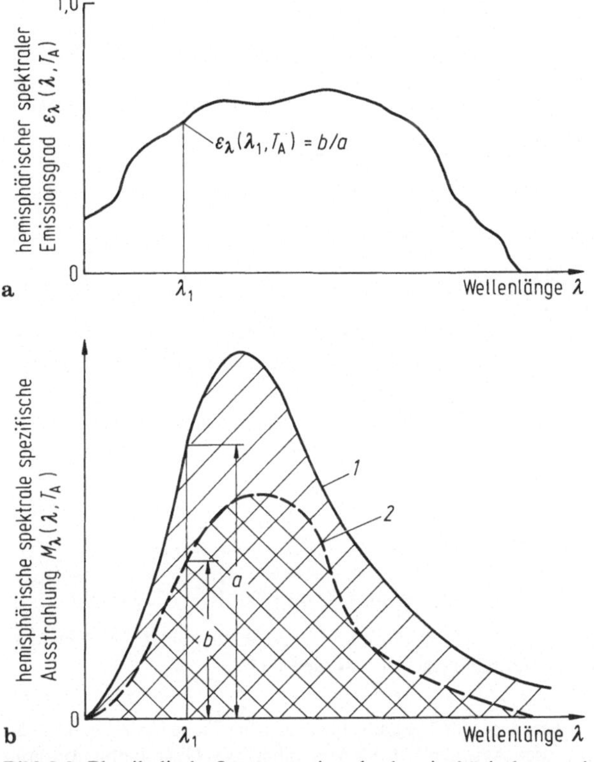

Bild 3.2. Physikalische Interpretation des hemisphärischen spektralen und des Gesamtemissionsgrades. **a** gemessene Emissionsgradwerte; **b** Interpretation des Emissionsgrades als Verhältnis der spezifischen Ausstrahlung des betreffenden Stoffes zur spezifischen Ausstrahlung eines Schwarzen Körpers. *1* $M_{\lambda s}(\lambda,\,T_A)$; *2* $\varepsilon_\lambda(\lambda,\,T_A)\,M_{\lambda s}(\lambda,\,T_A)$

realen Oberfläche. Dann ist $\varepsilon(T_A)$ das Verhältnis der Fläche unter Kurve *2* zu der Fläche unter der Kurve *1*. Anders ausgedrückt ist bei jedem λ die Größe ε_λ die Ordinate der Kurve *2* geteilt durch die Ordinate der Kurve *1*. Wie in Bild 3.2 gezeigt, ist für λ_1 der hemisphärische spektrale Emissionsgrad

$$\varepsilon_\lambda(\lambda_1,\,T_A) = b/a \,.$$

Beispiel 3.3
Eine Oberfläche der Temperatur $T = 1000$ K ist in dem Sinne isotrop, daß ε' von φ unabhängig ist, aber von ϑ, wie in Bild 3.3 gezeigt, abhängt. Wie groß ist der hemisphärische Gesamtemissionsgrad und die hemisphärische spezifische Ausstrahlung?

$\varepsilon'(\vartheta, 1000$ K$)$ läßt sich in diesem Fall gut durch die Funktion $0{,}85\cos\vartheta$ (Kurve *1*) annähern. Dann ist nach (3.6 b) der hemisphärische Gesamtemissionsgrad

$$\varepsilon(T_A) = \frac{1}{\pi}\int\limits_{\varphi=0}^{2\pi}\int\limits_{\vartheta=0}^{\pi/2} 0{,}85\sin\vartheta\cos^2\vartheta\; d\vartheta\; d\varphi = -1{,}70\left.\frac{\cos^3\vartheta}{3}\right|_0^{\pi/2} = 0{,}57\,.$$

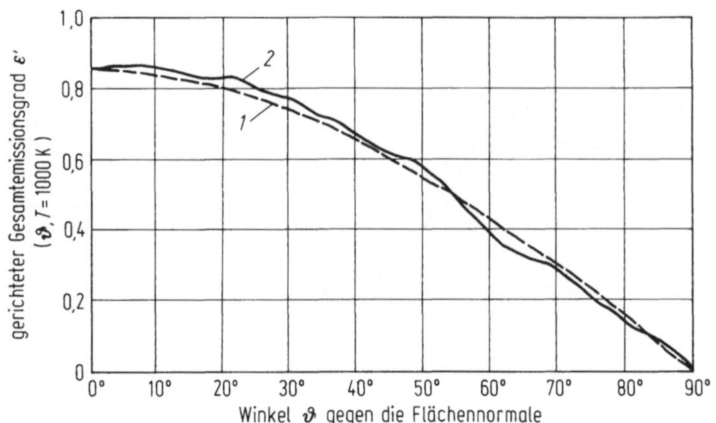

Bild 3.3. Gerichteter Gesamtemissionsgrad bei 1000 K für Beispiel 3.3. *1* 0,85 cos ϑ; *2* $\varepsilon'(\vartheta, T = 1000\ \mathrm{K})$

Die hemisphärische spezifische Ausstrahlung ist dann

$$M(T_\mathrm{A}) = \varepsilon(T_\mathrm{A})\,\sigma T_\mathrm{A}^4 = 0,57 \cdot 5,67051 \cdot 10^{-8}\ \mathrm{W\ m^{-2}\ K^{-4}} \cdot 1000^4\ \mathrm{K}^4 = 32\,322\ \mathrm{W\ m^{-2}}\ .$$

Im allgemeinen wird es nicht möglich sein, $\varepsilon'(\vartheta, T_\mathrm{A})$ durch eine geeignete analytische Funktion anzunähern, so daß die Integration numerisch ausgeführt werden muß.

Beispiel 3.4
Der Verlauf des spektralen Emissionsgrades $\varepsilon_\lambda(\lambda, T_\mathrm{A})$ kann für eine Oberfläche bei $T_\mathrm{A} = 1100$ K, wie in Bild 3.4 gezeigt, angenähert werden. Wie groß ist der hemisphärische Gesamtemissionsgrad und die hemisphärische spezifische Ausstrahlung der Oberfläche?

Nach (3.6 d) ist

$$\varepsilon(T_\mathrm{A}) = \frac{1}{\sigma T_\mathrm{A}^4} \int\limits_0^\infty \varepsilon_\lambda(\lambda, T_\mathrm{A})\,M_{\lambda\mathrm{s}}(\lambda, T_\mathrm{A})\,\mathrm{d}\lambda$$

$$= \frac{1}{\sigma} \int\limits_0^2 0,1\,\frac{M_{\lambda\mathrm{s}}(\lambda, T_\mathrm{A})}{T_\mathrm{A}^5}\,T_\mathrm{A}\,\mathrm{d}\lambda + \frac{1}{\sigma} \int\limits_2^6 0,4\,\frac{M_{\lambda\mathrm{s}}(\lambda, T_\mathrm{A})}{T_\mathrm{A}^5}\,T_\mathrm{A}\,\mathrm{d}\lambda + \frac{1}{\sigma} \int\limits_6^\infty 0,2\,\frac{M_{\lambda\mathrm{s}}(\lambda, T_\mathrm{A})}{T_\mathrm{A}^5}\,T_\mathrm{A}\,\mathrm{d}\lambda\ .$$

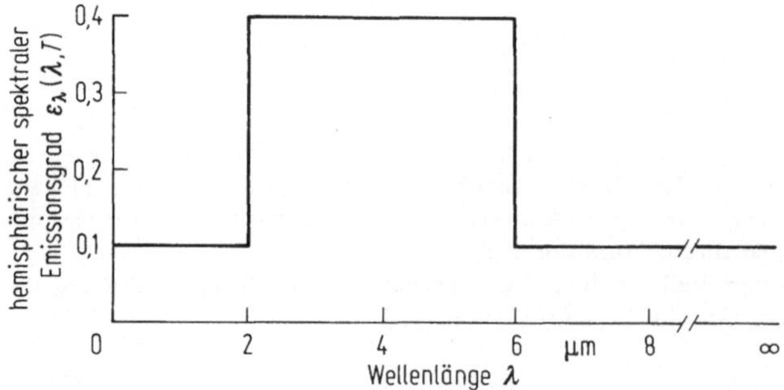

Bild 3.4. Hemisphärischer spektraler Emissionsgrad für Beispiel 3.4; Oberflächentemperatur $T_\mathrm{A} = 1100$ K

Das ergibt

$$\varepsilon(T_{\mathrm{A}}) = \frac{0,1}{\sigma} \int\limits_{0\,\mu\mathrm{mK}}^{2200} \frac{M_{\lambda\mathrm{s}}}{T_{\mathrm{A}}^5}\, \mathrm{d}(\lambda T_{\mathrm{A}}) + \frac{0,4}{\sigma} \int\limits_{2200}^{6600} \frac{M_{\lambda\mathrm{s}}}{T_{\mathrm{A}}^5}\, \mathrm{d}(\lambda T_{\mathrm{A}}) + \frac{0,2}{\sigma} \int\limits_{6600}^{\infty} \frac{M_{\lambda\mathrm{s}}}{T_{\mathrm{A}}^5}\, \mathrm{d}(\lambda T_{\mathrm{A}})\,,$$

wobei die Größe $M_{\lambda\mathrm{s}}/T_{\mathrm{A}}^5$ eine Funktion von λT_{A} ist. Nach (2.27) läßt sich dieses auch schreiben als

$$\begin{aligned}
\varepsilon(T_{\mathrm{A}}) &= 0,1 F_{0-2200} + 0,4(F_{0-6600} - F_{0-2200}) + 0,2(1 - F_{0-6600})\\
&= -0,3 F_{0-2200} + 0,2 F_{0-6600} + 0,2\\
&= -0,3 \cdot 0,10089 + 0,2 \cdot 0,78316 + 0,2 = 0,32637\,.
\end{aligned}$$

Die hemisphärische spezifische Ausstrahlung ist

$$\begin{aligned}
M(T_{\mathrm{A}}) &= \varepsilon(T_{\mathrm{A}})\,\sigma T_{\mathrm{A}}^4 = 0,32637 \cdot 5,67051 \cdot 10^{-8}\ \mathrm{W\ m^{-2}\ K^{-4}} \cdot 1,46410 \cdot 10^{12}\ \mathrm{K^4}\\
&= 27096\ \mathrm{W\ m^{-2}}\,.
\end{aligned}$$

3.4 Absorptionsgrad

Der Absorptionsgrad wird definiert als der Bruchteil der auf einen Körper einfallenden Energie pro Zeiteinheit (Strahlungsfluß), der durch den Körper absorbiert wird. Der einfallende Strahlungsfluß wird von den Strahlungseigenschaften der Quelle bestimmt. Die spektrale Verteilung der einfallenden Strahlung ist unabhängig von der Temperatur bzw. der physikalischen Natur der absorbierenden Oberfläche (es sei denn, die von der Oberfläche emittierte Strahlung kommt teilweise durch Reflexion auf die Oberfläche zurück). Verglichen mit dem Emissionsgrad treten bei dem Absorptionsgrad zusätzliche Schwierigkeiten auf, da die gerichteten und spektralen Eigenschaften der einfallenden Strahlung berücksichtigt werden müssen.

Experimentell ist es oft leichter, den Emissionsgrad als den Absorptionsgrad zu messen. Es ist daher erstrebenswert, zwischen diesen beiden Größen Beziehungen herzustellen, die es erlauben, aus den Meßwerten einer Größe die Werte der anderen zu berechnen. Derartige Beziehungen sollen in diesem Abschnitt aus den Definitionen des Absorptionsgrades entwickelt werden.

3.4.1 Gerichteter spektraler Absorptionsgrad $\alpha_\lambda'(\lambda, \vartheta, \varphi, T_{\mathrm{A}})$

Bild 3.5a zeigt die einfallende Energie auf ein Oberflächenelement $\mathrm{d}A$ aus der Richtung (ϑ, φ). Die Mittellinie von $\mathrm{d}A$ in Richtung (ϑ, φ) geht senkrecht durch das Flächenelement $\mathrm{d}A_{\mathrm{em}}$ auf der Oberfläche einer umhüllenden konzentrischen Halbkugel mit dem Radius R über $\mathrm{d}A$. Die von $\mathrm{d}A_{\mathrm{em}}$ einfallende spektrale Strahldichte ist $L_{\lambda,\mathrm{e}}'(\lambda, \vartheta, \varphi)$. Das ist die Energie pro Flächeneinheit der Halbkugel, pro Raumwinkeleinheit $\mathrm{d}\omega_{\mathrm{em}}$, pro Zeiteinheit und pro Wellenlängeneinheit. Die Energie innerhalb des Raumwinkels $\mathrm{d}\omega_{\mathrm{em}}$ der einfallenden Strahlung trifft auf

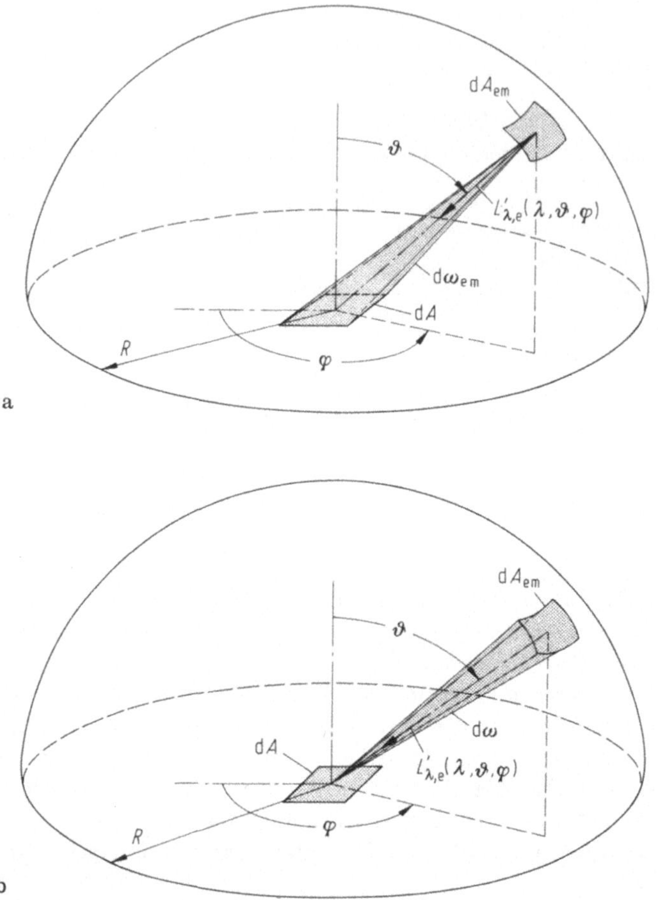

Bild 3.5. Zwei äquivalente Wege zur Demonstration der von dA_{em} auf dA auftreffenden Energie. **a** Strahlungseinfall innerhalb des Raumwinkels $d\omega_{em}$ mit Scheitelpunkt auf dA_{em}; **b** Strahlungseinfall innerhalb des Raumwinkels $d\omega_e$ mit Scheitelpunkt auf dA

die Fläche dA der absorbierenden Oberfläche. Dann ist die Energie, die pro Zeiteinheit aus Richtung (ϑ, φ) im Wellenlängenbereich $d\lambda$ einfällt

$$d^3\Phi'_{\lambda e}(\lambda, \vartheta, \varphi) = L'_{\lambda e}(\lambda, \vartheta, \varphi)\, dA_{em}\, d\omega_{em}\, d\lambda = L'_{\lambda e}(\lambda, \vartheta, \varphi)\, dA_{em}\, \frac{dA \cos\vartheta}{R^2}\, d\lambda,$$

(3.7)

wobei $dA \cos\vartheta/R^2$ der Raumwinkel $d\omega_{em}$ mit dem Scheitelpunkt in dA_{em} ist.

 Gleichung (3.7) soll jetzt in Termen des Raumwinkels $d\omega$ ausgedrückt werden (s. Bild 3.5b). $d\omega$ ist der Raumwinkel gegen dA_{em} betrachtet von dA aus. Er hat seinen Scheitelpunkt auf der Fläche dA und ist daher der geeignete Raumwinkel für die Integration zur Bestimmung der Einfallsenergie, wenn Strahlung aus mehr als einer Richtung einfällt. Die Verwendung dieses Raumwinkels ist konsistent mit demjenigen, der später bei absorbierenden, emittierenden und streuenden Medien im Teil 3, Kap. 1 benutzt wird. Bei einem nichtabsorbierenden Medium im Bereich über der Oberfläche, wie es hier betrachtet wird, ändert sich die einfallende Strahldichte auf dem Wege von dA_{em} zu dA nicht (dieses wird im Teil 3, Abschn. 1.4 bewiesen). Aus diesen Gründen wird in den folgenden Abbildungen die von dA_{em} auf dA einfallende Energie als die im Raumwinkel $d\omega$ ankommende dargestellt, wie es Bild 3.5b zeigt, bzw. als die Energie, die dA_{em} in dem Raumwinkel $d\omega_{em}$ verläßt, wie in Bild 3.5a.

Um (3.7) in Termen von $d\omega$ wiederzugeben, muß die folgende Gleichung berücksichtigt werden:

$$\frac{dA \cos \vartheta}{R^2} \, dA_{em} = \frac{dA_{em}}{R^2} \cos \vartheta \, dA = d\omega \cos \vartheta \, dA \; . \tag{3.8}$$

Gleichung (3.7) kann dann wie folgt geschrieben werden

$$d^3\Phi'_{\lambda e}(\lambda, \vartheta, \varphi) = L'_{\lambda e}(\lambda, \vartheta, \varphi) \, d\omega \cos \vartheta \, dA \, d\lambda \; . \tag{3.9}$$

Der absorbierte Teil der einfallenden Energie $d^3\Phi'_{\lambda e}$ wird als gerichteter spektraler Absorptionsgrad $\alpha'_\lambda(\lambda, \vartheta, \varphi, T_A)$ definiert. Zusätzlich zur Wellenlängen- und Richtungsabhängigkeit der einfallenden Strahlung ist der spektrale Absorptionsgrad eine Funktion der Temperatur der absorbierenden Oberfläche. Der Betrag der einfallenden absorbierten Energie wird als $d^3\Phi'_{\lambda, a}$ bezeichnet. Dann wird folgendes Verhältnis gebildet:

gerichteter spektraler Absorptionsgrad

$$\equiv \alpha'_\lambda(\lambda, \vartheta, \varphi, T_A) = \frac{d^3\Phi'_{\lambda, a}(\lambda, \vartheta, \varphi, T_A)}{d^3\Phi'_{\lambda, e}(\lambda, \vartheta, \varphi)} = \frac{d^3\Phi'_{\lambda, a}(\lambda, \vartheta, \varphi, T_A)}{L'_{\lambda, e}(\lambda, \vartheta, \varphi) \, dA \cos \vartheta \, d\omega \, d\lambda} \; . \tag{3.10a}$$

Kommt die einfallende Energie pro Zeiteinheit aus einer schwarzen Umgebung gleichförmiger Temperatur T_s, tritt der Spezialfall ein, daß

$$\alpha'_\lambda(\lambda, \vartheta, \varphi, T_A) = \frac{d^3\Phi'_{\lambda, a}(\lambda, \vartheta, \varphi, T_A)}{L'_{\lambda s, e}(\lambda, T_s) \, dA \cos \vartheta \, d\omega \, d\lambda} \tag{3.10b}$$

ist.

3.4.2 Kirchhoffsches Gesetz

Das Kirchhoffsche Gesetz gibt die Beziehung zwischen den Emissions- und Absorptionseigenschaften eines Körpers wieder. Das Gesetz unterliegt verschiedenen Randbedingungen, je nachdem, ob es für spektrale, gesamte, gerichtete oder hemisphärische Größen angewendet wird. Nach (3.1) und (3.2) ist die emittierte Energie eines Elementes dA pro Zeiteinheit in einem Wellenlängenbereich $d\lambda$ und in den Raumwinkel $d\omega$:

$$\begin{aligned} d^3\Phi'_{\lambda em} &= L'_\lambda(\lambda, \vartheta, \varphi, T_A) \, dA \cos \vartheta \, d\omega \, d\lambda \\ &= \varepsilon'_\lambda(\lambda, \vartheta, \varphi, T_A) \, L'_{\lambda s}(\lambda, T_A) \, dA \cos \vartheta \, d\omega \, d\lambda \; . \end{aligned} \tag{3.11}$$

Geht man davon aus, daß sich das Element dA der Temperatur T_A in einem isothermen, schwarzen, umschlossenen Raum, der ebenfalls die Temperatur T_A hat, befindet, dann wird die auf dA einfallende Strahldichte aus der Richtung (ϑ, φ) (Isotropie der Strahldichte in einem schwarzen, umschlossenen Raum) $L'_{\lambda s}(\lambda, T_A)$ sein. Damit die Isotropie der Strahlung innerhalb des schwarzen, umschlossenen Raumes erhalten bleibt, müssen die absorbierten und emittierten Energien nach (3.10b) und (3.11) gleich sein. Durch Gleichsetzen ergibt sich

$$\varepsilon'_\lambda(\lambda, \vartheta, \varphi, T_A) = \alpha'_\lambda(\lambda, \vartheta, \varphi, T_A) \,. \tag{3.12}$$

Diese durch die Gleichung wiedergegebene Beziehung zwischen den Materialeigenschaften gilt ohne Einschränkung. Es ist dieses die allgemeinste Form des Kirchhoffschen Gesetzes.

Wie im Kap. 4 über die Interpretation der Strahlungseigenschaften mit Hilfe der elektromagnetischen Theorie noch diskutiert wird, ist die Strahlung in zwei Richtungen polarisiert, die im rechten Winkel zueinander und zur Fortpflanzungsrichtung stehen. Im speziellen Fall der schwarzen Strahlung sind beide Schwingungsanteile gleich. Um ganz korrekt zu sein, gilt (3.12) nur für je einen Schwingungsanteil, und wenn (3.12) für alle einfallende Energie in der dargestellten Form gültig sein soll, muß die einfallende Strahlung gleiche Schwingungsanteile haben.

Das Kirchhoffsche Gesetz wurde für thermodynamisches Gleichgewicht in einem isothermen, umschlossenen Raum abgeleitet und gilt daher präzise nur, wenn kein Wärmeübergang zu oder von der Oberfläche vorhanden ist. Bei praktischen Fällen ist im allgemeinen ein Wärmeübergang vorhanden, so daß die Anwendung von (3.12) eine Näherung bedeutet. Die Gültigkeit dieser Näherung basiert auf dem experimentellen Nachweis, daß bei den meisten Anwendungen α'_λ und ε'_λ nicht wesentlich durch die Umgebungsstrahlung beeinflußt werden. Weiterhin gilt, daß das Material in der Lage ist, sich selbst in einem lokalen thermodynamischen Gleichgewicht zu halten, bei dem die Anzahl der Energiezustände, die an Absorptions- und Emissionsprozessen mitwirken, durch ihre Gleichgewichtsverteilung sehr gut angenähert werden kann. So ist die Erweiterung des Kirchhoffschen Gesetzes auf Nicht-Gleichgewichtssysteme kein Ergebnis von vereinfachten thermodynamischen Betrachtungen sondern hat durchaus einen realen Hintergrund. Diese Erweiterung resultiert eher aus der Physik der Materialien, die es in den meisten Fällen zuläßt, daß deren lokales thermodynamisches Gleichgewicht aufrecht erhalten bleibt, und die Materialeigenschaften nicht von der Umgebungsstrahlung abhängen.

3.4.3 Gerichteter Gesamtabsorptionsgrad $\alpha'(\vartheta, \varphi, T_A)$

Der gerichtete Gesamtabsorptionsgrad ist das Verhältnis der Energie pro Zeiteinheit (Strahlungsfluß) aller beteiligter Wellenlängenbereiche, die aus einer gegebenen Richtung absorbiert werden, zur Energie pro Zeiteinheit, die aus dieser Richtung einfällt. Die gesamte einfallende Energie aus der gegebenen Richtung wird durch Integration der einfallenden spektralen Energie, (3.9), über alle Wellenlängen erhalten:

$$\mathrm{d}^2\Phi'_{\mathrm{e}}(\vartheta,\ \varphi) = \cos\vartheta\ \mathrm{d}A\ \mathrm{d}\omega \int\limits_0^\infty L'_{\lambda,\,\mathrm{e}}(\lambda,\ \vartheta,\ \varphi)\ \mathrm{d}\lambda\ . \tag{3.13a}$$

Die absorbierte Strahlung wird durch Integration von (3.10a) über alle Wellenlängen bestimmt, das heißt

$$\mathrm{d}^2\Phi'_{\mathrm{a}}(\vartheta,\ \varphi,\ T_{\mathrm{A}}) = \cos\vartheta\ \mathrm{d}A\ \mathrm{d}\omega \int\limits_0^\infty \alpha'_\lambda(\lambda,\ \vartheta,\ \varphi,\ T_{\mathrm{A}})\ L'_{\lambda,\,\mathrm{e}}(\lambda,\ \vartheta,\ \varphi)\ \mathrm{d}\lambda\ . \tag{3.13b}$$

Daraus erhält man das folgende Verhältnis:

gerichteter Gesamtabsorptionsgrad

$$\equiv \alpha'(\vartheta,\ \varphi,\ T_{\mathrm{A}}) = \frac{\mathrm{d}^2\Phi'_{\mathrm{a}}(\vartheta,\ \varphi,\ T_{\mathrm{A}})}{\mathrm{d}^2\Phi'_{\mathrm{e}}(\vartheta,\ \varphi)} = \frac{\displaystyle\int\limits_0^\infty \alpha'_\lambda(\lambda,\ \vartheta,\ \varphi,\ T_{\mathrm{A}})\ L'_{\lambda,\,\mathrm{e}}(\lambda,\ \vartheta,\ \varphi)\ \mathrm{d}\lambda}{\displaystyle\int\limits_0^\infty L'_{\lambda,\,\mathrm{e}}(\lambda,\ \vartheta,\ \varphi)\ \mathrm{d}\lambda}\ . \tag{3.14a}$$

Eine alternative Form von (3.14a) erhält man durch Anwendung des Kirchhoffschen Gesetzes (3.12):

$$\alpha'(\vartheta,\ \varphi,\ T_{\mathrm{A}}) = \frac{\displaystyle\int\limits_0^\infty \varepsilon'_\lambda(\lambda,\ \vartheta,\ \varphi,\ T_{\mathrm{A}})\ L'_{\lambda,\,\mathrm{e}}(\lambda,\ \vartheta,\ \varphi)\ \mathrm{d}\lambda}{\displaystyle\int\limits_0^\infty L'_{\lambda,\,\mathrm{e}}(\lambda,\ \vartheta,\ \varphi)\ \mathrm{d}\lambda}\ . \tag{3.14b}$$

3.4.4 Kirchhoffsches Gesetz für gerichtete Gesamtgrößen

Die verallgemeinerte Form des Kirchhoffschen Gesetzes, (3.12), zeigt, daß ε'_λ und α'_λ gleich sind. Es ist nun von Interesse, diese Identitäten für die gerichteten Gesamtgrößen zu untersuchen. Dazu wird unter Zuhilfenahme von (3.3b) ein spezieller Fall von (3.14b) betrachtet. Wenn in (3.14b) die einfallende Strahlung eine spektrale Verteilung hat, die der eines Schwarzen Körpers der Temperatur T_{A} proportional ist, dann ist $L'_{\lambda,\,\mathrm{e}}(\lambda,\ \vartheta,\ \varphi) = C(\vartheta,\ \varphi)\ L'_{\lambda\mathrm{s}}(\lambda,\ T_{\mathrm{A}})$ und (3.14b) wird zu

$$\alpha'(\vartheta,\ \varphi,\ T_{\mathrm{A}}) = \frac{\displaystyle\int\limits_0^\infty \varepsilon'_\lambda(\lambda,\ \vartheta,\ \varphi,\ T_{\mathrm{A}})\ L'_{\lambda\mathrm{s}}(\lambda,\ T_{\mathrm{A}})\ \mathrm{d}\lambda}{\displaystyle\int\limits_0^\infty L'_{\lambda\mathrm{s}}(\lambda,\ T_{\mathrm{A}})\ \mathrm{d}\lambda(=\sigma T_{\mathrm{A}}^4/\pi)} = \varepsilon'(\vartheta,\ \varphi,\ T_{\mathrm{A}})\ .$$

Sind ε'_λ und α'_λ von der Wellenlänge abhängig, dann gilt $\alpha'(\vartheta,\ \varphi,\ T_{\mathrm{A}}) = \varepsilon'(\vartheta,\ \varphi,\ T_{\mathrm{A}})$ nur dann, wenn die einfallende Strahlung der Bedingung $L'_{\lambda\mathrm{e}}(\lambda,\ \vartheta,\ \varphi) = C(\vartheta,\ \varphi)\ L'_{\lambda\mathrm{s}}(\lambda,\ T_{\mathrm{A}})$ genügt, wobei C von der Wellenlänge unabhängig ist.

Es gibt noch einen wichtigen Fall, bei dem die Beziehung $\alpha'(\vartheta,\ \varphi,\ T_{\mathrm{A}}) = \varepsilon'(\vartheta,\ \varphi,\ T_{\mathrm{A}})$ gilt. Wenn die gerichtete Emission einer Oberfläche die gleiche Wellenlängenabhängigkeit hat wie ein Schwarzer Körper, $L'_\lambda(\lambda,\ \vartheta,\ \varphi,\ T_{\mathrm{A}}) = C(\vartheta,\ \varphi)\ L'_{\lambda\mathrm{s}}(\lambda,\ T_{\mathrm{A}})$, dann ist ε'_λ unabhängig von λ. Nach (3.3b) und (3.14b) sind unter der Voraussetzung, daß $\varepsilon'_\lambda(\vartheta,\ \varphi,\ T_{\mathrm{A}})$ und damit auch $\alpha'_\lambda(\vartheta,\ \varphi,\ T_{\mathrm{A}})$ nicht von λ abhängen, für die Richtung (ϑ, φ) sowohl ε'_λ, α'_λ, ε' als auch α' gleich. Eine Oberfläche, die solch ein Verhalten zeigt, wird als eine gerichtet graue Oberfläche bezeichnet.

3.4.5 Hemisphärischer spektraler Absorptionsgrad $\alpha_\lambda(\lambda, T_A)$

Der hemisphärische spektrale Absorptionsgrad ist derjenige Teil der spektralen Energie pro Zeiteinheit (des Strahlungsflusses) der von der aus allen Richtungen einfallenden spektralen Energie pro Zeiteinheit einer umgebenden Umhüllung von einem Körper absorbiert wird (Bild 3.1 d). Die spektrale Energie pro Zeiteinheit, die von einem Element $\mathrm{d}A_{\text{em}}$ auf der Halbkugel auf ein Oberflächenelement $\mathrm{d}A$ trifft, wird durch (3.9) wiedergegeben. Die einfallende Energie pro Zeiteinheit aus allen Richtungen der Halbkugel auf $\mathrm{d}A$ ist durch nachstehendes Integral gegeben:

$$\mathrm{d}^2\Phi_{\lambda,\,e} = \mathrm{d}A\,\mathrm{d}\lambda \int_\Omega L'_{\lambda,\,e}(\lambda, \vartheta, \varphi)\cos\vartheta\,\mathrm{d}\omega\ . \tag{3.15a}$$

Den absorbierten Gesamtbetrag findet man durch Integration von (3.10a) über die Halbkugel:

$$\mathrm{d}^2\Phi_{\lambda,\,a} = \mathrm{d}A\,\mathrm{d}\lambda \int_\Omega \alpha'_\lambda(\lambda, \vartheta, \varphi, T_A)\,L'_{\lambda,\,e}(\lambda, \vartheta, \varphi)\cos\vartheta\,\mathrm{d}\omega\ . \tag{3.15b}$$

Das Verhältnis dieser Größen ergibt den

hemisphärischen spektralen Absorptionsgrad

$$\equiv \alpha_\lambda(\lambda, T_A) = \frac{\mathrm{d}^2\Phi_{\lambda,\,a}}{\mathrm{d}^2\Phi_{\lambda,\,e}}$$

$$= \frac{\int_\Omega \alpha'_\lambda(\lambda, \vartheta, \varphi, T_A)\,L'_{\lambda,\,e}(\lambda, \vartheta, \varphi)\cos\vartheta\,\mathrm{d}\omega}{\int_\Omega L'_{\lambda,\,e}(\lambda, \vartheta, \varphi)\cos\vartheta\,\mathrm{d}\omega} \tag{3.16a}$$

oder unter Benutzung des Kirchhoffschen Gesetzes

$$\alpha_\lambda(\lambda, T_A) = \frac{\int_\Omega \varepsilon'_\lambda(\lambda, \vartheta, \varphi, T_A)\,L'_{\lambda,\,e}(\lambda, \vartheta, \varphi)\cos\vartheta\,\mathrm{d}\omega}{\int_\Omega L'_{\lambda,\,e}(\lambda, \vartheta, \varphi)\cos\vartheta\,\mathrm{d}\omega}\ . \tag{3.16b}$$

Der hemisphärische spektrale Absorptions- und der Emissionsgrad können jetzt mittels (3.16b) und (3.5) miteinander verglichen werden. Man sieht, daß im allgemeinen Fall $\alpha_\lambda(\lambda, T_A) = \varepsilon_\lambda(\lambda, T_A)$ gilt, wenn α'_λ und ε'_λ Funktionen von λ, ϑ, φ und T_A sind, und wenn $L'_{\lambda s}(\lambda, T)$ unabhängig von ϑ und φ ist, d. h. wenn die einfallende spektrale Strahldichte über alle Richtungen gleichförmig ist. Ist das der Fall, fällt $L'_{\lambda,\,e}$ in (3.16b) weg, im Nenner steht nur noch π und (3.16b) kann mit (3.5) gleichgesetzt werden.

Im Falle $\alpha'_\lambda(\lambda, T_A) = \varepsilon'_\lambda(\lambda, T_A)$, d. h. bei Unabhängigkeit der gerichteten spektralen Eigenschaften vom Winkel, sind die hemisphärischen spektralen Größen durch $\alpha_\lambda(\lambda, T_A) = \varepsilon_\lambda(\lambda, T_A)$ für jeden Winkel der einfallenden Strahlung gegeben. Eine solche Oberfläche wird eine diffuse spektrale Oberfläche genannt.

3.4.6 Hemisphärischer Gesamtabsorptionsgrad $\alpha(T_A)$

Der hemisphärische Gesamtabsorptionsgrad stellt den Teil der absorbierten Energie pro Zeiteinheit (des Strahlungsflusses) dar, der aus allen Richtungen der umhüllenden Halbkugel einfällt, wie Bild 3.1 d zeigt. Die gesamte einfallende Energie pro Zeiteinheit, die auf ein Oberflächenelement dA trifft, wird durch Integration von (3.9) über alle λ und alle (ϑ, φ) der Hemisphäre bestimmt:

$$d\Phi_e = dA \int\limits_\triangle \int\limits_0^\infty L'_{\lambda,\,e}(\lambda, \vartheta, \varphi)\, d\lambda \cos \vartheta\, d\omega \ . \tag{3.17a}$$

Gleichfalls durch Integration von (3.10a) ermittelt man den gesamten absorbierten Energiebetrag:

$$d\Phi_a(T_A) = dA \int\limits_\triangle \left[\int\limits_0^\infty \alpha'_\lambda(\lambda, \vartheta, \varphi, T_A)\, L'_{\lambda,\,e}(\lambda, \vartheta, \varphi)\, d\lambda \right] \cos \vartheta\, d\omega \ . \tag{3.17b}$$

Das Verhältnis von absorbierter zu einfallender Energie pro Zeiteinheit wird definiert als

hemisphärischer Gesamtabsorptionsgrad (in Ausdrücken des gerichteten spektralen Absorptionsgrades oder Emissionsgrades):

$$\equiv \alpha(T_A) = \frac{d\Phi_a(T_A)}{d\Phi_e} = \frac{\int\limits_\triangle \left[\int\limits_0^\infty \alpha'_\lambda(\lambda, \vartheta, \varphi, T_A)\, L'_{\lambda,\,e}(\lambda, \vartheta, \varphi)\, d\lambda \right] \cos \vartheta\, d\omega}{\int\limits_\triangle \left[\int\limits_0^\infty L'_{\lambda,\,e}(\lambda, \vartheta, \varphi)\, d\lambda \right] \cos \vartheta\, d\omega} \tag{3.18a}$$

oder nach dem Kirchhoffschen Gesetz

$$\alpha(T_A) = \frac{\int\limits_\triangle \left[\int\limits_0^\infty \varepsilon'_\lambda(\lambda, \vartheta, \varphi, T_A)\, L'_{\lambda,\,e}(\lambda, \vartheta, \varphi)\, d\lambda \right] \cos \vartheta\, d\omega}{\int\limits_\triangle \left[\int\limits_0^\infty L'_{\lambda,\,e}(\lambda, \vartheta, \varphi)\, d\lambda \right] \cos \vartheta\, d\omega} \ . \tag{3.18b}$$

Gleichung (3.18b) kann mit (3.6a) gleichgesetzt werden, um so diejenigen Bedingungen zu erhalten, bei denen der hemisphärische Gesamtabsorptionsgrad und Gesamtemissionsgrad gleich sind. Nach (3.6a) ist

$$\sigma T_A^4 = \int\limits_\triangle \left[\int\limits_0^\infty L'_{\lambda s}(\lambda, T_A)\, d\lambda \right] \cos \vartheta\, d\omega \ .$$

Der Vergleich zeigt, daß für den allgemeinen Fall, bei dem ε'_λ und α'_λ sowohl von der Wellenlänge als auch vom Winkel abhängen, die Bedingung $\alpha(T_A) = \varepsilon(T_A)$ nur dann gilt, wenn die einfallende Strahlung unabhängig vom Einfallswinkel ist und die gleiche Spektralverteilung hat, wie die eines Schwarzen Körpers bei Gleichheit der Temperaturen von Schwarzem Körper und Oberfläche T_A, d. h. nur bei Gültigkeit von $L'_{\lambda,\,e}(\lambda, \vartheta, \varphi) = C L'_{\lambda s}(\lambda, T_A)$, wobei C eine Konstante ist. Weitere einschränkende Fälle sind in Tabelle 3.2 zusammengestellt.

Setzt man (3.14a) in (3.18a) ein, so ergeben sich die folgenden alternativen Formen:

hemisphärischer Gesamtabsorptionsgrad (in Ausdrücken des gerichteten Gesamt-absorptionsgrades)

$$\equiv \alpha(T_A) = \frac{\int_\Omega \left[\int_0^\infty L'_{\lambda,e}(\lambda, \vartheta, \varphi)\, d\lambda \right] \alpha'(\vartheta, \varphi, T_A) \cos \vartheta\, d\omega}{\int_\Omega \left[\int_0^\infty L'_{\lambda,e}(\lambda, \vartheta, \varphi)\, d\lambda \right] \cos \vartheta\, d\omega} \tag{3.18c}$$

oder

$$\alpha(T_A) = \frac{\int_\Omega \alpha'(\vartheta, \varphi, T_A)\, L'_e(\vartheta, \varphi) \cos \vartheta\, d\omega}{\int_\Omega L'_e(\vartheta, \varphi) \cos \vartheta\, d\omega}, \tag{3.18d}$$

wobei $L'_e(\vartheta, \varphi)$ die einfallende Gesamtstrahldichte aus der Richtung (ϑ, φ) ist.

Ändert man die Reihenfolge der Integration in (3.18a) und setzt dann (3.16a) ein, so ergibt das den

hemisphärischen Gesamtabsorptionsgrad (in Ausdrücken des hemisphärischen spektralen Absorptionsgrades)

$$\equiv \alpha(T_A) = \frac{\int_0^\infty \left[\alpha_\lambda(\lambda, T_A) \int_\Omega L'_{\lambda,e}(\lambda, \vartheta, \varphi) \cos \vartheta\, d\omega \right] d\lambda}{\int_0^\infty \left[\int_\Omega L'_{\lambda,e}(\lambda, \vartheta, \varphi) \cos \vartheta\, d\omega \right] d\lambda} \tag{3.18e}$$

oder

$$\alpha(T_A) = \frac{\int_0^\infty \alpha_\lambda(\lambda, T_A)\, d^2\Phi_{\lambda,e}}{\int_0^\infty d^2\Phi_{\lambda,e}}, \tag{3.18f}$$

wobei $d^2\Phi_{\lambda,e}$ die spektrale einfallende Energie aus allen Richtungen ist, die auf das Oberflächenelement dA auftrifft.

Einen besonders interessanten Fall behandelt die Aufgabe 1 dieses Kapitels. Wenn es eine von einer grauen Quelle der Temperatur T_e einfallende homogene Strahlung gibt, und $\varepsilon_\lambda(\lambda, T_A)$ von T_A unabhängig ist, dann ist der hemisphärische Gesamtabsorptionsgrad für die einfallende Strahlung gleich dem hemisphärischen Gesamtemissionsgrad des Materials bei der Temperatur der Quelle T_e, also

$$\alpha(T_A) = \varepsilon(T_e).$$

Beispiel 3.5

Der hemisphärische spektrale Emissionsgrad einer Oberfläche von 300 K ist 0,8 für $0 \leq \lambda \leq 3\,\mu m$ und 0,2 für $\lambda > 3\,\mu m$. Wie groß ist der hemisphärische Gesamtemissionsgrad für diffus einfallende Strahlung von einer schwarzen Strahlungsquelle bei $T_e = 1000$ K? Wie groß ist er für diffus einfallende Solarstrahlung?

Für diffus einfallende Strahlung ist $\alpha_\lambda(\lambda, T_A) = \varepsilon_\lambda(\lambda, T_A)$, und für eine schwarze Strahlungsquelle ist $L'_{\lambda, e}(\lambda, \vartheta, \varphi) = L'_{\lambda s, e}(\lambda)$. Dann wird aus (3.18e)

$$\alpha(T_A) = \frac{\int\limits_0^\infty \varepsilon_\lambda(\lambda, T_A)\, L'_{\lambda s, e}(\lambda, T_e)\, d\lambda}{\int\limits_0^\infty L'_{\lambda s, e}(\lambda, T_e)\, d\lambda} = \frac{\int\limits_0^\infty \varepsilon_\lambda(\lambda, T_A)\, M_{\lambda s, e}(\lambda, T_e)\, d\lambda}{\sigma T_e^4}\,.$$

Drückt man $\alpha(T_A)$ in Ausdrücken der zwei Wellenlängenbereiche aus, über die $\varepsilon_\lambda(\lambda, T_A)$ konstant ist, so ergibt sich

$$\alpha(T_A) = 0{,}8 F_{0-3T_e} + 0{,}2(1 - F_{0-3T_e})\,.$$

Bei Anwendung der Tabelle A5 findet man für eine Strahlungsquelle einer Temperatur von 1000 K (λT in 10^{-6} m $\cdot$ K)

$$\begin{aligned}\alpha(T_A) &= 0{,}8 F_{0-3000} + 0{,}2(1 - F_{0-3000})\\ &= 0{,}8 \cdot 0{,}27322 + 0{,}2(1 - 0{,}27322) = 0{,}364\end{aligned}$$

und für die einfallende Solarstrahlung ($T_e = 5780$ K):

$$\begin{aligned}\alpha(T_A) &= 0{,}8 F_{0-17340} + 0{,}2(1 - F_{0-17340})\\ &= 0{,}8(0{,}97867 + 0{,}00013) + 0{,}2(1 - 0{,}97880) = 0{,}787\,.\end{aligned}$$

Es ergibt sich also eine beträchtliche Änderung in $\alpha(T_A)$ als Folge einer Wellenlängenverschiebung der Spektralverteilung der einfallenden Strahlung mit steigender Temperatur der Strahlungsquelle.

3.4.7 Diffus-graue Oberfläche

Wie im Teil 2, Kap. 3 noch gezeigt wird, geht man bei Berechnungen von Umhüllungen oft davon aus, daß die Oberflächen diffus grau sind. Diffus bedeutet, daß der gerichtete Emissions- und Absorptionsgrad nicht von der Richtung abhängt. Für den Fall der Emission wird daher die emittierte Strahlung über alle Richtungen gleich der des Schwarzen Körpers sein. Der Ausdruck „grau" bedeutet, daß der spektrale Emissions- und Absorptionsgrad nicht von der Wellenlänge abhängt; er kann jedoch von der Temperatur abhängig sein. So emittierte Strahlung wird also bei jeder Oberflächentemperatur den gleichen Anteil der Strahlung eines Schwarzen Körpers für jede Wellenlänge aufweisen.

Die diffus-graue Oberfläche absorbiert daher einen festen Bruchteil der einfallenden Strahlung aus jeder Richtung und bei jeder Wellenlänge. Sie emittiert Strahlung eines bestimmten festen Bruchteils der Strahlung eines Schwarzen Körpers für alle Richtungen und Wellenlängen (dieses ist die Definition für den Ausdruck „grau"). Somit sind der gerichtete spektrale Absorptionsgrad $\alpha'_\lambda(\lambda, \vartheta, \varphi, T_A) = \alpha'_\lambda(T_A)$ und der gerichtete spektrale Emissionsgrad $\varepsilon'_\lambda(\lambda, \vartheta, \varphi, T_A) = \varepsilon'_\lambda(T_A)$.

Aus dem Kirchhoffschen Gesetz, (3.12), folgt, daß $\alpha'_\lambda(T_A) = \varepsilon'_\lambda(T_A)$ ist. In (3.18a), (3.18b) und (3.6a) können, $\alpha'_\lambda(T_A)$ und $\varepsilon'_\lambda(T_A)$, da sie weder von der Richtung noch von der Wellenlänge abhängen, aus den Integralen herausgenommen werden, und die Gleichungen lauten dann

$$\alpha(T_A) = \alpha'_\lambda(T_A) = \varepsilon'_\lambda(T_A) = \varepsilon(T_A)\,.$$

So sind für eine diffus-graue Oberfläche die gerichtet-spektralen Absorptions-und Emissionsgrade und die hemisphärischen Gesamtabsorptions- und emissionsgrade gleich. Der hemisphärische Gesamtabsorptionsgrad ist unabhängig von der Natur der einfallenden Strahlung.

3.4.8 Zusammenstellung der Beziehungen des Kirchhoffschen Gesetzes

Die Einschränkungen bei der Anwendung des Kirchhoffschen Gesetzes sind in Tabelle 3.2 zusammengestellt.

Tabelle 3.2. Kirchhoffsche Beziehungen zwischen Absorptionsgrad und Emissionsgrad

Größe	Gleichung	Einschränkungen
gerichtet — spektral	$\alpha'_\lambda(\lambda, \vartheta, \varphi, T_A) = \varepsilon'_\lambda(\lambda, \vartheta, \varphi, T_A)$	keine
gerichtet — gesamt	$\alpha'(\vartheta, \varphi, T_A) = \varepsilon'(\vartheta, \varphi, T_A)$	Die einfallende Strahlung muß eine Spektralverteilung haben, die proportional der eines Schwarzen Körpers bei T_A ist: $L'_{\lambda,e}(\lambda, \vartheta, \varphi) = C(\vartheta, \varphi)\, L'_{\lambda s}(\lambda, T_A)$, oder $\alpha'_\lambda(\vartheta, \varphi, T_A) = \varepsilon'_\lambda(\vartheta, \varphi, T_A)$ sind unabhängig von der Wellenlänge (gerichtet-graue Oberfläche)
hemisphärisch — spektral	$\alpha_\lambda(\lambda, T_A) = \varepsilon_\lambda(\lambda, T_A)$	Die einfallende Strahlung muß unabhängig vom Winkel sein, $L'_{\lambda,e}(\lambda) = C(\lambda)$ oder $\alpha'_\lambda(\lambda, T_A) = \varepsilon'_\lambda(\lambda, T_A)$ sind nicht vom Winkel abhängig (diffus-spektrale Oberfläche)
hemisphärisch — gesamt	$\alpha(T_A) = \varepsilon(T_A)$	Die einfallende Strahlung muß unabhängig vom Winkel sein und eine Spektralverteilung proportional der eines Schwarzen Körpers bei T_A haben. $L'_{\lambda,e}(\lambda) = C L'_{\lambda s}(\lambda, T_A)$, oder die einfallende Strahlung ist unabhängig vom Winkel und $\alpha'_\lambda(\varphi, T_A) = \varepsilon'_\lambda(\vartheta, \varphi, T_A)$ sind unabhängig von λ (gerichtet-graue Oberfläche), oder die einfallende Strahlung aus jeder beliebigen Richtung hat eine Spektralverteilung proportional der eines Schwarzen Körpers bei T_A und $\alpha'_\lambda(\lambda, T_A) = \varepsilon'_\lambda(\lambda, T_A)$ sind unabhängig vom Winkel (diffus-spektrale Oberfläche), oder $\alpha'_\lambda(T_A) = \varepsilon'_\lambda(T_A)$ sind unabhängig von der Wellenlänge und vom Winkel (diffus-graue Oberfläche)

3.5 Reflexionsgrad

Die Reflexionseigenschaften einer Oberfläche sind wesentlich schwieriger zu beschreiben als der Emissions- oder Absorptionsgrad. Der Grund ist darin zu sehen, daß die reflektierte Energie nicht nur vom Einfallswinkel, unter dem die

Energie auf die Oberfläche auftrifft, sondern auch noch von der Richtung, unter der die Reflexion beobachtet wird, abhängt. Im folgenden Abschnitt sollen einige der sich entsprechenden Reflexionsgrößen definiert werden.

3.5.1 Spektrale Reflexionsgrade

Gerichtet-gerichteter spektraler Reflexionsgrad $\varrho_\lambda''(\lambda, \vartheta_r, \varphi_r, \vartheta, \varphi)$

Spektrale Strahlung falle auf eine Oberfläche aus der Richtung (ϑ, φ), wie in Bild 3.1 e dargestellt. Ein Teil dieser Strahlung wird in die (ϑ_r, φ_r)-Richtung reflektiert und bildet einen Teil der reflektierten Strahldichte in der (ϑ_r, φ_r)-Richtung. Der Index r bezeichnet Größen, die sich auf Reflexion unter einem bestimmten Winkel beziehen. Die vollständige Größe $L_{\lambda,r}'(\lambda, \vartheta_r, \varphi_r)$ ist das Ergebnis der Summierung aller reflektierten Strahldichten, die aus den einfallenden Strahldichten $L_{\lambda,e}'(\lambda, \vartheta, \varphi)$ aus allen Einfallsrichtungen (ϑ, φ) der Halbkugel über dem Oberflächenelement resultieren. Der Beitrag zu $L_{\lambda,r}'(\lambda, \vartheta_r, \varphi_r)$, den die einfallende Strahlung aus nur einer (ϑ, φ)-Richtung liefert, wird als $L_{\lambda,r}''(\lambda, \vartheta_r, \varphi_r, \vartheta, \varphi)$ bezeichnet und hängt sowohl von den Einfalls- als auch von den Reflexionswinkeln ab.

Für die Energie aus der Richtung (ϑ, φ), die pro Flächeneinheit und Wellenlänge auf dA auftrifft, erhält man nach (3.9)

$$\frac{d^3 \Phi_{\lambda,e}'(\lambda, \vartheta, \varphi)}{dA\, d\lambda} = L_{\lambda,e}'(\lambda, \vartheta, \varphi) \cos \vartheta\, d\omega\,. \tag{3.19}$$

Der gerichtet-gerichtete spektrale Reflexionsgrad ist ein Verhältnis, das den Beitrag ausdrückt, den $L_{\lambda,e}'(\lambda, \vartheta, \varphi) \cos \vartheta\, d\omega$ zur reflektierten spektralen Strahldichte in der (ϑ_r, φ_r)-Richtung liefert,

gerichtet-gerichteter spektraler Reflexionsgrad

$$\equiv \varrho_\lambda''(\lambda, \vartheta_r, \varphi_r, \vartheta, \varphi) = \frac{L_{\lambda,r}''(\lambda, \vartheta_r, \varphi_r, \vartheta, \varphi)}{L_{\lambda,e}'(\lambda, \vartheta, \varphi) \cos \vartheta\, d\omega}\,. \tag{3.20}$$

Obwohl der Reflexionsgrad eine Funktion der Oberflächentemperatur T_A ist, wird bei ϱ hier der Einfachheit halber das T_A weggelassen. Das Verhältnis in (3.20) ist eine reflektierte Strahldichte, dividiert durch die innerhalb des Raumwinkels $d\omega$ auftreffende Energie. Der Ausdruck $\cos \vartheta\, d\omega$ im Nenner bedeutet, daß wenn $\varrho''(\lambda, \vartheta_r, \varphi_r, \vartheta, \varphi)\, L_{\lambda,e}'(\lambda, \vartheta, \varphi) \cos \vartheta\, d\omega$ über alle Einfallswinkel integriert wird, um die reflektierte Strahldichte $L_{\lambda,r}'(\lambda, \vartheta_r, \vartheta_r)$ zu erhalten, diese reflektierte Strahldichte genau den Energiebetrag der aus jeder Richtung auftreffenden Strahlung bewertet. Daraus, daß $L_{\lambda,r}''$ im allgemeinen um eine Differentialordnung niedriger ist als $L_{\lambda,e}'$, folgt, daß $d\omega$ im Nenner von $\varrho_\lambda''(\lambda, \vartheta_r, \varphi_r, \vartheta, \varphi)$ keine Differentialgröße mehr ist. (Bei spiegelnder Reflexion ist $L_{\lambda,r}''$ von derselben Größenordnung wie $L_{\lambda,e}'$ und ϱ_λ'' kann sehr groß werden. So kann im Gegensatz zu anderen Strahlungsgrößen ϱ_λ'' größer als eins werden. In der Bezeichnung für ϱ'' werden die Ausfallswinkel vor den Einfallswinkeln angegeben.) Bei diffuser Reflexion trägt die Einfallsenergie aus der (ϑ,φ)-Richtung gleichfalls zur reflektierten Strahldichte für alle (ϑ_r, φ_r) bei. Es wird ebenfalls gezeigt, daß die Form von (3.20) zu einigen nützlichen Reziprozitätsbeziehungen führt.

Reziprozität für den gerichtet-gerichteten spektralen Reflexionsgrad

Reziprozität oder Umkehrbarkeit heißt ganz allgemein, daß in einem System Ursache und Wirkung miteinander vertauscht werden können, ohne daß sich die Verknüpfung zwischen beiden ändert. Im allgemeinen kann man annehmen, daß $\varrho_\lambda''(\lambda, \vartheta, \varphi, \vartheta, \varphi)$ symmetrisch in bezug auf den Reflexions- und Einfallswinkel ist, das bedeutet, daß ϱ_λ'' für einfallende Energie bei (ϑ, φ) und reflektierte bei (ϑ_r, φ_r) gleich ϱ_λ'' für die einfallende Energie bei (ϑ_r, φ_r) und die reflektierte Energie bei (ϑ, φ) ist.

Anhand eines nichtschwarzen Elements $\mathrm{d}A_2$, das sich innerhalb einer isothermen, schwarzen Umhüllung befindet, wie es Bild 3.6 zeigt, soll dieses demonstriert werden. Bei isothermen Bedingungen muß der Netto-Energieaustausch zwischen den schwarzen Elementen $\mathrm{d}A_1$ und $\mathrm{d}A_3$ Null sein. Dieser Energieaustausch geschieht auf zwei möglichen Wegen. Zunächst gibt es den direkten Austausch entlang der gestrichelten Linie. Dieser direkte Austausch zwischen schwarzen Elementen wird durch die Anwesenheit von $\mathrm{d}A_2$ nicht beeinflußt und ist daher Null, genau so, als würden sie sich in einem schwarzen, isothermen umschlossenen Raum ohne $\mathrm{d}A_2$ befinden. Ist der Nettoaustausch entlang dieses Weges Null, wie

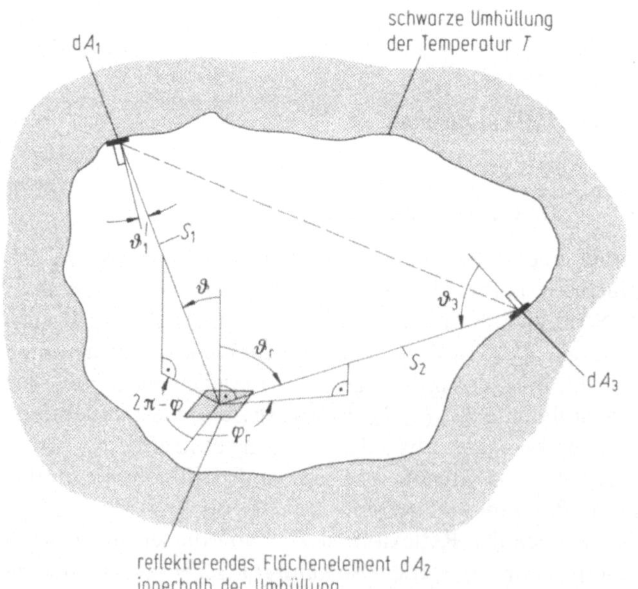

Bild 3.6. Umhüllung zur Prüfung der Reziprozität der gerichtet-gerichteten spektralen Reflexion

auch der Nettoaustausch aller anderen Wege zwischen dA_1 und dA_3, dann muß der Nettoaustausch entlang des verbleibenden Weges einschließlich der Reflexion an dA_2 ebenfalls Null sein. Es läßt sich nun folgendes für die entlang dem reflektierten Weges ausgetauschte Energie pro Zeiteinheit schreiben

$$d^4\Phi''_{\lambda,\,1-2-3} = d^4\Phi''_{\lambda,\,3-2-1} \; . \tag{3.21a}$$

Die auf dA_3 auftreffende, von dA_2 reflektierte Energie pro Zeiteinheit ist

$$d^4\Phi''_{\lambda,\,1-2-3} = L''_{\lambda,\,r}(\lambda,\,\vartheta_r,\,\varphi_r,\,\vartheta,\,\varphi)\,\cos\vartheta_r\,dA_2\,\frac{dA_3\cos\vartheta_3}{S_2^2}\,d\lambda$$

oder bei Verwendung von (3.20)

$$d^4\Phi''_{\lambda,\,1-2-3} = \varrho''_\lambda(\lambda,\,\vartheta_r,\,\varphi_r,\,\vartheta,\,\varphi)\,L'_{\lambda,\,1}(\lambda,\,T)$$
$$\times\,\cos\vartheta\,\frac{dA_1\cos\vartheta_1}{S_1^2}\,\cos\vartheta_r\,dA_2\,\frac{dA_3\cos\vartheta_3}{S_2^2}\,d\lambda \;. \tag{3.21b}$$

Analog gilt

$$d^4\Phi''_{\lambda,\,3-2-1} = \varrho''_\lambda(\lambda,\,\vartheta,\,\varphi,\,\vartheta_r,\,\varphi_r)\,L'_{\lambda,\,3}(\lambda,\,T)$$
$$\times\,\cos\vartheta_r\,\frac{dA_3\cos\vartheta_3}{S_2^2}\,\cos\vartheta\,dA_2\,\frac{dA_1\cos\vartheta_1}{S_1^2}\,d\lambda \;. \tag{3.21c}$$

Setzt man (3.21b) und (3.21c) in (3.21a) ein, ergibt sich

$$\varrho''_\lambda(\lambda,\,\vartheta_r,\,\varphi_r,\,\vartheta,\,\varphi)\,L'_{\lambda,1}(\lambda,\,T) = \varrho''_\lambda(\lambda,\,\vartheta,\,\varphi,\,\vartheta_r,\,\varphi_r)\,L'_{\lambda,3}(\lambda,\,T)$$

oder, da $L'_{\lambda,1}(\lambda,\,T) = L'_{\lambda,3}(\lambda,\,T) = L'_{\lambda s}(\lambda,\,T)$ ist, bekommt man die folgende Reziprozitätsbeziehung für ϱ''_λ:

$$\varrho''_\lambda(\lambda,\,\vartheta_r,\,\varphi_r,\,\vartheta,\,\varphi) = \varrho''_\lambda(\lambda,\,\vartheta,\,\varphi,\,\vartheta_r,\,\varphi_r)\;. \tag{3.22}$$

Gerichtete spektrale Reflexionsgrade

Wird $L''_{\lambda,r}$ mit $d\lambda\,\cos\vartheta_r\,dA\,d\omega_r$ multipliziert und über den Halbraum für alle ϑ_r und φ_r integriert, bekommt man die in den gesamten Halbraum reflektierte Energie pro Zeiteinheit als Ergebnis der einfallenden Strahlung aus einer Richtung:

$$d^3\Phi'_{\lambda,r}(\lambda,\,\vartheta,\,\varphi) = d\lambda\,dA\int_\Omega L''_{\lambda,r}(\lambda,\,\vartheta_r,\,\varphi_r,\,\vartheta,\,\varphi)\,\cos\vartheta_r\,d\omega_r \;.$$

Durch Anwendung von (3.20) erhält man

$$d^3\Phi'_{\lambda,r}(\lambda,\,\vartheta,\,\varphi) = L'_{\lambda,e}(\lambda,\,\vartheta,\,\varphi)\,\cos\vartheta\,d\omega\,d\lambda\,dA\int_\Omega \varrho''_\lambda(\lambda,\,\vartheta_r,\,\varphi_r,\,\vartheta,\,\varphi)\,\cos\vartheta_r\,d\omega_r \;.$$
$$\tag{3.23}$$

Der gerichtet-hemisphärische spektrale Reflexionsgrad wird definiert als die in alle Raumwinkel reflektierte Energie, dividiert durch die aus einer Richtung einfallende Energie (Bild 3.1f). Das ergibt (3.23) dividiert durch die einfallende Energie aus (3.19).

So ist der

gerichtete-hemisphärische spektrale Reflexionsgrad (in Ausdrücken des gerichtet-gerichteten spektralen Reflexionsgrades)

$$\equiv \varrho'_\lambda(\lambda, \vartheta, \varphi) = \frac{\mathrm{d}^3 \varPhi'_{\lambda, \mathrm{r}}(\lambda, \vartheta, \varphi)}{\mathrm{d}^3 \varPhi'_{\lambda, \mathrm{e}}(\lambda, \vartheta, \varphi)} = \int_\Omega \varrho''_\lambda(\lambda, \vartheta_\mathrm{r}, \varphi_\mathrm{r}, \vartheta, \varphi) \cos \vartheta_\mathrm{r} \, \mathrm{d}\omega_\mathrm{r} \ . \qquad (3.24)$$

Gleichung (3.24) bestimmt, wieviel von der aus einer Richtung einfallenden Strahlungsenergie in alle Richtungen reflektiert wird. Einen anderen gerichteten Reflexionsgrad braucht man, wenn man sich für die reflektierte Strahldichte in derjenigen Richtung interessiert, die aus der einfallenden Strahlung aus allen Richtungen resultiert (Bild 3.1 g). Die reflektierte Strahldichte in die $(\vartheta_\mathrm{r},\varphi_\mathrm{r})$-Richtung wird durch Integration von (3.20) über alle Einfallsrichtungen bestimmt:

$$L'_{\lambda, \mathrm{r}}(\lambda, \vartheta_\mathrm{r}, \varphi_\mathrm{r}) = \int_\Omega \varrho''_\lambda(\lambda, \vartheta_\mathrm{r}, \varphi_\mathrm{r}, \vartheta, \varphi) \, L'_{\lambda, \mathrm{e}}(\lambda, \vartheta, \varphi) \cos \vartheta \, \mathrm{d}\omega \ . \qquad (3.25)$$

Den hemisphärisch-gerichteten spektralen Reflexionsgrad erhält man dann als die reflektierte Strahldichte in $(\vartheta_\mathrm{r},\varphi_\mathrm{r})$-Richtung, dividiert durch die integrierte, gemittelte, einfallende Strahldichte:

hemisphärischer-gerichteter spektraler Reflexionsgrad (in Ausdrücken des gerichtet-gerichteten spektralen Reflexionsgrades)

$$\equiv \varrho'_\lambda(\lambda, \vartheta_\mathrm{r}, \varphi_\mathrm{r}) = \frac{\int_\Omega \varrho''_\lambda(\lambda, \vartheta_\mathrm{r}, \varphi_\mathrm{r}, \vartheta, \varphi) \, L'_{\lambda, \mathrm{e}}(\lambda, \vartheta, \varphi) \cos \vartheta \, \mathrm{d}\omega}{(1/\pi) \int_\Omega L'_{\lambda, \mathrm{e}}(\lambda, \vartheta, \varphi) \cos \vartheta \, \mathrm{d}\omega} \ . \qquad (3.26)$$

Reziprozität für den gerichteten spektralen Reflexionsgrad

Eine Reziprozitätsbeziehung läßt sich auch in der folgenden Weise für ϱ'_λ finden: Wenn die einfallende Strahldichte über alle Einfallsrichtungen gleichförmig ist, wird (3.26) zu dem

hemisphärisch-gerichteten spektralen Reflexionsgrad (für gleichförmig einfallende Strahlung)

$$\equiv \varrho'_\lambda(\lambda, \vartheta_\mathrm{r}, \varphi_\mathrm{r}) = \int_\Omega \varrho''_\lambda(\lambda, \vartheta_\mathrm{r}, \varphi_\mathrm{r}, \vartheta, \varphi) \cos \vartheta \, \mathrm{d}\omega \ . \qquad (3.27)$$

Durch Gleichsetzen von (3.24) und (3.27) und unter Berücksichtigung von (3.22) bekommt man die Reziprozitätsbeziehung für ϱ'_λ in Form von (beschränkt auf eine gleichförmig einfallende Strahldichte)

$$\varrho'_\lambda(\lambda, \vartheta, \varphi) = \varrho'_\lambda(\lambda, \vartheta_\mathrm{r}, \varphi_\mathrm{r}) \ , \qquad (3.28)$$

wobei $(\vartheta_\mathrm{r}, \varphi_\mathrm{r})$ und (ϑ, φ) die gleichen Winkel sind. Das bedeutet, daß der Reflexionsgrad eines Materials, das unter gegebenem Einfallswinkel (ϑ, φ) bestrahlt wird, bestimmt aus der Messung des gesamten reflektierten Strahlungsflusses über die Halbkugel, gleich dem Reflexionsgrad für gleichförmige Bestrahlung aus der Halbkugel ist, bestimmt durch den gesamten gemessenen Strahlungsfluß bei einem einzigen Reflexionswinkel (ϑ_r, φ_r), wenn (ϑ_r, φ_r) die gleichen Winkel wie (ϑ, φ) sind. Diese Beziehung ist die theoretische Grundlage für den Bau eines „hemisphärischen Reflektometers" zur Messung von Strahlungseigenschaften [3.5].

Hemisphärischer spektraler Reflexionsgrad $\varrho(\lambda)$

Wenn die einfallende spektrale Strahlung unter allen Winkeln aus der Hemisphäre (Bild 3.1 h) einfällt, dann wird die gesamte auf das Flächenelement dA der Oberfläche auftreffende Strahlung durch (3.15 a) wiedergegeben:

$$d^2\Phi_{\lambda.e}(\lambda) = d\lambda \, dA \int_{\Omega} L'_{\lambda.e}(\lambda, \vartheta, \varphi) \cos \vartheta \, d\omega \; .$$

Den reflektierten Betrag von $d^2\Phi_{\lambda,e}$ erhält man durch Integration von (3.24)

$$d^2\Phi_{\lambda.r}(\lambda) = \int_{\Omega} \varrho'_\lambda(\lambda, \vartheta, \varphi) \, d^3\Phi'_{\lambda.e}(\lambda, \vartheta, \varphi)$$

$$= d\lambda \, dA \int_{\Omega} \varrho'_\lambda(\lambda, \vartheta, \varphi) \, L'_{\lambda.e}(\lambda, \vartheta, \varphi) \cos \vartheta \, d\omega \; .$$

Der reflektierte Anteil von $d^2\Phi_{\lambda,e}(\lambda)$ liefert die Definition des

hemisphärischen spektralen Reflexionsgrades (in Ausdrücken des gerichtet-hemisphärischen spektralen Reflexionsgrades)

$$\equiv \varrho_\lambda(\lambda) = \frac{d^2\Phi_{\lambda.r}(\lambda)}{d^2\Phi_{\lambda.e}(\lambda)} = \frac{d\lambda \, dA}{d^2\Phi_{\lambda.e}(\lambda)} \int_{\Omega} \varrho'_\lambda(\lambda, \vartheta, \varphi) \, L'_{\lambda.e}(\lambda, \vartheta, \varphi) \cos \vartheta \, d\omega \; .$$

$$(3.29)$$

Grenzfälle für spektral reflektierende Oberflächen

Zwei wichtige Grenzfälle für spektral reflektierende Oberflächen sollen im folgenden Abschnitt behandelt werden.

1. Diffus reflektierende Oberflächen

Bei einer diffusen Oberfläche erzeugt die aus der Richtung (ϑ, φ) einfallende reflektierte Energie eine reflektierte Strahldichte, die über alle Abstrahlungsrichtungen (ϑ_r, φ_r) gleichförmig ist, jedoch kann sich der Betrag der reflektierten Energie als Funktion des Einfallswinkels ändern. (Es wird oft stillschweigend angenommen, daß diffuse Reflexionsgrade unabhängig vom Einfallswinkel (ϑ, φ) sind, aber dies ist keine zwingende Voraussetzung für diese Definition.) Betrachtet man ein diffuses Oberflächenelement, das durch ein einfallendes Strahlenbündel bestrahlt wird, so erscheint das Element aus allen Beobachtungsrichtungen gleich hell. Der gerichtet-gerichtete spektrale Reflexionsgrad ist dann unabhängig von (ϑ_r, φ_r) und (3.24) vereinfacht sich zu

$$\varrho'_{\lambda.d}(\lambda, \vartheta, \varphi) = \varrho''_\lambda(\lambda, \vartheta, \varphi) \int_{\Omega} \cos \vartheta_r \, d\omega_r \; .$$

Nach Integration ergibt sich für eine diffuse Oberfläche

$$\varrho'_{\lambda.d}(\lambda, \vartheta, \varphi) = \pi \varrho''_\lambda(\lambda, \vartheta, \varphi) \; ,$$

$$(3.30)$$

so daß für jeden Einfallswinkel der gerichtet-hemisphärische spektrale Reflexionsgrad gleich dem π-fachen des gerichtet-gerichteten spektralen Reflexionsgrades ist. Das resultiert daraus, daß $\varrho'_{\lambda,\mathrm{d}}$ für die reflektierte Energie in alle $(\vartheta_\mathrm{r}, \varphi_\mathrm{r})$-Richtungen gilt, während ϱ''_λ nur für die reflektierte Strahldichte in einer Richtung gilt. Hier liegt eine Analogie zur Beziehung zwischen hemisphärischer spezifischer Ausstrahlung und Strahldichte $M_{\lambda\mathrm{s}}(\lambda) = \pi L'_{\lambda\mathrm{s}}(\lambda)$ eines Schwarzen Körpers vor. Gleichung (3.25) gibt die Strahldichte in $(\vartheta_\mathrm{r}, \varphi_\mathrm{r})$-Richtung bei Verteilung der einfallenden Strahlung über alle (ϑ, φ) wieder. Ist die Oberfläche diffus, ist der gerichtet-gerichtete Reflexionsgrad vom Einfallswinkel unabhängig und ist die einfallende Strahldichte gleichförmig über alle Einfallswinkel verteilt, dann vereinfacht sich (3.25) zu

$$L'_{\lambda,\mathrm{r}}(\lambda) = \varrho''_\lambda L'_{\lambda,\mathrm{e}}(\lambda) \int_\Omega \cos\vartheta \; \mathrm{d}\omega = \pi \varrho''_\lambda(\lambda)\, L'_{\lambda,\mathrm{e}}(\lambda)\,. \tag{3.31 a}$$

Bei Anwendung von (3.30) für die diffuse Oberfläche und unter Benutzung des Reziprozitätsgesetzes und (3.29) bekommt man

$$L'_{\lambda,\mathrm{r}}(\lambda) = \varrho'_{\lambda,\mathrm{d}}(\lambda)\, L'_{\lambda,\mathrm{e}}(\lambda) = \varrho_{\lambda,\mathrm{d}}(\lambda)\, L'_{\lambda,\mathrm{e}}(\lambda)\,, \tag{3.31 b}$$

so daß in diesem Fall die reflektierte Strahldichte in jeder Richtung einfach der hemisphärisch-gerichtete Reflexionsgrad oder der hemisphärische Reflexionsgrad, multipliziert mit der einfallenden Strahldichte, ist. Bei der angenommenen gleichförmigen Bestrahlung beträgt die spektrale Energie pro Zeiteinheit, die auf das Oberflächenelement $\mathrm{d}A$ aus allen Winkelrichtungen der Hemisphäre auftrifft

$$\mathrm{d}^2\Phi_{\lambda,\mathrm{e}}(\lambda) = \pi L'_{\lambda,\mathrm{e}}(\lambda)\, \mathrm{d}A\, \mathrm{d}\lambda\,,$$

so daß

$$L'_{\lambda,\mathrm{r}}(\lambda) = \varrho_{\lambda,\mathrm{d}}(\lambda)\, \frac{\mathrm{d}^2\Phi_{\lambda,\mathrm{e}}(\lambda)}{\pi\, \mathrm{d}A\, \mathrm{d}\lambda} \tag{3.31 c}$$

ist.

2. Spiegelnd reflektierende Oberflächen

Spiegelnde Oberflächen gehorchen den bekannten Reflexionsgesetzen. Der ideal spiegelnde Reflektor und die ideal diffuse Oberfläche sind zwei idealisierte Spezialfälle, die zur Berechnung des Wärmeaustausches in abgeschlossenen Systemen benutzt werden können. Ein einfallender Strahl aus einer bestimmten Richtung, der auf eine spiegelnde Fläche trifft, gehorcht definitionsgemäß einer ganz bestimmten Beziehung zwischen einfallendem und reflektiertem Winkel. Der Einfallswinkel ist gleich dem Ausfallswinkel, wobei die Winkel jeweils gegen die Flächennormale der reflektierenden Fläche in der von beiden Winkeln aufgespannten Fläche gemessen werden. Daher ist

$$\vartheta_\mathrm{r} = \vartheta \quad \text{und} \quad \varphi_\mathrm{r} = \varphi + \pi\,, \tag{3.32}$$

und für alle anderen Winkel ist der gerichtet-gerichtete spektrale Reflexionsgrad einer spiegelnden Oberfläche Null. So kann man

$$\varrho''_\lambda(\lambda, \vartheta, \varphi, \vartheta_\mathrm{r}, \varphi_\mathrm{r})_\mathrm{sp} = \varrho''_\lambda(\lambda, \vartheta, \varphi, \vartheta_\mathrm{r} = \vartheta, \varphi_\mathrm{r} = \varphi + \pi) \equiv \varrho''_{\lambda\,\mathrm{sp}}(\lambda, \vartheta, \varphi)$$
$$\tag{3.33}$$

schreiben und der gerichtet-gerichtete spektrale Reflexionsgrad einer spiegelnden Oberfläche stellt sich als eine Funktion nur der Einfallsrichtung dar.

Für die Strahldichte, die von einer spiegelnden Oberfläche in den Raumwinkel um (ϑ_r, φ_r) reflektiert wird, ergibt (3.25) bei einer beliebigen gerichteten Verteilung der einfallenden Strahldichte

$$L'_{\lambda,r}(\lambda, \vartheta_r, \varphi_r) = \int_{\Omega} \varrho''_{\lambda,sp}(\lambda, \vartheta, \varphi)\, L'_{\lambda,e}(\lambda, \vartheta, \varphi)\, \cos\vartheta\, d\omega\,. \tag{3.34a}$$

Der Integrand von (3.34a) hat nur in einem kleinen Raumwinkel in der Umgebung der Richtung (ϑ, φ) einen Wert ungleich Null aufgrund der Eigenschaften von $\varrho''_{\lambda,sp}(\lambda, \vartheta, \varphi)$. Gleichung (3.34a) kann sodann folgendermaßen geschrieben werden:

$$L'_{\lambda,r}(\lambda, \vartheta_r, \varphi_r) = \varrho''_{\lambda,sp}(\lambda, \vartheta, \varphi)\, L'_{\lambda,e}(\lambda, \vartheta, \varphi)\, \cos\vartheta\, d\omega\,. \tag{3.34b}$$

Betrachtet man jetzt die allgemeine Gleichung für den gerichtet-gerichteten spektralen Reflexionsgrad, (3.20), so erhält diese für eine spiegelnde Oberfläche die Form:

$$L''_{\lambda,r}(\lambda, \vartheta_r = \vartheta, \varphi_r = \varphi + \pi) = \varrho''_{\lambda,sp}(\lambda, \vartheta, \varphi)\, L'_{\lambda,e}(\lambda, \vartheta, \varphi)\, \cos\vartheta\, d\omega\,. \tag{3.35}$$

Für spiegelnde Reflexion kann $L''_{\lambda,r}$ von derselben Größenordnung wie $L'_{\lambda,e}$ sein. $\varrho''_{\lambda,sp}$ wird dann wegen $d\omega$ auf der rechten Seite von (3.35) sehr groß. Wenn also eine Oberfläche mehr zu spiegelnder Reflexion neigt, kann die Anwendung des gerichtet-gerichteten Reflexionsgrades von geringerem praktischen Wert sein als in einem Fall, bei dem die diffusen Reflexionseigenschaften überwiegen.

Gleichung (3.35) liefert die Strahldichte, die in einem Raumwinkel um (ϑ_r, φ_r) von einem einzelnen unter $(\vartheta = \vartheta_r, \varphi = \varphi_r - \pi)$ einfallenden Strahl reflektiert wird. Die rechte Seite von (3.35) ist identisch mit der rechten Seite von (3.34b), die die Strahldichte, die in den Raumwinkel um (ϑ_r, φ_r) von der gestreuten einfallenden Strahlung reflektiert wird, wiedergibt. Daraus ergibt sich die folgende, naheliegende Vereinfachung: Bei der Untersuchung der von einer spiegelnden Oberfläche in eine gegebene Richtung reflektierten Strahlung braucht nur die Einfallsstrahlung bei (ϑ, φ), wie sie durch (3.32) bestimmt ist, als Beitrag zur reflektierten Strahldichte betrachtet zu werden; die gerichtete Verteilung der Einfallsenergie bleibt unberücksichtigt.

Nach (3.26) und (3.34a) ist der hemisphärisch-gerichtete spektrale Reflexionsgrad für gleichförmige Bestrahlung einer spiegelnden Oberfläche gegeben durch

$$\varrho'_{\lambda,sp}(\lambda, \vartheta_r, \varphi_r) = \frac{\int_{\Omega} \varrho''_{\lambda,sp}(\lambda, \vartheta, \varphi)\, L'_{\lambda,e}(\lambda)\, \cos\vartheta\, d\omega}{(1/\pi) \int_{\Omega} L'_{\lambda,e}(\lambda)\, \cos\vartheta\, d\omega} = \frac{L'_{\lambda,r}(\lambda, \vartheta_r, \varphi_r)}{L'_{\lambda,e}(\lambda)}\,. \tag{3.36a}$$

Der Vergleich mit (3.34b) ergibt die Beziehung zwischen gerichtet-gerichteten und hemisphärisch-gerichteten spektralen Reflexionsgraden für eine spiegelnde Oberfläche bei gleichförmig einfallender Strahlung:

$$\varrho'_{\lambda,sp}(\lambda, \vartheta_r, \varphi_r) = \varrho''_{\lambda,sp}(\lambda, \vartheta, \varphi)\, \cos\vartheta\, d\omega\,. \tag{3.36b}$$

Die Anwendung der Reziprozitätsbeziehung (3.28) zeigt, daß der gerichtet-hemisphärische Reflexionsgrad $\varrho'_{\lambda,\mathrm{sp}}(\lambda, \vartheta, \varphi)$ für einen einzelnen einfallenden Strahl

$$\varrho'_{\lambda,\mathrm{sp}}(\lambda, \vartheta, \varphi) = \varrho'_{\lambda,\mathrm{sp}}(\lambda, \vartheta_\mathrm{r}, \varphi_\mathrm{r}) = \varrho''_{\lambda,\mathrm{sp}}(\lambda, \vartheta, \varphi) \cos \vartheta_\mathrm{r} \, d\omega_\mathrm{r} \tag{3.36c}$$

ist, wobei die Einschränkung von (3.32) weiter besteht und die einfallende Strahlung gleichförmig ist.

Der hemisphärische spektrale Reflexionsgrad einer gleichförmig bestrahlten spiegelnden Fläche ist nach (3.29)

$$\varrho_{\lambda,\mathrm{sp}}(\lambda) = \frac{1}{\pi} \int_{0}^{} \varrho'_{\lambda,\mathrm{sp}}(\lambda, \vartheta, \varphi) \cos \vartheta \, d\omega \, . \tag{3.37}$$

Wenn $\varrho'_{\lambda,\mathrm{sp}}$ unabhängig vom Einfallswinkel ist, dann ergibt die Auswertung des Integrals in (3.37)

$$\varrho_{\lambda,\mathrm{sp}}(\lambda) = \varrho'_{\lambda,\mathrm{sp}}(\lambda) \, . \tag{3.38}$$

3.5.2 Gesamtreflexionsgrade

Die vorangegangenen Definitionen für die Reflexionsgrade beziehen sich nur auf spektrale Strahlung, die Ausdrücke lassen sich jedoch so verallgemeinern, daß sie auch für Strahlung aller Wellenlängen gültig sind.

Gerichtet-gerichteter Gesamtreflexionsgrad $\varrho''(\vartheta_\mathrm{r}, \varphi_\mathrm{r}, \vartheta, \varphi)$

Der gerichtet-gerichtete Gesamtreflexionsgrad ist der Anteil der aus der Richtung (ϑ, φ) einfallenden Gesamtenergie, die in die Richtung $(\vartheta_\mathrm{r}, \varphi_\mathrm{r})$ reflektiert wird. Analog zu (3.20) ist der

gerichtet-gerichtete Gesamtreflexionsgrad

$$\equiv \varrho''(\vartheta_\mathrm{r}, \varphi_\mathrm{r}, \vartheta, \varphi) = \frac{\displaystyle\int_{0}^{\infty} L''_{\lambda,\mathrm{r}}(\lambda, \vartheta_\mathrm{r}, \varphi_\mathrm{r}, \vartheta, \varphi) \, d\lambda}{\cos \vartheta \, d\omega \displaystyle\int_{0}^{\infty} L'_{\lambda,\mathrm{e}}(\lambda, \vartheta, \varphi) \, d\lambda}$$

$$= \frac{L''_\mathrm{r}(\vartheta_\mathrm{r}, \varphi_\mathrm{r}, \vartheta, \varphi)}{L'_\mathrm{e}(\vartheta, \varphi) \cos \vartheta \, d\omega} \, . \tag{3.39a}$$

Eine alternative Form der reflektierten Strahldichte erhält man durch Integration von (3.20) über alle Wellenlängen:

$$L''_\mathrm{r}(\vartheta_\mathrm{r}, \varphi_\mathrm{r}, \vartheta, \varphi) = \cos \vartheta \, d\omega \int_{0}^{\infty} \varrho''_\lambda(\lambda, \vartheta_\mathrm{r}, \varphi_\mathrm{r}, \vartheta, \varphi) \, L'_{\lambda,\mathrm{e}}(\lambda, \vartheta, \varphi) \, d\lambda \, ,$$

so daß (3.39a) auch in der folgenden Form geschrieben werden kann:

Gerichtet-gerichteter Gesamtreflexionsgrad (in Ausdrücken des gerichtet-gerichteten spektralen Reflexionsgrades)

$$\equiv \varrho''(\vartheta_r, \varphi_r, \vartheta, \varphi) = \frac{\int\limits_0^\infty \varrho_\lambda''(\lambda, \vartheta_r, \varphi_r, \vartheta, \varphi)\, L_{\lambda,e}'(\lambda, \vartheta, \varphi)\, d\lambda}{L_e'(\vartheta, \varphi)}\,, \qquad (3.39\,b)$$

wobei

$$L_e'(\vartheta, \varphi) = \int\limits_0^\infty L_{\lambda,e}'(\lambda, \vartheta, \varphi)\, d\lambda$$

ist.

Reziprozität

Schreibt man (3.39b) für den Fall der aus Richtung (ϑ_r, φ_r) einfallenden und in Richtung (ϑ, φ) reflektierten Energie, so ergibt sich

$$\varrho''(\vartheta, \varphi, \vartheta_r, \varphi_r) = \frac{\int\limits_0^\infty \varrho_\lambda''(\lambda, \vartheta, \varphi, \vartheta_r, \varphi_r)\, L_{\lambda,e}'(\lambda, \vartheta_r, \varphi_r)\, d\lambda}{L_e'(\vartheta_r, \varphi_r)}\,. \qquad (3.39\,c)$$

Nach Gleichsetzen von (3.39b) und (3.39c) ist

$$\varrho''(\vartheta, \varphi, \vartheta_r, \varphi_r) = \varrho''(\vartheta_r, \varphi_r, \vartheta, \varphi)\,, \qquad (3.40)$$

wenn die Spektralverteilung der einfallenden Strahlung für alle Richtungen gleich oder, weniger streng, wenn

$$L_{\lambda,e}'(\lambda, \vartheta, \varphi) = C L_{\lambda,e}'(\lambda, \vartheta_r, \varphi_r)$$

ist.

Gerichteter Gesamtreflexionsgrad ϱ'

Der gerichtete hemisphärische Gesamtreflexionsgrad ist der Bruchteil der aus einer einzigen Richtung einfallenden Gesamtenergie, die in alle Richtungen reflektiert wird. Die spektrale Strahldichte, die aus einer gegebenen Richtung auf die Oberfläche trifft, ist

$$L_{\lambda,e}'(\lambda, \vartheta, \varphi)\, \cos\vartheta\, d\omega\, d\lambda\, dA\,.$$

Der reflektierte Teil dieser Strahldichte beträgt

$$\varrho_\lambda'(\lambda, \vartheta, \varphi)\, L_{\lambda,e}'(\lambda, \vartheta, \varphi)\, \cos\vartheta\, d\omega\, d\lambda\, dA\,.$$

Werden diese Größen über alle Wellenlängen zur Bestimmung der Gesamtwerte integriert, gilt folgende Definition:

Gerichtet-hemisphärischer Gesamtreflexionsgrad (in Ausdrücken des gerichteten hemisphärischen spektralen Reflexionsgrades)

$$\equiv \varrho'(\vartheta, \varphi) = \frac{d^2\Phi_r'(\vartheta, \varphi)}{d^2\Phi_e'(\vartheta, \varphi)} = \frac{\int\limits_0^\infty \varrho_\lambda'(\lambda, \vartheta, \varphi)\, L_{\lambda,e}'(\lambda, \vartheta, \varphi)\, d\lambda}{\int\limits_0^\infty L_{\lambda,e}'(\lambda, \vartheta, \varphi)\, d\lambda}\,. \qquad (3.41\,a)$$

Derjenige Energieanteil (gesamt oder spektral) von senkrecht auf ein Oberflächen-element auftreffender Strahlung, der in den Halbraum reflektiert wird, heißt nach Lambert auch geometrische Albedo. Fällt parallele Strahlung auf einen kugelförmigen Körper, so nennt man den in den Halbraum reflektierten Anteil nach G. P. Bond auch sphärische Albedo. Der Zahlenwert für die sphärische Albedo ist für die meisten Materialien etwas größer als der für die geometrische Albedo.

Ein anderer gerichteter Gesamtreflexionsgrad beschreibt den reflektierten Strahlungsanteil in eine gegebene (ϑ_r, φ_r)-Richtung bei gleichförmiger Bestrahlung. Die in die (ϑ_r, φ_r)-Richtung reflektierte Gesamtstrahldichte beträgt für den Fall, daß die einfallende Strahlung für alle Richtungen gleichförmig ist,

$$L_r'(\vartheta_r, \varphi_r) = \int\limits_0^\infty L_{\lambda.r}'(\lambda, \vartheta_r, \varphi_r)\,\mathrm{d}\lambda = \int\limits_0^\infty L_{\lambda.e}'(\lambda)\,\varrho_\lambda'(\lambda, \vartheta_r, \varphi_r)\,\mathrm{d}\lambda\,,$$

wobei $\varrho_\lambda'(\lambda, \vartheta_r, \varphi_r)$ bereits in Verbindung mit (3.27) diskutiert wurde. Dann kann der Reflexionsgrad als Verhältnis der reflektierten Strahldichte zur einfallenden Strahldichte definiert werden:

hemisphärisch-gerichteter Gesamtreflexionsgrad (für gleichförmige Bestrahlung)

$$\equiv \varrho'(\vartheta_r, \varphi_r) = \frac{\displaystyle\int\limits_0^\infty \varrho_\lambda'(\lambda, \vartheta_r, \varphi_r)\,L_{\lambda.e}'(\lambda)\,\mathrm{d}\lambda}{\displaystyle\int\limits_0^\infty L_{\lambda.e}'(\lambda)\,\mathrm{d}\lambda}\,. \tag{3.41b}$$

Reziprozität

Nach Gleichsetzen von (3.41a) und (3.41b) unter Beachtung, daß letztere auf gleichförmig einfallende Strahldichte beschränkt ist, erhält man nach (3.28)

$$\varrho'(\vartheta_r, \varphi_r) = \varrho'(\vartheta, \varphi)\,, \tag{3.42}$$

wobei die Winkel (ϑ_r, φ_r) und (ϑ, φ) gleich sind, wenn eine gegebene Spektralverteilung der einfallenden Strahldichte vorliegt, so daß

$$L_{\lambda,e}'(\lambda, \vartheta, \varphi) = C L_{\lambda,e}'(\lambda)$$

ist.

Hemisphärischer Gesamtreflexionsgrad

Wenn die einfallende Gesamtstrahlung unter allen Winkeln aus der Hemisphäre einfällt, dann wird der auf die Oberfläche $\mathrm{d}A$ pro Flächeneinheit auftreffende Gesamtstrahlungsfluß durch (3.17a) wiedergegeben. Der reflektierte Strahlungsflußanteil beträgt:

$$\mathrm{d}\Phi_r = \mathrm{d}A \int\limits_\Omega \varrho'(\vartheta, \varphi)\,L_e'(\vartheta, \varphi)\,\cos\vartheta\,\mathrm{d}\omega\,.$$

Das Verhältnis dieser beiden Größen ist dann der hemisphärische Gesamtreflexionsgrad, der den reflektierten Anteil des gesamten einfallenden Strahlungsflusses, der in alle Richtungen reflektiert wird, wiedergibt. Dieser Anteil ist der hemisphärische Gesamtreflexionsgrad (in Ausdrücken des gerichtet-hemisphärischen Gesamtreflexionsgrades)

$$\equiv \varrho = \frac{\mathrm{d}\Phi_r}{\mathrm{d}\Phi_e} = \frac{\mathrm{d}A}{\mathrm{d}\Phi_e} \int_\Omega \varrho'(\vartheta, \varphi)\, L'_e(\vartheta, \varphi)\, \cos\vartheta\, \mathrm{d}\omega\,. \tag{3.43a}$$

Eine andere Form findet man bei Anwendung von $\mathrm{d}^2\Phi_{\lambda,e}(\lambda)$, des einfallenden hemisphärischen spektralen Strahlungsflusses, der auf die Oberfläche auftrifft. Der reflektierte Anteil ist hier $\varrho_\lambda(\lambda)\,\mathrm{d}^2\Phi_{\lambda,e}$, wobei $\varrho_\lambda(\lambda)$ der hemisphärische spektrale Reflexionsgrad nach (3.29) ist.

Die Integration ergibt dann den:

Hemisphärischen Gesamtreflexionsgrad (in Ausdrücken des hemisphärischen spektralen Reflexionsgrades)

$$\equiv \varrho = \frac{\int_0^\infty \varrho_\lambda(\lambda)\, \mathrm{d}^2\Phi_{\lambda,e}(\lambda)}{\mathrm{d}\Phi_e}\,. \tag{3.43b}$$

3.5.3 Zusammenstellung der Einschränkungen der Reziprozitätsbeziehungen zwischen den Reflexionsgraden

Tabelle 3.3 enthält eine Zusammenstellung der zu beachtenden einschränkenden Bedingungen für die Anwendung der verschiedenen Reziprozitätsbeziehungen für Reflexionsgrade.

Tabelle 3.3. Zusammenstellung der zwischen den einzelnen Reflexionsgraden bestehenden Reziprozitätsbeziehungen

Größe	Gleichung	Einschränkungen
A. gerichtet-gerichtet-spektral (3.22)	$\varrho''_\lambda(\lambda, \vartheta, \varphi, \vartheta_r, \varphi_r)$ $= \varrho''_\lambda(\lambda, \vartheta_r, \varphi_r, \vartheta, \varphi)$	keine
B. gerichtet-spektral (3.28)	$\varrho'_\lambda(\lambda, \vartheta, \varphi) = \varrho'_\lambda(\lambda, \vartheta_r, \varphi_r)$ wobei $\vartheta = \vartheta_r$ $\varphi = \varphi_r$ ist	$\varrho'_\lambda(\lambda, \vartheta_r, \varphi_r)$ gilt für gleichförmig einfallende Strahlung, oder wenn $\varrho''_\lambda(\lambda)$ unabhängig von $\vartheta, \varphi, \vartheta_r$ und φ_r ist
C. gerichtet-gerichtet-gesamt (3.40)	$\varrho''(\vartheta, \varphi, \vartheta_r, \varphi_r)$ $\varrho''(\vartheta_r, \varphi_r, \vartheta, \varphi)$	entweder $L'_{\lambda,e}(\lambda, \vartheta, \varphi)$ $= CL'_{\lambda,e}(\lambda, \vartheta_r, \varphi_r)$ oder $\varrho''_\lambda(\vartheta, \varphi, \vartheta_r, \varphi_r)$ ist wellenlängenunabhängig
D. gerichtet-gesamt (3.42)	$\varrho'(\vartheta, \varphi) = \varrho'(\vartheta_r, \varphi_r)$ wobei $\vartheta = \vartheta_r$ $\varphi = \varphi_r$ ist	entweder wie für B oder wie für C

3.6 Beziehungen zwischen Reflexionsgrad, Absorptionsgrad und Emissionsgrad

Nach den Definitionen des Absorptions- und Reflexionsgrades als absorbierte oder reflektierte Anteile des einfallenden Strahlungsflusses folgen für einen undurchlässigen Körper (keine Strahlung durchdringt den Körper) einige einfache Beziehungen zwischen den Oberflächeneigenschaften.

Durch Anwendung des Kirchhoffschen Gesetzes (s. Abschn. 3.4.8) und Berücksichtigung der damit in Zusammenhang stehenden Einschränkungen lassen sich weitere Beziehungen zwischen dem Emissionsgrad und dem Reflexionsgrad für bestimmte Fälle angeben.

Da die spektrale Energie pro Zeiteinheit $d^3\Phi'_{\lambda,e}$, die auf dA eines undurchlässigen Körpers unter einem Raumwinkel $d\omega$ einfällt, entweder absorbiert oder reflektiert wird, ist es offenkundig, daß

$$d^3\Phi'_{\lambda,e}(\lambda, \vartheta, \varphi) = d^3\Phi'_{\lambda,a}(\lambda, \vartheta, \varphi, T_A) + d^3\Phi'_{\lambda,r}(\lambda, \vartheta, \varphi, T_A)$$

oder

$$\frac{d^3\Phi'_{\lambda,a}(\lambda, \vartheta, \varphi, T_A)}{d^3\Phi'_{\lambda,a}(\lambda, \vartheta, \varphi)} + \frac{d^3\Phi'_{\lambda,r}(\lambda, \vartheta, \varphi, T_A)}{d^3\Phi'_{\lambda,e}(\lambda, \vartheta, \varphi)} = 1 \tag{3.44}$$

ist.

Da die Energie aus der Richtung (ϑ, φ) einfällt, sind die beiden Quotienten von (3.44) entweder der gerichtete spektrale Absorptionsgrad (3.10a) oder der gerichtet-hemisphärische spektrale Reflexionsgrad (3.24). Durch Substitution erhält man

$$\alpha'_\lambda(\lambda, \vartheta, \varphi, T_A) + \varrho'_\lambda(\lambda, \vartheta, \varphi, T_A) = 1 \,. \tag{3.45}$$

Das Kirchhoffsche Gesetz (3.12) läßt sich dann ohne jegliche Einschränkung anwenden, und es ergibt sich

$$\varepsilon'_\lambda(\lambda, \vartheta, \varphi, T_A) + \varrho'_\lambda(\lambda, \vartheta, \varphi, T_A) = 1 \,. \tag{3.46}$$

Wenn die aus einer vorgegebenen Richtung auf dA einfallende Gesamtenergie berücksichtigt wird, ist

$$\frac{d^2\Phi'_a(\vartheta, \varphi, T_A)}{d^2\Phi'_e(\vartheta, \varphi)} + \frac{d^2\Phi'_r(\vartheta, \varphi, T_A)}{d^2\Phi'_e(\vartheta, \varphi)} = 1 \,. \tag{3.47}$$

Setzt man (3.14a) und (3.41a) ein, so erhält man für die Energieverhältnisse:

$$\alpha'(\vartheta, \varphi, T_A) + \varrho'(\vartheta, \varphi, T_A) = 1 \,. \tag{3.48}$$

Der Absorptionsgrad ist der gerichtete Gesamtwert, und der Reflexionsgrad ist der gerichtet-hemisphärische Gesamtwert.

Nun kann das Kirchhoffsche Gesetz für die gerichteten Gesamtgrößen (Abschn. 3.4.4) angewendet werden, und es ergibt sich

$$\varepsilon'(\vartheta, \varphi, T_A) + \varrho'(\vartheta, \varphi, T_A) = 1 \tag{3.49}$$

mit der Einschränkung, daß die einfallende Strahlung der Beziehung $L'_{\lambda,e}(\lambda, \vartheta, \varphi)$ $= C(\vartheta, \varphi)\, L'_{\lambda s}(\lambda, T_A)$ genügt oder die Oberfläche gerichtet-grau sein muß.

Geht man davon aus, daß die auf dA einfallende Spektralenergie aus allen Richtungen der Hemisphäre kommt, dann ergibt sich aus (3.44)

$$\frac{d^2\Phi_{\lambda,a}(\lambda, T_A)}{d^2\Phi_{\lambda,e}(\lambda)} + \frac{d^2\Phi_{\lambda,r}(\lambda, T_A)}{d^2\Phi_{\lambda,\ e}(\lambda)} = 1 \ . \tag{3.50}$$

Gleichung (3.50) kann dann folgendermaßen geschrieben werden:

$$\alpha_\lambda(\lambda, T_A) + \varrho_\lambda(\lambda, T_A) = 1 \ , \tag{3.51}$$

wobei die Strahlungsgrößen hemisphärische Spektralwerte nach (3.16) und (3.29) sind. Der hemisphärische spektrale Emissionsgrad $\varepsilon_\lambda(\lambda, T_A)$ kann hier nur dann mit $\alpha_\lambda(\lambda, T_A)$ gleichgesetzt werden, wenn die einfallende Strahlung unabhängig vom Einfallswinkel ist, d. h. sie muß gleichförmig über alle Einfallsrichtungen verteilt sein, oder aber wenn α_λ und ε_λ winkelunabhängig sind (s. Abschn. 3.4.8). Unter diesen Einschränkungen wird (3.51) zu

$$\varepsilon_\lambda(\lambda, T_A) + \varrho_\lambda(\lambda, T_A) = 1 \ . \tag{3.52}$$

Wenn die auf dA einfallende Energie über alle Wellenlängen und Richtungen summiert wird, geht (3.44) über in

$$\frac{d\Phi_a(T_A)}{d\Phi_e} + \frac{d\Phi_r(T_A)}{d\Phi_e} = 1 \ . \tag{3.53}$$

Die Energieverhältnisse sind jetzt die hemisphärischen Gesamtwerte des Absorptionsgrades und Reflexionsgrades ((3.18) bzw. (3.43a)) und (3.53) wird zu

$$\alpha(T_A) + \varrho(T_A) = 1 \ . \tag{3.54}$$

Es gelten wieder die oben gemachten Einschränkungen, wenn $\varepsilon(T_A)$ mit $\alpha(T_A)$ gleichgesetzt werden soll, um die folgende Form zu erhalten:

$$\varepsilon(T_A) + \varrho(T_A) = 1 \ . \tag{3.55}$$

Die wesentlichen Einschränkungen für die Gültigkeit dieser Beziehung sind: Die einfallende spektrale Strahldichte ist proportional der emittierten spektralen Strahldichte eines Schwarzen Körpers bei der Temperatur T_A, und die einfallende Strahldichte ist gleichförmig über alle Einfallswinkel verteilt, d. h. $L'_{\lambda,e}(\lambda) = CL'_{\lambda s}(\lambda, T_A)$. Andere Spezialfälle, bei denen die Substitution $\alpha(T_A) = \varepsilon(T_A)$ erlaubt ist, sind im Abschn. 3.4.8 aufgeführt.

Ist der Körper nicht undurchlässig, d. h. ein Teil der Strahlung wird durchgelassen, so erfordert das eine Berücksichtigung des hindurchgelassenen Strahlungsanteils. Dieses Thema wird später genauer in Verbindung mit der Strahlung in solchen Medien, die Strahlung sowohl absorbieren als auch durchlassen, behandelt.

Beispiel 3.6

Die Strahlung der Sonne fällt auf eine Oberfläche, die sich auf einer Planetenbahn außerhalb der Erdatmosphäre befindet. Die Oberfläche hat eine Temperatur von 1000 K und einen gerichteten Gesamtemissionsgrad, wie in Bild 3.3 wiedergegeben. Die Strahlung fällt unter einem Winkel von 25° zur Oberflächennormalen ein. Wie groß ist der reflektierte Strahlungsfluß?

Nach Bild 3.3 ist $\varepsilon'(25°,\ 1000\ \text{K}) = 0.8$. Das Spektrum der Sonnenstrahlung ist dem eines Schwarzen Körpers ähnlich. Im Abschn. 3.4.8 wird gezeigt, daß $\alpha'(25°,\ 1000\ \text{K}) = \varepsilon'(25°,\ 1000\ \text{K})$ $= 0{,}8$ nur dann gilt, wenn die spektrale Energieverteilung der einfallenden Strahlung proportional der eines Schwarzen Körpers der Temperatur $T_A = 1000$ K emittierten ist. Das ist hier nicht der Fall; denn die Sonne wirkt wie ein Schwarzer Körper von 5780 K. Da $\alpha \neq 0{,}8$ ist und man ohne α' nicht ϱ' bestimmen kann, genügen die gegebenen Emissionsgradwerte nicht, um das Problem zu lösen.

Beispiel 3.7
Eine Oberfläche habe eine Temperatur $T_A = 555$ K und einen spektralen Emissionsgrad in Richtung der Flächennormalen, wie ihn Bild 3.7 angenähert zeigt. Diese Oberfläche wird durch Wasserkühlung auf 555 K gehalten und von einem schwarzen Halbraum umschlossen, der auf $T_e = 1665$ K erwärmt wird. Wie groß wird die reflektierte Strahldichte in Richtung der Flächennormalen sein?

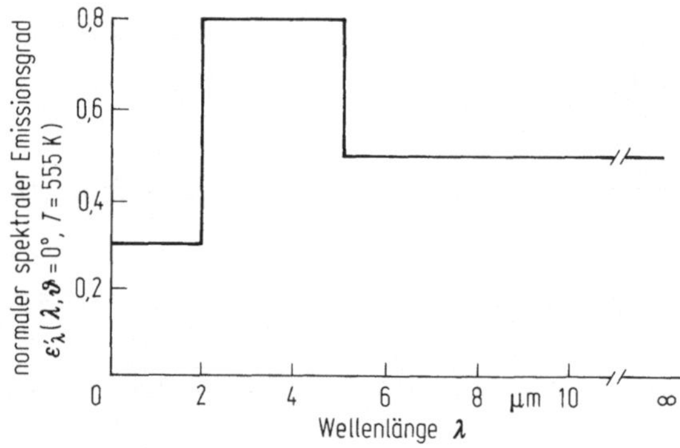

Bild 3.7. Gerichteter spektraler Emissionsgrad in Richtung der Flächennormalen für Beispiel 3.7

Nach (3.46) ist

$$\varrho'_\lambda(\lambda,\ \vartheta = 0°,\ T_A) = 1 - \varepsilon'_\lambda(\lambda,\ \vartheta = 0°,\ T_A)\,.$$

Das ist der Reflexionsgrad in den Halbraum für Strahlung, die aus Richtung der Flächennormalen kommt. Aufgrund der Reziprozität für gleichförmig aus dem Halbraum einfallende Strahlung ist

$$\varrho'_\lambda(\lambda,\ \vartheta_r = 0°,\ T_A) = \varrho'_\lambda(\lambda,\ \vartheta = 0°,\ T_A)\,.$$

Daher ist der Reflexionsgrad in Richtung der Flächennormalen für die aus dem Halbraum einfallende Strahlung (unter Verwendung von Bild 3.7)

$$\varrho'_\lambda(0\ \mu\text{m} \leqq \lambda < 2\ \mu\text{m},\ \vartheta_r = 0°,\ T_A) = 0{,}7\,,$$
$$\varrho'_\lambda(2\ \mu\text{m} \leqq \lambda < 5\ \mu\text{m},\ \vartheta_r = 0°,\ T_A) = 0{,}2\,,$$
$$\varrho'_\lambda(5\ \mu\text{m} \leqq \lambda \leqq \infty\ \mu\text{m},\ \vartheta_r = 0°,\ T_A) = 0{,}5\,.$$

Die einfallende Strahldichte ist $L'_{\lambda,e}(\lambda,\ T_e) = L'_{\lambda s}(\lambda,\ 1665\ \text{K})$. Nach der Beziehung, die (3.41 b) vorangeht, beträgt die reflektierte Strahldichte

$$L'_r(\vartheta_r = 0°) = \int_0^\infty L'_{\lambda s}(\lambda,\ T_e)\ \varrho'_\lambda(\lambda,\ \vartheta_r = 0°,\ T_A)\ \mathrm{d}\lambda$$

$$= \frac{\sigma T_e^4}{\pi} \int_0^\infty \frac{M_{\lambda s}(\lambda,\ T_e)}{\sigma T_e^5}\ \varrho'_\lambda(\lambda,\ \vartheta_r = 0°,\ T_A)\ \mathrm{d}(\lambda T_e)\,.$$

Nach (2.27) wird dieses zu

$$L_r'(\vartheta_r = 0°) = \frac{\sigma T_e^4}{\pi}(0{,}7F_{0-2T_e} + 0{,}2F_{2T_e-5T_e} + 0{,}5F_{5T_e-\infty})$$

$$= \frac{5{,}67032 \cdot 10^{-8}\ \text{W m}^{-2}\ \text{K}^{-4} \cdot 1665^4\ \text{K}^4}{\pi}[0{,}7(0{,}34010 + 0{,}00654)$$

$$+ 0{,}2(0{,}86851 - 0{,}34664) + 0{,}5(1 - 0{,}86851)]$$

$$= 57256\ \text{W m}^{-2}\ \text{sr}^{-1}\ .$$

3.7 Abschließende Bemerkungen

In diesem Kapitel ist ein umfassendes System für die Nomenklatur eingeführt worden, und es wurden präzise Definitionen für Strahlungsgrößen gegeben. Die Bestimmungsgleichungen sind in Tabelle 3.1 mit den hier verwendeten Symbolen in einer Übersicht zusammengestellt worden.

Unter Verwendung dieser Definitionen war es möglich, Bedingungen für die verschiedenen Formen des Kirchhoffschen Gesetzes anzugeben, unter denen der Emissionsgrad dem Absorptionsgrad gleichgesetzt werden darf. Diese Einschränkungen sind manchmal der Grund für Fehlinterpretationen, und so soll die Zusammenfassung (Tabelle 3.2, Abschn. 3.4.8) noch einmal verdeutlichen, unter welchen Bedingungen α gleich ε gesetzt werden darf. Diese Einschränkungen gelten auch, wenn man die Beziehung $\varepsilon + \varrho = 1$ aus der allgemeinen Beziehung für undurchlässige Körper ableitet.

Die Definitionen ermöglichen es weiter, die Reziprozitätsbeziehungen für die Reflexionsgrade abzuleiten und die darin enthaltenen Einschränkungen zu untersuchen. Diese Einschränkungen sind in einer Zusammenfassung in Tabelle 3.3 (Abschn. 3.5.3) wiedergegeben.

Aufgaben

1. Ein Material hat einen hemisphärischen spektralen Emissionsgrad, der sich mit der Wellenlänge beträchtlich ändert, aber fast unabhängig von der Oberflächentemperatur ist (s. z. B. das in Bild 5.3 wiedergegebene Verhalten von Wolfram). Strahlung einer diffusen grauen Strahlungsquelle der Temperatur T_e trifft auf die Oberfläche. Zeige, daß der Gesamtabsorptionsgrad für die einfallende Strahlung gleich dem Gesamtemissionsgrad für das Material bei gleicher Temperatur T_e der Strahlungsquelle ist.

Lösung:
Unter der Annahme, daß alle Größen keine Richtungsabhängigkeit zeigen und daß für eine graue Strahlungsquelle die einfallende Strahlung proportional der schwarzen Strahlung bei gleicher Temperatur ist, ist die spezifische Ausstrahlung im Spektralbereich $d\lambda$ proportional $CM_{\lambda s}(\lambda, T_e)\,d\lambda$ (C = Proportionalitätsfaktor). Nach (3.18f) ist der Absorptionsgrad

$$\alpha(T_A) = \frac{\int_0^\infty \alpha_\lambda(\lambda, T_A)\,d^2\Phi_{\lambda,e}}{\int_0^\infty d^2\Phi_{\lambda,e}}\ .$$

Subtrahiert man die einfallende Strahlung, so erhält man:

$$\alpha(T_A) = \frac{\int\limits_0^\infty \alpha_\lambda(\lambda, T_A)\, CM_{\lambda s}(\lambda, T_e)\, \mathrm{d}\lambda}{\int\limits_0^\infty CM_{\lambda s}(\lambda, T_e)\, \mathrm{d}\lambda} \ .$$

Aus Tabelle 3.2 folgt $\alpha_\lambda(\lambda, T_A) = \varepsilon_\lambda(\lambda, T_A)$, so daß

$$\alpha(T_A) = \frac{\int\limits_0^\infty \varepsilon_\lambda(\lambda, T_A)\, M_{\lambda s}(\lambda, T_e)\, \mathrm{d}\lambda}{\sigma T^4}$$

ist.

Hier ist $\varepsilon_\lambda(\lambda, T_A) \cong \varepsilon_\lambda(\lambda, T_e)$, und somit

$$\alpha(T_A) = \frac{\int\limits_0^\infty \varepsilon_\lambda(\lambda, T_e)\, M_{\lambda s}(\lambda, T_e)\, \mathrm{d}\lambda}{\sigma T_e^4} \ .$$

Dieser Ausdruck ist nach (3.6 d) gleich $\varepsilon(T_e)$, so daß

$$\alpha(T_A) = \varepsilon(T_e)$$

ist.

2. Schätze unter Verwendung von Bild 5.3 den hemisphärischen Gesamtemissionsgrad von Wolfram bei 2800 K ab.

Lösung:
Mittels numerischer oder grafischer Integration findet man ε aus:

$$\varepsilon = \int\limits_0^\infty \varepsilon_\lambda\, \frac{M_{\lambda s}}{\sigma T^4}\, \mathrm{d}\lambda = \frac{1}{\sigma} \int\limits_0^\infty \varepsilon_\lambda\, \frac{M_{\lambda s}}{T^5}\, \mathrm{d}(\lambda T) \ .$$

3. Unter der Voraussetzung, daß ε_λ unabhängig von λ ist (graue Strahlung), soll gezeigt werden, daß $F_{0-\lambda T}$ den Bruchteil der gesamten emittierten Strahlung des grauen Körpers im Bereich von 0 bis λT darstellt.

Lösung:
Die spezifische Ausstrahlung im Wellenlängenintervall $\lambda = 0$ bis λ ist

$$\int\limits_0^\lambda \varepsilon_\lambda(\lambda)\, M_{\lambda s}(\lambda)\, \mathrm{d}\lambda$$

und für alle Wellenlängen

$$\int\limits_0^\infty \varepsilon_\lambda(\lambda)\, M_{\lambda s}(\lambda)\, \mathrm{d}\lambda \ .$$

Der im Wellenlängenbereich 0 bis λ emittierte Anteil ist, unter der Voraussetzung, daß ε_λ von λ unabhängig ist:

$$\frac{\varepsilon_\lambda \int\limits_0^\lambda M_{\lambda s}(\lambda)\, \mathrm{d}\lambda}{\varepsilon_\lambda \int\limits_0^\infty M_{\lambda s}(\lambda)\, \mathrm{d}\lambda} = \frac{\int\limits_0^\lambda M_{\lambda s}\, \mathrm{d}\lambda}{\int\limits_0^\infty M_{\lambda s}\, \mathrm{d}\lambda} \ .$$

Nach (2.25) und (2.27) entspricht das dem Ausdruck $F_{0-\lambda T}$.

4. Liegt für eine Oberfläche mit dem hemisphärischen spektralen Emissionsgrad ε_λ das Maximum der M_λ-Verteilung bei gleichem λ am gleichen Ort wie das Maximum der $M_{\lambda s}$-Verteilung für die gleiche Temperatur? (Hinweis: Untersuche das Verhalten von $dM_\lambda/d\lambda$). Trage die Verteilung von M_λ als eine Funktion von λ für die Werte aus dem Bild 3.7 bei 555 K auf sowie für die Werte, die in Aufgabe 6a bei 333 K genannt werden. Bei welchem λ liegt das Maximum von M_λ?
Vergleiche es mit dem Maximum von $M_{\lambda s}$!

5. Das Bild zeigt den hemisphärischen spektralen Emissionsgrad in Abhängigkeit von der Wellenlänge für eine Keramikoberfläche einer Temperatur von 1700 K. Wie groß ist der hemisphärische Gesamtemissionsgrad?

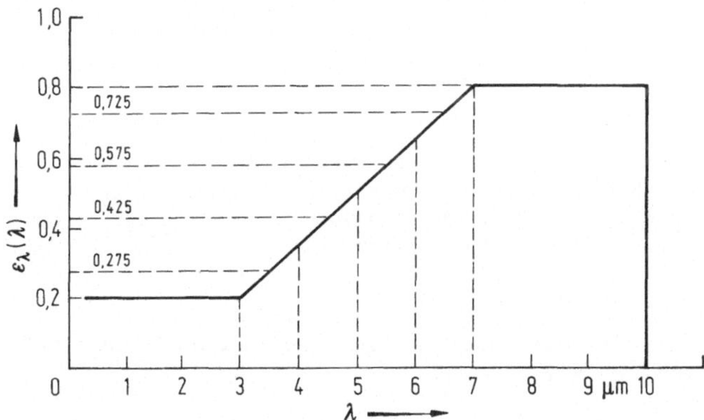

Lösung:
Auch hier bietet sich als einfachste Methode die numerische oder grafische Lösung an. Nach (3.6 d) ist

$$\varepsilon(1\,700\ \text{K}) = \frac{\displaystyle\int_0^\infty \varepsilon_\lambda(\lambda,\,1\,700\ \text{K})\ M_{\lambda s}(\lambda,\,1\,700\ \text{K})\ d\lambda}{\sigma \cdot 1700^4}.$$

Für eine Näherungslösung teilt man den mittleren Bereich in vier Teile:

$$\varepsilon = \frac{0,2 \int_0^3 M_{\lambda s}\ d\lambda}{\sigma T_A^4} + \frac{0,275 \int_3^4 M_{\lambda s}\ d\lambda}{\sigma T_A^4} + \dots + \frac{0,8 \int_7^{10} M_{\lambda s}\ d\lambda}{\sigma T_A^4}.$$

Aus (2.25) folgt:

$$\varepsilon = 0,2(F_{0-5100} - 0) + 0,275(F_{0-6800} - F_{0-5100})$$
$$+ 0,425(F_{0-8500} - F_{0-6800}) + 0,575(F_{0-10200} - F_{0-8500})$$
$$+ 0,725(F_{0-11900} - F_{0-10200}) + 0,8(F_{0-17000} - F_{0-11900}).$$

Mit Hilfe der Tabelle A5:

$$\varepsilon = 0,2 \cdot 0,64607 + 0,275(0,79609 - 0,64607) + 0,425(0,87457 - 0,79609)$$
$$+ 0,575(0,91814 - 0,87457) + 0,725(0,94389 - 0,91814) + 0,8(0,97765 - 0,94389)$$
$$= 0,2746.$$

6. Eine Oberfläche hat die folgenden Werte für den hemisphärischen spektralen Emissionsgrad
   bei einer Temperatur von 60 °C.

λ in µm	$\varepsilon_\lambda(\lambda,\ 60\ °C)$
< 1	0
1	0
1,5	0,2
2	0,4
2,5	0,6
3	0,8
3,5	0,8
4	0,8
4,5	0,7
5	0,6
6	0,4
7	0,2
8	0
> 8	0

a) Wie groß ist der hemisphärische Gesamtemissionsgrad der Oberfläche bei 60 °C?

b) Wie groß ist der hemisphärische Gesamtabsorptionsgrad der Oberfläche bei 60 °C, wenn
   die einfallende Strahlung aus einer grauen Strahlungsquelle von 850 °C kommt, die einen
   Emissionsgrad von 0,8 hat? Die einfallende Strahlung soll gleichförmig über alle Einfallswinkel verteilt sein.

Lösung:

a) Die Emissionsgradwerte werden aufgetragen, und zur Approximation des Integrals über λ
   wird die Kurve in sieben Bereiche $\Delta\lambda$ geteilt:

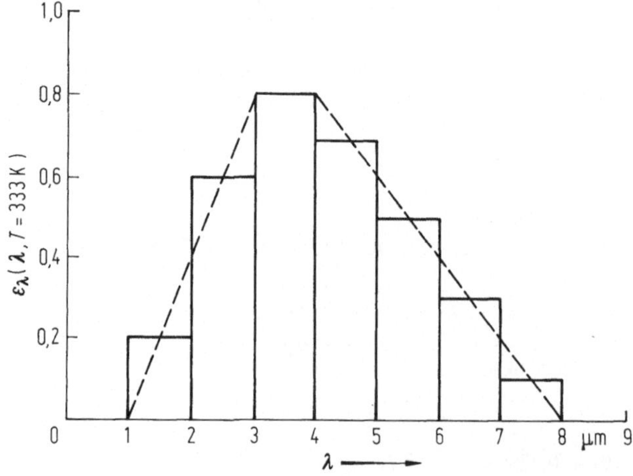

Nach (3.6 d) ist

$$\varepsilon(333\ \text{K}) = \frac{\int_0^\infty \varepsilon_\lambda(\lambda,\ 333\ \text{K})\, M_{\lambda\text{s}}\, d\lambda}{\sigma T_\text{A}^4\ (=\sigma \cdot 333^4)} = \sum_{\substack{\text{über alle}\\ \text{Bereiche}}} \varepsilon_{\Delta\lambda}\ \frac{\int_{\Delta\lambda} M_{\lambda\text{s}}\, d\lambda}{\sigma T_\text{A}^4} = \sum \varepsilon_{\Delta\lambda} F_{\Delta\lambda T_\text{A}}\ ,$$

wobei $T_A = 333$ K ist.

Bereich	$\lambda_1 \quad \lambda_2$ μm	$\lambda_1 T_A \quad \lambda_2 T_A$ 10^{-6} m · K	$F_{0-\lambda_2 T_A} - F_{0-\lambda_1 T_A}$	$F_{\Delta\lambda T_A}$	$\varepsilon_{\Delta\lambda}$	$\varepsilon_{\Delta\lambda} F_{\Delta\lambda T_A}$
1	1 ... 2	333 ... 666	0 — 0	0	0,2	0
2	2 ... 3	666 ... 999	0,00032 — 0	0,00032	0,6	0,00019
3	3 ... 4	999 ... 1332	0,00537 — 0,00032	0,00505	0,8	0,00404
4	4 ... 5	1332 ... 1665	0,02520 — 0,00537	0,01983	0,7	0,01388
5	5 ... 6	1665 ... 1998	0,06642 — 0,02520	0,04122	0,5	0,02061
6	6 ... 7	1998 ... 2331	0,12622 — 0,06642	0,05980	0,3	0,01794
7	7 ... 8	2331 ... 2664	0,19729 — 0,12622	0,07107	0,1	0,00711

$$\varepsilon = \Sigma \, \varepsilon_{\Delta\lambda} F_{\Delta\lambda T_A} = 0,06377$$

b) Aus (3.18 f) folgt:

$$\alpha = \frac{\int_0^\infty \alpha_\lambda(\lambda, T_A) \, M_{\lambda s}(\lambda, T_e) \cdot 0,8 \, d\lambda}{\int_0^\infty M_{\lambda s}(\lambda, T_e) \cdot 0,8 \, d\lambda} = \frac{\int_0^\infty \alpha_\lambda(\lambda, 333 \text{ K}) \, M_{\lambda s}(\lambda, 1123 \text{ K}) \, d\lambda}{\int_0^\infty M_{\lambda s}(\lambda, 1123 \text{ K}) \, d\lambda}$$

$$= \frac{\int_0^\infty \varepsilon_\lambda(\lambda, 333 \text{ K}) \, M_{\lambda s}(\lambda, 1\,123 \text{ K}) \, d\lambda}{\sigma \, (1\,123 \text{ K})^4}$$

$$= \sum_{\substack{\text{über alle} \\ \text{Bereiche}}} \varepsilon_{\Delta\lambda} F_{\Delta\lambda T}, \quad \text{wobei} \quad T = 1\,123 \text{ K} \quad \text{ist.}$$

Bereich	$\lambda_1 \quad \lambda_2$ μm	$\lambda_1 T_A \quad \lambda_2 T_A$ 10^{-6} m · K	$F_{0-\lambda_2 T} - F_{0-\lambda_1 T}$	$F_{\Delta\lambda T}$	$\varepsilon_{\Delta\lambda}$	$\varepsilon_{\Delta\lambda} F_{\Delta\lambda T}$
1	1 ... 2	1123 ... 2246	0,10954 — 0,00111	0,10843	0,2	0,02169
2	2 ... 3	2246 ... 3369	0,35507 — 0,10954	0,24553	0,6	0,14732
3	3 ... 4	3369 ... 4492	0,56306 — 0,35507	0,20799	0,8	0,16639
4	4 ... 5	4492 ... 5615	0,70251 — 0,56306	0,13945	0,7	0,09762
5	5 ... 6	5615 ... 6738	0,79219 — 0,70251	0,08968	0,5	0,04484
6	6 ... 7	6738 ... 7861	0,85055 — 0,79219	0,05836	0,3	0,01751
7	7 ... 8	7861 ... 8984	0,88953 — 0,85055	0,03898	0,1	0,00390

$$\alpha = \Sigma \, \varepsilon_{\Delta\lambda} F_{\Delta\lambda T} = 0,49927$$

7. Schätze unter Anwendung von Bild 5.22 den Absorptionsgrad von Schreibmaschinenpapier bei senkrecht einfallender Strahlung eines Schwarzen Körpers von 1178 K ab.

Lösung:
Aus (3.48) und (3.24) erhält man für eine graue Oberfläche unter Annahme, daß α vom Umfangswinkel φ unabhängig ist,

$$\alpha'(\vartheta = 0, T_A) = 1 - \varrho'(\vartheta = 0, T_A)$$

$$= 1 - \pi \int_{\vartheta_r = -\frac{\pi}{2}}^{+\frac{\pi}{2}} \varrho''(\vartheta = 0, \vartheta_r) \cos \vartheta_r \sin \vartheta_r \, d\vartheta_r$$

Für eine zahlenmäßige Abschätzung muß man diesen Ausdruck numerisch oder grafisch lösen.

8. Der spektrale Absorptionsgrad einer selektiven SiO-Al-Oberfläche kann, wie nachfolgend gezeigt wird, approximiert werden. Die Oberfläche befindet sich auf einer Erdumlaufbahn um die Sonne und wird senkrecht mit der Bestrahlungsstärke 1353 W m^{-2} bestrahlt. Wie groß ist die Gleichgewichtstemperatur der Oberfläche?

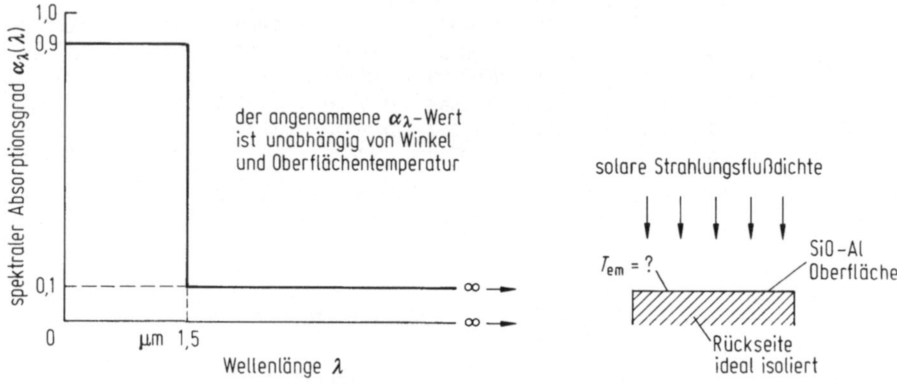

Lösung:
Die einfallende Strahlung habe die Spektralverteilung der Sonne, ähnlich einem Schwarzen Körper der Temperatur $T = 5780$ K:

$$(\lambda T)_e = 1{,}5\,\mu\text{m} \cdot 5780\,\text{K} = 8670 \cdot 10^{-6}\,\text{m} \cdot \text{K} \ .$$

Mit Hilfe der Tabelle A5 erhält man:

$$F_{0-8670} = 0{,}87947 + 0{,}00064 = 0{,}88011 \ ,$$

$$F_{8670-\infty} = 1 - F_{0-8670} = 1 - 0{,}880 = 0{,}120 \ .$$

Die absorbierte Strahlungsenergie pro Zeit und Flächeneinheit ist:

$$q_a = (0{,}9 \cdot 0{,}880 + 0{,}1 \cdot 0{,}120) \cdot 1353\,\text{W m}^{-2} = (0{,}792 + 0{,}012) \cdot 1353\,\text{W m}^{-2}$$
$$= 1088\,\text{W m}^{-2} \ .$$

Die emittierte Strahlungsenergie pro Zeit und Flächeneinheit bei der Gleichgewichtstemperatur T_{Gl} ist:

$$q_e = (0{,}9 \cdot F_{0-1{,}5T_{Gl}} + 0{,}1 \cdot T_{1{,}5T_{Gl}-\infty})\, T_{Gl}^4 \sigma$$

$$= [0{,}9 \cdot F_{0-1{,}5T_{Gl}} + 0{,}1(1 - F_{0-1{,}5T_{Gl}})]\, T_{Gl}^4 \sigma \ .$$

Im Gleichgewichtszustand ist Emission gleich Absorption

$$1088\,\text{W m}^{-2} = (0{,}8 F_{0-1{,}T_{Gl}} + 0{,}1)\, T_{Gl}^4 \sigma \ .$$

T_{Gl} wird durch Einsetzen verschiedener Zahlenwerte ermittelt, dazu wird z. B. $T_{Gl} = 660$ K gesetzt.

$$F_{0-1{,}5T_{Gl}} = F_{0-990} \approx 3{,}21 \cdot 10^{-4} - 0{,}30 \cdot 10^{-4} = 2{,}91 \cdot 10^{-4} \cdot 1088\,\text{W m}^{-2}$$
$$= (0{,}8 \cdot 2{,}91 \cdot 10^{-4} + 0{,}1) \cdot 5{,}67051 \cdot 10^{-8}\,\text{W m}^{-2}\,\text{K}^{-4} \cdot (660\,\text{K})^4$$
$$= 1078{,}47\,\text{W m}^{-2} \ .$$

Führt man die Methode fort, so findet man als Lösung $T_{Gl} = 661$ K.

9. Eine graue Oberfläche hat den in der Zeichnung dargestellten gerichteten Emissionsgrad. Die Eigenschaften sind isotrop in bezug auf den Umfangswinkel φ.

a) Wie groß ist der Wert des hemisphärischen Emissionsgrades für diese Oberfläche?
b) Wenn Energie eines Schwarzen Körpers von 366 K gleichförmig aus allen Richtungen einfällt, wie groß ist dann der Anteil der einfallenden Energie, der durch diese Oberfläche absorbiert wird?

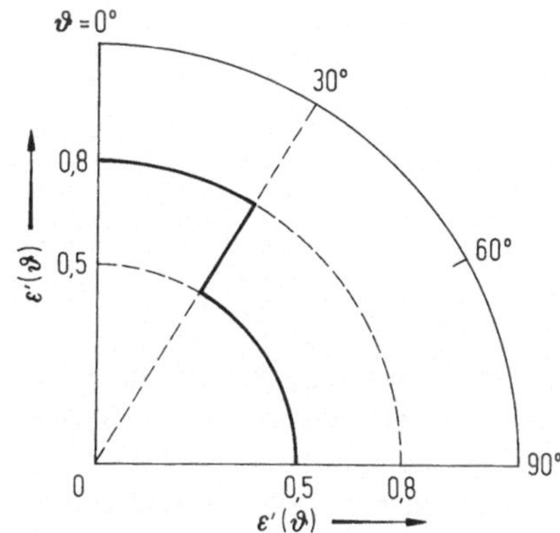

c) Die Oberfläche befindet sich in einer Umhüllung der Temperatur 0 K. Wie groß ist die Energie, die pro Flächen- und Zeiteinheit zugeführt werden muß, um die Oberfläche auf einer Temperatur von 550 K zu halten?

Lösung:
a) Nach (3.6 b) ist

$$\varepsilon = 2 \int_0^{\pi/2} \varepsilon'(\vartheta) \cos \vartheta \sin \vartheta \, d\vartheta$$

$$= 2 \left[\int_{\sin \vartheta = 0}^{1/2} 0{,}8 \sin \vartheta \, d(\sin \vartheta) + \int_{\sin \vartheta = 1/2}^{1} 0{,}5 \sin \vartheta \, d(\sin \vartheta) \right]$$

$$= 2 \left[\left| 0{,}8 \, \frac{\sin^2 \vartheta}{2} \right|_{\sin \vartheta = 0}^{1/2} + \left| 0{,}5 \, \frac{\sin^2 \vartheta}{2} \right|_{\sin \vartheta = 1/2}^{1} \right]$$

$$= 0{,}8(0{,}25 - 0) + 0{,}5(1 - 0{,}25) = 0{,}575 \, .$$

b) Da die Oberfläche grau ist, folgt aus (3.47): $\alpha = \varepsilon$ und da $\alpha = 0{,}575$ ist, ist dieses auch der absorbierte Anteil.
c) Die spezifische Ausstrahlung ist

$$\varepsilon \cdot \sigma T^4 = 0{,}575 \cdot 5{,}67051 \cdot 10^{-8} \, \text{W m}^{-2} \, \text{K}^{-4} \cdot (550 \, \text{K})^4 = 2984 \, \text{W m}^{-2} \, .$$

4 Berechnung der Strahlungseigenschaften mittels der klassischen elektromagnetischen Theorie

4.1 Einführung

James Clerk Maxwell veröffentlichte im Jahre 1864 eine Arbeit, in der er, was später als die Krönung der klassischen Physik bezeichnet wurde, die Beziehungen zwischen elektrischen und magnetischen Feldern fand und die die Erkenntnis enthält, daß die elektromagnetischen Wellen sich mit Lichtgeschwindigkeit ausbreiten. Dabei wird nachgewiesen, daß das Licht selbst in Form einer elektromagnetischen Welle auftritt [4.1]. Obwohl die elektromagnetische Energiefortpflanzung inzwischen auch quantenmechanisch beschrieben wird, ist es möglich und oft notwendig, viele Eigenschaften des Lichtes und der Temperaturstrahlung durch die klassische Wellen-Näherung zu beschreiben.

In diesem Kapitel wird gezeigt, daß sich die Reflexions-, Emissions- und Absorptionsgrade von Materialien in bestimmten Fällen aus den optischen und elektrischen Materialeigenschaften berechnen lassen. Die Beziehungen zwischen den Strahlungseigenschaften eines Materials und dessen optischen und elektrischen Eigenschaften werden aus den Wechselwirkungen abgeleitet, die eine durch ein Medium gehende elektromagnetische Welle hervorruft, oder wenn sie auf die Oberfläche eines anderen Mediums trifft.

Die Untersuchungen basieren auf der idealisierten Annahme, daß es eine vollständige Wechselwirkung zwischen den auftreffenden Wellen und der Oberfläche gibt. Physikalisch heißt das, daß die Ergebnisse nur für optisch ebene, saubere Oberflächen gelten, die spiegelnd reflektieren. Die Wellenfortpflanzung und die Oberflächenwechselwirkung werden hier in einer etwas vereinfachten Form dargestellt, wobei die Maxwellschen Fundamentalgleichungen auf elektrische und magnetische Felder angewendet werden. Bei idealen Oberflächenbedingungen ist es möglich, die Stoffeigenschaften exakt zu berechnen. Es muß dann jedoch eine strengere Theorie angewendet werden, als die hier dargestellte Wellenanalyse. Jedoch ist der damit verbundene Aufwand im allgemeinen nicht gerechtfertigt, weil weder die vereinfachte noch die mehr sophistische Näherung eine Erklärung für die Auswirkung der Oberflächenbehandlung geben können. Der große Unterschied zwischen den realen und den idealen Materialien, von denen die Theorie ausgeht, bewirkt große Abweichungen der gemessenen Werte der Stoffeigenschaften von den theoretisch vorhergesagten. Diese Unterschiede werden durch Faktoren wie Verunreinigungen, Oberflächenrauhigkeit, Oberflächenverschmutzung und Veränderung der Kristallstruktur durch Oberflächenbearbeitung verursacht.

In der Praxis kann es aufgrund des Oberflächenzustandes große Abweichungen zu der hier dargestellten Theorie geben; trotzdem hat sie eine Anzahl nützlicher Anwendungen. Sie erklärt die grundlegenden Unterschiede zwischen den Strahlungseigenschaften der Isolatoren und der Leiter und gibt allgemeine Hinweise, die hilfreich bei der Interpretation der gemessenen Werte sind. Diese Hinweise sind auch nützlich, wenn es für technische Berechnungen erforderlich ist, experimentell gefundene Werte zu extrapolieren. Die Theorie erleichtert das theoretische Verständnis des Winkelverhaltens des gerichteten Reflexionsgrades, Absorptionsgrades und Emissionsgrades. Da die elektromagnetische Theorie für reine Substanzen mit ideal ebenen Oberflächen angewendet wird, ist sie ein Mittel, mit dem man die erreichbaren Grenzwerte berechnen kann; z. B. kann der maximale Reflexionsgrad oder minimale Emissionsgrad einer metallischer Oberfläche bestimmt werden.

Die Ableitung der Strahlungseigenschaften aus der klassischen Theorie wird eingehender in den Abschn. 4.3 bis 4.5 durchgeführt. Diese Ergebnisse werden dann auf die Berechnung der Strahlungseigenschaften im Abschn. 4.6 angewendet. Leser, die nur an der Anwendung der Ergebnisse zur theoretischen Berechnung der Stoffeigenschaften interessiert sind, sollten die Ableitungsabschnitte bis Abschn. 4.6 überschlagen.

4.2 Größen, Größensymbole, SI-Einheiten

Symbole	Einheiten	Erläuterungen
c	$\mathrm{m \cdot s^{-1}}$	Geschwindigkeit der elektromagnetischen Wellen in Medien
c_0	$\mathrm{m \cdot s^{-1}}$	Fortpflanzungsgeschwindigkeit elektromagnetischer Wellen im Vakuum
c_1	$\mathrm{W\,m^2}$	Erste Plancksche Strahlungskonstante
c_2	$\mathrm{m \cdot K}$	Zweite Plancksche Strahlungskonstante
E	$\mathrm{NC^{-1}}$	Amplitude der elektrischen Feldstärke
$\boldsymbol{E}$	$\mathrm{NC^{-1}}$	Vektor der elektrischen Feldstärke
H	$\mathrm{NWb^{-1}}$	Amplitude der magnetischen Feldstärke
$\boldsymbol{H}$	$\mathrm{NWb^{-1}}$	Vektor der magnetischen Feldstärke
k	—	Absorptionskonstante
L	$\mathrm{W\,m^{-2}\,sr^{-1}}$	Strahldichte
L_λ	$\mathrm{W\,m^{-3}\,sr^{-1}}$	spektrale Strahldichte
M	$\mathrm{W\,m^{-2}}$	spezifische Ausstrahlung
M_λ	$\mathrm{W\,m^{-3}}$	spektrale spezifische Ausstrahlung
n	—	Brechzahl
$\bar{n}$	—	komplexe Brechzahl, $n - \mathrm{i}k$
r_e	$\mathrm{\Omega\,m}$	spezifischer elektrischer Widerstand
S	$\mathrm{W\,m^{-2}}$	durch eine Fläche tretende Energie pro Zeit- und Flächeneinheit
$\boldsymbol{S}$	$\mathrm{W\,m^{-2}}$	Poyntingscher Vektor
T	K	Temperatur
t	s	Zeit
$\left.\begin{array}{c} x, y, z \\ x', y', z' \end{array}\right\}$	m	Koordinaten im karthesischen Koordinatensystem
β	—	Absorptionskonstante in x-Richtung
γ	$\mathrm{F\,m^{-1}}$	Permittivität
δ	$^\circ$, rad	Fortpflanzungswinkel im Medium

Symbole	Einheiten	Erläuterungen
ε	—	Emissionsgrad
ϑ	°, rad	Winkel, gemessen von der Oberflächennormalen, Polarwinkel
$\varkappa$	m^{-1}	Extinktionskoeffizient
λ	m	Wellenlänge
μ	NA^{-2}	magnetische Permeabilität
ν	s^{-1}	Frequenz
φ	°, rad	Azimutwinkel
ϱ	—	Reflexionsgrad
χ	°, rad	Brechungswinkel
ω	s^{-1}	Kreisfrequenz, Winkelgeschwindigkeit
		Integration über den Halbraum

Hochgesetzte Zeichen

$'$ gerichtete Größe (außer in x', y', z')

Indices

A	bezogen auf Oberfläche A
s	bezogen auf Schwarzen Körper
e	einfallend
M	Maximalwert
n	in Richtung der Flächennormalen
0	in einem Vakuum
r	reflektiert
sp	spiegelnd
t	transmittiert
x, y, z	Komponenten in x,y,z-Richtungen
x', y', z'	Komponenten in x',y',z'-Richtungen
λ	wellenlängenabhängig
1, 2	Medium 1 oder 2
$\perp$	senkrechte Komponente
$\parallel$	parallele Komponente

4.3 Fundamentalgleichungen der elektromagnetischen Theorie

Die Maxwellschen Gleichungen lassen sich zur Beschreibung der Wechselbeziehung von elektrischen und magnetischen Feldern innerhalb jedes isotropen Mediums, einschließlich im Vakuum, unter der Bedingung, daß keine freien Ladungen existieren, anwenden. Mit dieser Einschränkung lauten die Gleichungen im SI-Größensystem:

$$\nabla \times \boldsymbol{H} = \gamma\frac{\partial \boldsymbol{E}}{\partial t} + \frac{\boldsymbol{E}}{r_e} \tag{4.1}$$

$$\nabla \times \boldsymbol{E} = -\mu\frac{\partial \boldsymbol{H}}{\partial t} \tag{4.2}$$

$$\nabla \cdot \boldsymbol{E} = 0 \tag{4.3}$$

$$\nabla \cdot \boldsymbol{H} = 0\,, \tag{4.4}$$

wobei H und E die magnetischen bzw. elektrischen Feldstärken, γ die Permittivität, r_e der spezifische elektrische Widerstand und μ die magnetische Permeabilität des Mediums sind. Die SI-Einheiten für diese Größen sind in Tabelle 4.1 angegeben. Die Indices Null bezeichnen die im Vakuum bewerteten Größen.

Tabelle 4.1. In den Gleichungen der elektromagnetischen Theorie benutzte Größen und ihre SI-Einheiten

Symbol	Größe	Einheit	Wert
c	Fortpflanzungsgeschwindigkeit elektromagnetischer Wellen	$\mathrm{m\ s^{-1}}$	
c_0	Fortpflanzungsgeschwindigkeit elektromagnetischer Wellen im Vakuum	$\mathrm{m\ s^{-1}}$	$2{,}99792458 \cdot 10^8$
E	elektrische Feldstärke	$\mathrm{V\ m^{-1} = NC^{-1}}$	
H	magnetische Feldstärke	$\mathrm{A\ m^{-1} = NWb^{-1}}$	
r_e	spez. elektrischer Widerstand	$\Omega\ \mathrm{m}$	
S	durch eine Fläche tretende Energie pro Zeit- und Flächeneinheit	$\mathrm{W\ m^{-2}}$	
$\left.\begin{array}{l}x, y, z\\ x', y', z'\end{array}\right\}$	karthesische Koordinaten	m	
γ	elektrische Permittivität	$\mathrm{F\ m^{-1}}$	
γ_0	elektrische Permittivität im Vakuum (Elektrische Feldkonstante $\mu_0^{-1}c_0^{-2}$)	$\mathrm{F\ m^{-1}}$	$8{,}854187817\ldots \times 10^{-12}$
γ_r	Permittivitätszahl γ/γ_0 (relative Dielektrizitätskonstante)		
μ	magnetische Permeabilität	$\mathrm{H\ m^{-1} = NA^{-2}}$	
μ_0	magnetische Permeabilität im Vakuum (magnetische Feldkonstante $\gamma_0^{-1}c_0^{-2} = 4\pi \cdot 10^{-7}$)	$\mathrm{H\ m^{-1} = NA^{-2}}$	$1{,}2566370614\ldots \times 10^{-6}$

Die Lösungen dieser Gleichungen geben Aufschluß über die Wellenfortpflanzung der elektromagnetischen Strahlung innerhalb eines Materials und über die Wechselwirkung zwischen elektrischen und magnetischen Feldern. Kennt man das Fortpflanzungsgesetz der Wellen in jedem der beiden aneinandergrenzenden Medien und, bei Anwendung von Kopplungsbeziehungen, an der Grenzschicht zwischen den Medien, so erhält man Beziehungen, die die Reflexion und Absorption beschreiben.

4.4 Fortpflanzung der Strahlungswellen innerhalb eines Mediums

Zunächst soll die Fortpflanzung innerhalb eines unendlichen, homogenen, isotropen Mediums betrachtet werden. Die Wellenfortpflanzung innerhalb eines idealen Nichtleiters wird im Abschn. 4.4.1 abgeleitet mit dem Ergebnis, daß die Welle in einem solchen Material nicht geschwächt wird. Medien von endlicher elektrischer Leitfähigkeit werden dann weiter im Abschn. 4.4.2 behandelt; diese

Medien können unvollkommene Nichtleiter (schlechte Leiter) oder Metalle (gute Leiter) sein. Die Wellen werden in diesen Materialien aufgrund von Energieabsorption innerhalb des Materials geschwächt.

4.4.1 Fortpflanzung in idealen dielektrischen Medien

Der Einfachheit halber betrachten wir zunächst den Fall, daß das Medium Vakuum oder ein anderer Isolator mit einem so großen elektrischen Widerstand ist, daß der letzte Term in (4.1), E/r_e, vernachlässigt werden kann. Mit dieser Vereinfachung lassen sich (4.1), und (4.2) in karthesischen Koordinaten schreiben, und man erhält zwei Sätze von je drei Gleichungen mit den x, y, und z-Komponenten der elektrischen und magnetischen Feldstärken, nämlich:

$$\frac{\partial H_z}{\partial y} - \frac{\partial H_y}{\partial z} = \gamma \frac{\partial E_x}{\partial t}, \tag{4.5a}$$

$$\frac{\partial H_x}{\partial z} - \frac{\partial H_z}{\partial x} = \gamma \frac{\partial E_y}{\partial t}, \tag{4.5b}$$

$$\frac{\partial H_y}{\partial x} - \frac{\partial H_x}{\partial y} = \gamma \frac{\partial E_z}{\partial t}, \tag{4.5c}$$

$$\frac{\partial E_z}{\partial y} - \frac{\partial E_y}{\partial z} = -\mu \frac{\partial H_x}{\partial t}, \tag{4.6a}$$

$$\frac{\partial E_x}{\partial z} - \frac{\partial E_z}{\partial x} = -\mu \frac{\partial H_y}{\partial t}, \tag{4.6b}$$

$$\frac{\partial E_y}{\partial x} - \frac{\partial E_x}{\partial y} = -\mu \frac{\partial H_z}{\partial t} \tag{4.6c}$$

aus (4.3) und (4.4) folgt

$$\frac{\partial E_x}{\partial x} + \frac{\partial E_y}{\partial y} + \frac{\partial E_z}{\partial z} = 0 \tag{4.7}$$

bzw.

$$\frac{\partial H_x}{\partial x} + \frac{\partial H_y}{\partial y} + \frac{\partial H_z}{\partial z} = 0 \,. \tag{4.8}$$

Jetzt soll das Verhalten elektromagnetischer Strahlung innerhalb eines Materials betrachtet werden. Das Koordinatensystem x, y, z bewegt sich mit der Welle, die sich in x-Richtung (Bild 4.1) fortpflanzt. Der Einfachheit halber wird eine ebene Welle betrachtet; d. h., alle Größen, die die Welle beschreiben, sind über jede yz-Ebene zu jeder gegebenen Zeit konstant. Dann ist $\partial/\partial y = \partial/\partial z = 0$.

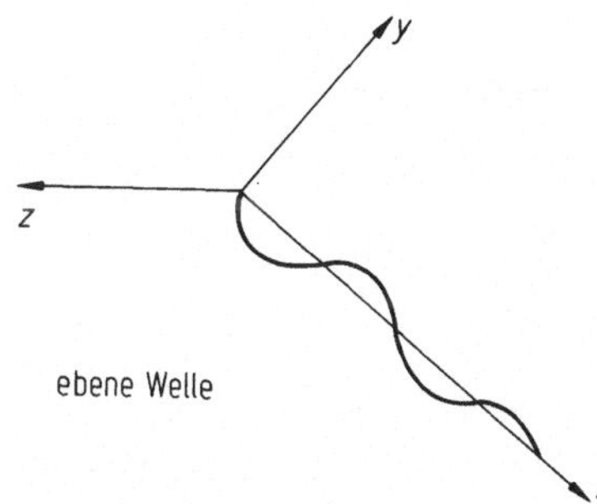

Bild 4.1. Wellenfortpflanzung in einem homogenen isotropen Material

Für diese Bedingungen reduzieren sich (4.5) bis (4.8) zu

$$0 = \gamma \frac{\partial E_x}{\partial t} \,, \tag{4.9a}$$

$$-\frac{\partial H_z}{\partial x} = \gamma \frac{\partial E_y}{\partial t} \,, \tag{4.9b}$$

$$\frac{\partial H_y}{\partial x} = \gamma \frac{\partial E_z}{\partial t} \,, \tag{4.9c}$$

$$0 = -\mu \frac{\partial H_x}{\partial t} \,, \tag{4.10a}$$

$$-\frac{\partial E_z}{\partial x} = -\mu \frac{\partial H_y}{\partial t} \,, \tag{4.10b}$$

$$\frac{\partial E_y}{\partial x} = -\mu \frac{\partial H_z}{\partial t} \,, \tag{4.10c}$$

$$\frac{\partial E_x}{\partial x} = 0 \,, \tag{4.11}$$

$$\frac{\partial H_x}{\partial x} = 0 \,. \tag{4.12}$$

Die H-Komponenten werden dann durch Differenzieren von (4.9b) und (4.9c) nach t und von (4.10b) und (4.10c) nach x eliminiert, und man erhält:

$$-\frac{\partial^2 H_z}{\partial t \, \partial x} = \gamma \frac{\partial^2 E_y}{\partial t^2} \,, \tag{4.13a}$$

$$\frac{\partial^2 H_y}{\partial t \, \partial x} = \gamma \frac{\partial^2 E_z}{\partial t^2} \,, \tag{4.13b}$$

$$-\frac{\partial^2 E_z}{\partial x^2} = -\mu \frac{\partial^2 H_y}{\partial x \, \partial t} \,, \tag{4.14a}$$

$$\frac{\partial^2 E_y}{\partial x^2} = -\mu \frac{\partial^2 H_z}{\partial x \, \partial t} \,. \tag{4.14b}$$

Durch Kombination von (4.13a) und (4.14b) wird H_z eliminiert und ebenso H_y durch Kombination von (4.13b) und (4.14a). Dieses führt zu den folgenden beiden Gleichungen:

$$\mu\gamma \frac{\partial^2 E_y}{\partial t^2} = \frac{\partial^2 E_y}{\partial x^2} \tag{4.15a}$$

und

$$\mu\gamma \frac{\partial^2 E_z}{\partial t^2} = \frac{\partial^2 E_z}{\partial x^2} . \tag{4.15b}$$

Diese Wellengleichungen beschreiben die Fortpflanzung der y- und z-Komponenten der elektrischen Feldstärke in x-Richtung. Zur Vereinfachung wird am Schluß der Ableitung davon ausgegangen, daß die elektromagnetischen Wellen so polarisiert sind, daß der Vektor E nur in der xy-Ebene liegt (s. Bild 4.2). Dann sind E_z und seine Ableitungen Null und (4.15b) braucht nicht berücksichtigt zu werden. Der Vektor E hat nur x- und y-Komponenten.

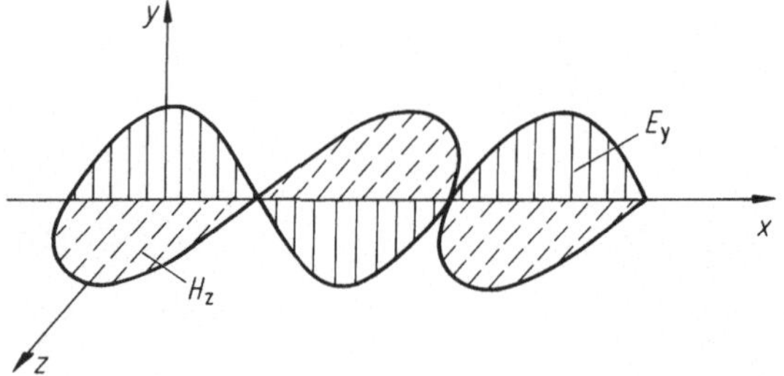

Bild 4.2. Eine in xy-Ebene polarisierte Welle des elektrischen Feldes, die sich in x-Richtung mit der begleitenden Welle des magnetischen Feldes ausbreitet

Unter Berücksichtigung der x-Komponenten von E und H erhält man aus (4.9a), (4.10a), (4.11) und (4.12)

$$\frac{\partial E_x}{\partial t} = \frac{\partial E_x}{\partial x} = \frac{\partial H_x}{\partial t} = \frac{\partial H_x}{\partial x} = 0 .$$

Daher sind die elektrischen und magnetischen Komponenten der Feldstärke in der Fortpflanzungsrichtung beide stetig und unabhängig von der Fortpflanzungsrichtung x. Konsequenterweise ist die einzige zeitabhängige Komponente von E, wie (4.15a) zeigt, E_y. Da diese Komponente senkrecht zur Fortpflanzungsrichtung x steht, ist die Welle eine Querwelle.

Gleichung (4.15a) ist die Wellengleichung, die die Fortpflanzung der Wellenkomponente E_y in x-Richtung beschreibt. Die allgemeine Lösung dieser Gleichung ist

$$E_y = f\left(x - \frac{t}{\sqrt{\mu\gamma}}\right) + g\left(x + \frac{t}{\sqrt{\mu\gamma}}\right), \tag{4.16a}$$

wobei f und g beliebige differenzierbare Funktionen sind. Die Funktion f beschreibt die Fortpflanzung in positiver y-Richtung, die Funktion g die Fortpflanzung in negativer x-Richtung. Da hier nur eine Welle in positiver Richtung behandelt werden soll, wird nur die Funktion f entwickelt.

Um die Fortpflanzungsgeschwindigkeit der Welle zu ermitteln, betrachte man einen Beobachter, der sich mit der Welle fortbewegt; der Beobachter befindet sich immer bei einem festen E_y-Wert. Der Ort x des Beobachters verändert sich mit der Zeit so, daß das Argument von f, $x - t/\sqrt{\mu\gamma}$, auch konstant ist, so daß $dx/dt = 1/\sqrt{\mu\gamma}$ ist.

Die Beziehung

$$E_y = f\left(x - \frac{t}{\sqrt{\mu\gamma}}\right) \tag{4.16b}$$

stellt eine Welle mit der y-Komponente E_y dar, die sich in der positiven x-Richtung mit der Geschwindigkeit $1/\sqrt{\mu\gamma}$ fortpflanzt. Im freien Raum beträgt die Fortpflanzungsgeschwindigkeit der Welle c_0, das ist die Geschwindigkeit der elektromagnetischen Strahlung im Vakuum, so daß sich die Beziehung $c_0 = 1/\sqrt{\mu_0\gamma_0}$ ergibt.[1]

Die Begleitende der E_y-Wellenkomponente ist eine Begleitwellenkomponente des Magnetfeldes. Wenn (4.9b) nach x und (4.10c) nach t differenziert werden, können die Ergebnisse zusammengefaßt werden zu:

$$\mu\gamma \frac{\partial^2 H_z}{\partial t^2} = \frac{\partial^2 H_z}{\partial x^2} . \tag{4.17}$$

Gleichung (4.17) ist die gleiche Wellengleichung wie (4.15a), d. h., die H_z-Komponente des magnetischen Feldes pflanzt sich gemeinsam mit E_y, wie in Bild 4.2 gezeigt ist, fort.

Jede sich fortpflanzende Welle, die durch die Funktion f in (4.16b) beschrieben wird, läßt sich durch Anwendung der Fourierschen Reihen als eine Überlagerung von Wellen darstellen, wobei jede Welle eine unterschiedliche feste Wellenlänge hat. Bei Betrachtung einer solchen monochromatischen Welle wird man feststellen, daß jede Wellenform durch Überlagerung von monochromatischen Komponenten aufgebaut werden kann. Der Bequemlichkeit halber wird vor allem im Hinblick auf weitere Ableitungen die Wellenkomponente in komplexer Form geschrieben.

Am Ursprung ($x = 0$) sei die zeitliche Änderung der Wellenform

$$E_y = E_{yM} \exp\left(i\,\omega t\right) .$$

---

[1] Unabhängige Messungen von μ_0, γ_0 und c_0 beweisen die Gültigkeit dieses Ergebnisses.

Ein Punkt der Welle, der den Ursprung ($x = 0$) zur Zeit t_1 verläßt, erreicht den Ort x nach einem Zeitintervall x/c, wobei c die Wellengeschwindigkeit in dem betreffenden Medium ist. Dann ist die Ankunftszeit $t = t_1 + x/s$, so daß die Zeit seit Verlassen des Ausgangspunktes $t_1 = t - x/c$ ist. Eine Welle, die sich in positiver x-Richtung bewegt, ist dann gegeben durch

$$E_y = E_{yM} \exp\left[i\,\omega\left(t - \frac{x}{c} \right) \right]$$

oder

$$E_y = E_{yM} \exp\left[i\,\omega(t - \sqrt{\mu\gamma}\,x) \right] . \tag{4.18a}$$

Das ist eine Lösung für die Wellengleichung (4.15a), wie ein Vergleich mit (4.16b) zeigt. Gleichwertige Lösungsformen erhält man bei Anwendung der Beziehungen $\omega = 2\pi v = 2\pi c/\lambda = 2\pi c_0/\lambda_0$, wobei λ und λ_0 die Wellenlängen im Medium bzw. im Vakuum sind.

Die Brechzahl n wird als das Verhältnis der Fortpflanzungsgeschwindigkeit der Welle im Vakuum c_0 zur Fortpflanzungsgeschwindigkeit in einem Medium $c = 1/\sqrt{\mu\gamma}$ definiert. Dann ist

$$n = \frac{c_0}{c} = c_0\sqrt{\mu\gamma} = \sqrt{\frac{\mu\gamma}{\mu_0\gamma_0}} \, ,$$

und (4.18a) erhält die Form

$$E_y = E_{yM} \exp\left[i\,\omega\left(t - \frac{n}{c_0}\,x \right) \right]$$

$$= E_{yM}\left\{ \cos\left[\omega\left(t - \frac{n}{c_0}\,x \right) \right] + i\,\sin\left[\omega\left(t - \frac{n}{c_0}\,x \right) \right] \right\} . \tag{4.18b}$$

Wie mit (4.18) gezeigt, pflanzt sich die Welle mit unverminderter Amplitude in einem Medium fort. Dieses ist eine Konsequenz der Annahme, daß das Medium ein ideales Dielektrikum ist, d. h. ein Stoff mit der elektrischen Leitfähigkeit Null. In vielen realen Materialien weicht die Leitfähigkeit jedoch erheblich von Null ab, so daß der letzte Summand in (4.1) nicht vernachlässigbar ist. Im folgenden soll gezeigt werden, daß die Berücksichtigung dieses Gliedes zur Dämpfung der Welle führt.

4.4.2 Wellenfortpflanzung in isotropen Medien endlicher Leitfähigkeit

In diesem Abschnitt werden ideale Nichtleiter mit geringer elektrischer Leitfähigkeit sowie Metalle behandelt. Der Einfachheit halber soll wieder eine einzelne ebene Welle betrachtet werden, wie sie in (4.18) beschrieben wird. Bei Einführung einer entfernungsabhängigen exponentiellen Dämpfung ((4.21) bis (4.23) zeigen, daß dieses mit den Maxwellschen Gleichungen konform ist) erhält die Welle die Form

$$E_y = E_{yM} \exp\left[i\,\omega\left(t - \frac{n}{c_0}\,x\right)\right] \exp\left(-\frac{\omega}{c_0}\,kx\right),$$ (4.19 a)

wobei k die Absorptionskonstante für das Medium ist. Das Schwächungsglied gibt die Absorption der Energie der Welle beim Durchgang durch das Medium wieder. Eine Welle, bei der die Dämpfung eine Funktion der Entfernung ist, wird als abklingende Welle bezeichnet. Die vorliegende Form des Schwächungsexponenten wurde so gewählt, daß die Exponentialterme zu der folgenden Beziehung zusammengefaßt werden können:

$$\begin{aligned}
E_y &= E_{yM} \exp\left\{i\,\omega\left[t - (n - i\,k)\,\frac{x}{c_0}\right]\right\} \\
&= E_{yM}\left(\cos\left\{\omega\left[t - (n - i\,k)\,\frac{x}{c_0}\right]\right\} + i\sin\left\{\omega\left[t - (n - i\,k)\,\frac{x}{c_0}\right]\right\}\right).
\end{aligned}$$
(4.19 b)

Ein Vergleich von (4.19b) mit (4.18b) zeigt, daß jetzt die einfache Brechzahl n durch einen komplexen Ausdruck ersetzt worden ist, nämlich durch die komplexe Brechzahl $\bar{n}$. Sie ist

$$\bar{n} = n - i\,k\,.$$ (4.20)

Es muß jetzt noch gezeigt werden, daß (4.19b) eine Lösung der Fundamentalgleichungen ist, einschließlich des letzten Ausdrucks rechts in (4.1). Mit diesem Ausdruck nimmt (4.15a) die Form

$$\mu\gamma\,\frac{\partial^2 E_y}{\partial t^2} = \frac{\partial^2 E_y}{\partial x^2} - \frac{\mu}{r_e}\,\frac{\partial E_y}{\partial t}$$ (4.21)

an.

Die durch (4.19b) beschriebene Welle wird in (4.21) eingesetzt, und es ergibt sich die folgende Beziehung

$$c_0^2\mu\gamma = (n - i\,k)^2 + \frac{i\,\mu\lambda_0 c_0}{2\pi r_e}\,,$$ (4.22 a)

wobei λ_0 die Vakuumwellenlänge ist. Gleichung (4.22a) enthält eine Beziehung zwischen der Wellenlänge und den relevanten Eigenschaften des Mediums. Bei Gleichsetzung der Real- und Imaginärteile von (4.22a) ergibt sich

$$n^2 - k^2 = \mu\gamma c_0^2$$ (4.22 b)

und

$$nk = \frac{\mu\lambda_0 c_0}{4\pi r_e}\,.$$ (4.22 c)

Diese Gleichungen können nach den Komponenten der komplexen Brechzahl, n und k als Funktion von μ, γ, λ_0, c_0 und r_e aufgelöst werden, und man erhält

$$n^2 = \frac{\mu\gamma c_0^2}{2}\left\{1 + \left[1 + \left(\frac{\lambda_0}{2\pi c_0 r_e \gamma}\right)^2\right]^{1/2}\right\} \qquad (4.23\,\mathrm{a})$$

und

$$k^2 = \frac{\mu\gamma c_0^2}{2}\left\{-1 + \left[1 + \left(\frac{\lambda_0}{2\pi c_0 r_e \gamma}\right)^2\right]^{1/2}\right\}. \qquad (4.23\,\mathrm{b})$$

Bei den Lösungen wurden positive Vorzeichen vor den Quadratwurzeln gewählt, denn n und k sind generell positive, reelle Größen.

Der Vergleich von (4.18 b), der Lösung der Wellengleichung für ideale Dielektrika, mit (4.19 b), der Lösung der Wellengleichung für leitende Medien, zeigt, daß beide Gleichungen mit einer Ausnahme übereinstimmen: Die reelle Brechzahl n, die in der Lösung für ideale Dielektrika auftritt, wird für Leiter durch die komplexe Brechzahl $n - \mathrm{i}\,k$ ersetzt. Das ist ein sehr wichtiges Ergebnis. Es bedeutet, daß einige der Beziehungen, die für ideale Dielektrika abgeleitet wurden, ebenfalls für Leiter gelten, wenn die komplexe Brechzahl $n - \mathrm{i}\,k$ für die reelle Brechzahl n eingesetzt wird. Von dieser Analogie wird in den nachfolgenden Abschnitten weitgehend Gebrauch gemacht, aber es gibt einige Ausnahmen, bei denen diese Analogie nicht angewendet werden darf.

4.4.3 Energie einer elektromagnetischen Welle

Die Momentanenergie einer elektromagnetischen Welle pro Zeiteinheit und pro Flächeneinheit (Dichte des Energiestroms) ist durch das Kreuzprodukt der elektrischen und magnetischen Feldstärkevektoren gegeben. Dieses Produkt nennt man den Poyntingschen Vektor $\boldsymbol{S}$,

$$\boldsymbol{S} = \boldsymbol{E} \times \boldsymbol{H},$$

und nach den Gesetzen der Vektorrechnung ist $\boldsymbol{S}$ ein Vektor, der rechtwinklig zu den Vektoren $\boldsymbol{E}$ und $\boldsymbol{H}$ steht und dessen Richtung durch die Dreifingerregel definiert ist. Bei der hier betrachteten und in Bild 4.2 dargestellten ebenen Welle ist die Richtung der Fortpflanzung die positive x-Richtung. Bei der ebenen Welle ist die Größe $\boldsymbol{S}$

$$|\boldsymbol{S}| = E_y H_z. \qquad (4.24)$$

Ist E_y durch (4.19 b) gegeben, dann läßt sich (4.10 c), die sowohl für Leiter als auch für Nichtleiter gilt, anwenden, um H_z zu berechnen:

$$-\mu\frac{\partial H_z}{\partial t} = \frac{\partial E_y}{\partial x} = \frac{-\mathrm{i}\,\omega}{c_0}(n - \mathrm{i}\,k)\,E_y = -\frac{\mathrm{i}\,\omega\bar{n}}{c_0}\,E_y.$$

Unter Beachtung der Zeitabhängigkeit von E_y in (4.19b) und durch Integration ergibt sich zwischen elektrischer und magnetischer Feldstärke die folgende Beziehung:

$$H_z = \frac{\bar{n}}{\mu c_0} E_y \; . \tag{4.25}$$

Als Integrationskonstante wurde Null gewählt. Das entspricht der Existenz einer stationären magnetischen Feldstärke als Überlagerung der durch E_y induzierten Feldstärke. Diese ist unter den hier aufgezeigten Bedingungen Null.

Den Betrag des Poyntingschen Vektors erhält man durch Einsetzen von H_z in (4.24)

$$|S| = \frac{\bar{n}}{\mu c_0} E_y^2 \; . \tag{4.26a}$$

Auf diese Weise ist die momentane Energie, die pro Zeiteinheit und Flächeneinheit von der Welle mitgeführt wird, proportional dem Quadrat der Amplitude der elektrischen Feldstärke.

Da $|S|$ eine monochromatische Größe ist, erkennt man aus ihrer Definition, daß sie proportional der Größe ist, die wir spektrale Strahldichte genannt haben. Für Strahlung, die durch ein Medium geht, muß dann aufgrund von (4.26a) der exponentielle Abklingfaktor bei der spektralen Strahldichte gleich dem Quadrat des Abklingterms in E_y sein. Dann ist nach (4.19a) der Abklingfaktor der Feldstärke $\exp(-2\omega k x / c_0)$ bzw. $\exp(-4\pi k x / \lambda_0)$. Die allgemeinere Vektor-Form von (4.26a) ist

$$|S| = \frac{\bar{n}}{\mu c_0} |E|^2 \; . \tag{4.26b}$$

4.5 Reflexions- und Brechungsgesetze

Bei den vorstehenden Ableitungen wurde die Wellennatur der Strahlung behandelt sowie die Eigenschaften der Strahlungsfortpflanzung in unendlichen, homogenen, isotropen Medien. Jetzt soll die Wechselwirkung der elektromagnetischen Welle mit der Trennfläche zwischen zwei Medien betrachtet werden. Hierzu werden Reflexions- und Brechungsgesetze in solchen Ausdrücken verwendet, die sowohl die Brechzahl als auch die Absorptionskonstante enthalten. Gleichung (4.23) liefert dann den Zusammenhang mit den elektrischen und magnetischen Eigenschaften des Mediums.

4.5.1 Reflexion und Brechung an der Trennfläche zwischen zwei idealen Dielektrika ($k \to 0$)

Jetzt soll die Wechselwirkung an einer glatten Trennfläche zwischen zwei nichtschwächenden Materialien betrachtet werden. Aus Gründen der Einfachheit wird für die folgende Betrachtung durchgehend eine einfache Kosinuswelle verwendet, wie man sie aus (4.19b) erhält, wenn man nur den Kosinusausdruck berücksichtigt. Ein x',y',z'-Koordinatensystem ist fest mit der einfallenden Welle verbunden, und die Welle bewegt sich in x'-Richtung. Die Welle trifft zwischen den beiden Medien auf die Trennfläche, wie Bild 4.3 zeigt, wobei die Trennfläche in der yz-Ebene des den Medien zugeordneten x,y,z-Koordinatensystems liegt. Die von der Normalen der Trennfläche und der Einfallsrichtung x' aufgespannte Ebene wird als Einfallsebene definiert. In Bild 4.3 ist das Koordinatensystem so gezeichnet, daß sich die y'-Richtung in der Einfallsebene befindet. Die Wechselwirkung der Welle mit der Trennfläche hängt von der Wellenorientierung relativ zur Einfallsebene ab. Wenn z. B. der Amplitudenvektor der einfallenden Welle in der Einfallsebene liegt (Amplitudenvektor in y'-Richtung), dann bildet er einen Winkel zur Trennfläche. Liegt der Amplitudenvektor senkrecht zur Einfallsebene (Amplitudenvektor in z'-Richtung), dann liegt der Vektor der einfallenden Welle parallel zur Trennfläche.

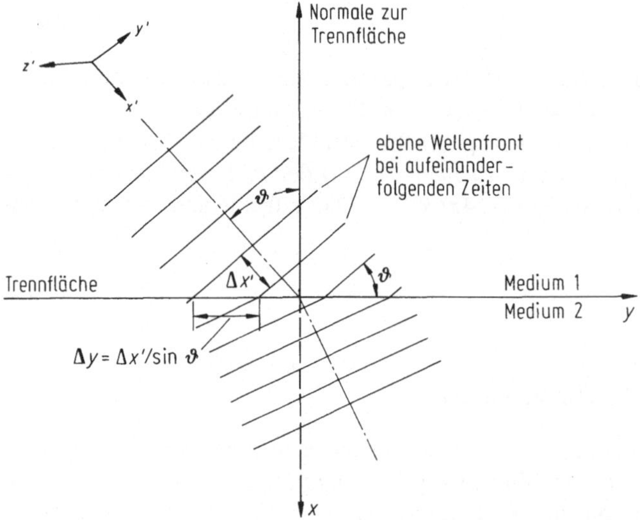

Bild 4.3. Eine auf die Trennfläche zwischen zwei Medien auftreffende ebene Welle

Bild 4.3 zeigt eine ebene transversale Wellenfront, die sich in x'-Richtung ausbreitet. Wenn die Welle die Trennfläche kreuzt, tritt im allgemeinen Beugung auf infolge des Unterschiedes der Fortpflanzungsgeschwindigkeiten in beiden Medien; die Welle ist jedoch kontinuierlich, so daß die Geschwindigkeitskomponente, die die Grenzfläche streift (y-Komponente), in beiden Medien die gleiche ist. Diese Kontinuitätsbeziehung wird zur Ableitung der Brechungsgesetze benutzt.

Es sei eine einfallende Welle $E_{\parallel,e}$ betrachtet, die so polarisiert ist, daß ihre Amplitude nur in der $x'y'$-Ebene (Bild 4.4) und damit parallel zur Einfallsebene

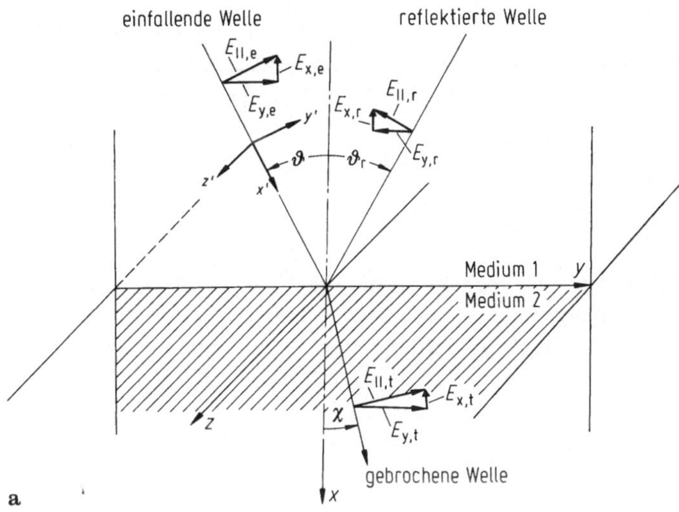

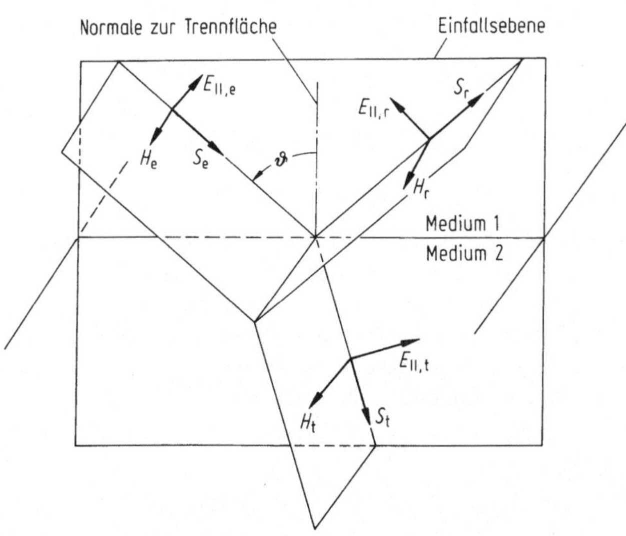

Bild 4.4. Wechselwirkung einer elektromagnetischen Welle mit der Trennfläche zwischen zwei Medien. **a** Ebene, in xy-Ebene polarisierte Welle des elektrischen Feldes auf die Trennfläche zwischen zwei Medien treffend; **b** Vektor der elektrischen Feldstärke, Vektor der magnetischen Feldstärke und Poyntingscher Vektor für die einfallende, in der Einfallsebene polarisierte Welle

schwingt. Nach (4.18b), bei der der Einfachheit halber nur der Kosinusterm benutzt wird, läßt sich die Wellenfortpflanzung in x'-Richtung durch folgenden Ausdruck charakterisieren:

$$E_{\|,e} = E_{M\|,e} \cos\left[\omega\left(t - \frac{n_1 x'}{c_0}\right)\right]. \tag{4.27}$$

Nach Bild 4.4 a sind die Komponenten der einfallenden Welle im x,y,z-Koordinatensystem (die Komponenten sollen positiv in positiven Koordinatenrichtungen sein):

$$E_{x,e} = -E_{\|,e} \sin \vartheta \,, \tag{4.28 a}$$

$$E_{y,e} = E_{\|,e} \cos \vartheta \,, \tag{4.28 b}$$

$$E_{z,e} = 0 \,. \tag{4.28 c}$$

Wird (4.27) in (4.28) eingesetzt und beachtet, daß für x' — die Strecke, über die sich die Wellenfront in einer gegebenen Zeit bewegt — und die Entfernung y — die Strecke, über die sich die Wellenfront entlang der Trennfläche bewegt — die Beziehung

$$x' = y \sin \vartheta \tag{4.29}$$

gilt, wie man auch aus Bild 4.3 ersehen kann, so bekommt man für die Komponenten der einfallenden Welle

$$E_{x,e} = -E_{M\|,e} \sin \vartheta \cos \left[\omega \left(t - \frac{n_1 y \sin \vartheta}{c_0} \right) \right], \tag{4.30 a}$$

$$E_{y,e} = E_{M\|,e} \cos \vartheta \cos \left[\omega \left(t - \frac{n_1 y \sin \vartheta}{c_0} \right) \right], \tag{4.30 b}$$

$$E_{z,e} = 0 \,. \tag{4.30 c}$$

Trifft die einfallende Welle auf die begrenzende yz-Ebene zwischen Medium 1 und Medium 2, so wird sie in einen Teil $E_{\|,r}$, der unter dem Winkel ϑ_r reflektiert wird, und einen Teil $E_{\|,t}$, der unter dem Winkel χ reflektiert wird und in das Medium 2 eindringt, zerlegt. Gemäß der in Bild 4.4 gezeigten Geometrie ergeben sich für die Komponenten in den positiven Koordinatenrichtungen des reflektierten Strahls an der Grenzfläche folgende Ausdrücke:

$$E_{x,r} = -E_{M\|,r} \sin \vartheta_r \cos \left[\omega \left(t - \frac{n_1 y \sin \vartheta_r}{c_0} \right) \right], \tag{4.31 a}$$

$$E_{y,r} = -E_{M\|,r} \cos \vartheta_r \cos \left[\omega \left(t - \frac{n_1 y \sin \vartheta_r}{c_0} \right) \right], \tag{4.31 b}$$

$$E_{z,r} = 0 \,. \tag{4.31 c}$$

Die Richtung von $E_{\|,r}$ wurde so gewählt, daß $E_{\|,r}$, H_r und S_r konsistent mit der Dreifingerregel den Poyntingschen Vektor mit den E- und H-Feldvektoren verbinden. Entsprechend sind nach Bild 4.4 die Komponenten des Anteils der gebrochenen Welle:

$$E_{x,t} = -E_{M\|,t} \sin \varkappa \cos \left[\omega \left(t - \frac{n_2 y \sin \varkappa}{c_0} \right) \right], \tag{4.32 a}$$

$$E_{y,t} = E_{\text{M}\|,t} \cos \varkappa \cos \left[\omega \left(t - \frac{n_2 y \sin \varkappa}{c_0} \right) \right], \tag{4.32b}$$

$$E_{z,t} = 0 . \tag{4.32c}$$

Bestimmte Randbedingungen müssen von den Wellen an der Trennfläche der beiden Medien eingehalten werden. Die Summe der Komponenten — parallel zur Trennfläche — der elektrischen Feldstärken der reflektierten und einfallenden Wellen müssen gleich der Feldstärke der gebrochenen Welle in der gleichen Ebene sein. Das folgt daraus, daß die Feldstärke im Medium 1 die Überlagerung der einfallenden und reflektierten Feldstärken ist. Für die hier betrachtete polarisierte Welle ergibt diese Bedingung für die Gleichheit der y-Komponenten (parallel zur Trennfläche) in den beiden Medien:

$$\left\{ E_{\text{M}\|,e} \cos \vartheta \cos \left[\omega \left(t - \frac{n_1 y \sin \vartheta}{c_0} \right) \right] - E_{\text{M}\|,r} \cos \vartheta_r \cos \left[\omega \left(t - \frac{n_1 y \sin \vartheta_r}{c_0} \right) \right] \right.$$

$$\left. = E_{\text{M}\|,t} \cos \varkappa \cos \left[\omega \left(t - \frac{n_2 y \sin \varkappa}{c_0} \right) \right] \right\}_{x=0} . \tag{4.33}$$

Da (4.33) für beliebige t und y gelten muß und die Winkel ϑ, ϑ_r und χ unabhängig von t und y sind, müssen die zeitabhängigen Kosinusausdrücke gleich sein. Das gilt nur, wenn

$$n_1 \sin \vartheta = n_1 \sin \vartheta_r = n_2 \sin \chi . \tag{4.34}$$

Dies ist eine Folge von

$$\vartheta = \vartheta_r . \tag{4.35}$$

Das heißt, daß der Reflexionswinkel einer elektromagnetischen Welle gleich ihrem Einfallswinkel ist, der um die Normale der Trennfläche innerhalb eines Raumwinkels von $\vartheta = \pi$ rotiert. Dieses sind die Definitionsgleichungen für spiegelnde Reflexionen, wie sie bereits im Abschn. 3.5.1 unter „spiegelnd reflektierende Oberflächen" besprochen wurden.

Gleichung (4.34) führt ebenfalls zu der folgenden Beziehung zwischen ϑ und χ:

$$\frac{\sin \chi}{\sin \vartheta} = \frac{n_1}{n_2} . \tag{4.36}$$

Diese Gleichung stellt eine Beziehung zwischen Brechungswinkel und Einfallswinkel mit Hilfe der Brechzahlen dar. Gleichung (4.36) wird als Snelliussches Brechungsgesetz bezeichnet. Bei dem häufigsten Fall, bei dem sich die einfallende Welle in Luft befindet ($n_1 \approx 1$), ist dann $n_2 = \sin \vartheta / \sin \chi$.

Mit den zeitabhängigen Kosinustermen und unter Anwendung von (4.35) erhält man aus (4.33)

$$(E_{\text{M}\|,e} \cos \vartheta - E_{\text{M}\|,r} \cos \vartheta = E_{\text{M}\|,t} \cos \varkappa)_{x=0} . \tag{4.37}$$

Dieser Ausdruck kann zur Ermittlung des Verhältnisses der reflektierten elektrischen Feldstärke zur einfallenden verwendet werden. Zunächst muß die Brechungskomponente $E_{\text{M}\|,\text{t}}$ eliminiert werden, und um das zu erreichen, sollen die magnetischen Feldstärken untersucht werden.

Die magnetische Feldstärke, parallel zur Grenzfläche, muß an der Trennfläche stetig sein. Der Vektor der magnetischen Feldstärke steht senkrecht zu dem der elektrischen Feldstärke. Da sich der Vektor der elektrischen Feldstärke in der Einfallsebene befindet, folgt für den Vektor der magnetischen Feldstärke Parallelität zur Trennfläche. Stetigkeit an der Trennfläche bedeutet, daß

$$(H_{\text{e}} + H_{\text{r}} = H_{\text{t}})_{x=0} \tag{4.38}$$

ist. Die Beziehung zwischen elektrischen und magnetischen Komponenten gibt (4.25) wieder. Obwohl der Einfachheit halber diese Beziehung nur für die spezifischen Komponenten H_z und E_y abgeleitet wurde, ist sie allgemein gültig, so daß die Beträge der E und H-Vektoren durch folgende Beziehung verknüpft sind:

$$|H| = \frac{\bar{n}}{\mu c_0} |E| . \tag{4.39}$$

Sowohl für Nichtleiter als auch für Metalle weicht die magnetische Permeabilität nur gering von der des Vakuums ab, so daß $\mu \approx \mu_0$ ist. So läßt sich (4.38) folgendermaßen schreiben:

$$(\bar{n}_1 E_{\text{M}\|,\text{e}} + \bar{n}_1 E_{\text{M}\|,\text{r}} = \bar{n}_2 E_{\text{M}\|,\text{t}})_{x=0} . \tag{4.40}$$

Um $E_{\text{M}\|,\text{t}}$ zu eliminieren, werden (4.37) und (4.40) kombiniert und ergeben die reflektierte elektrische Feldstärke in Ausdrücken der einfallenden Feldstärke für nichtschwächende Materialien ($\bar{n} \rightarrow n$):

$$\frac{E_{\text{M}\|,\text{r}}}{E_{\text{M}\|,\text{e}}} = \frac{\cos \vartheta / \cos \varkappa - n_1/n_2}{\cos \vartheta / \cos \varkappa + n_1/n_2} . \tag{4.41}$$

Man kann die vorhergehende Gleichung genau so für eine einfallende, ebene elektrische Welle ableiten, die senkrecht zur Einfallsebene polarisiert ist, und erhält dann das Verhältnis zwischen den reflektierten und einfallenden Komponenten

$$\frac{E_{\text{M}\perp,\text{r}}}{E_{\text{M}\perp,\text{e}}} = -\frac{\cos \varkappa / \cos \vartheta - n_1/n_2}{\cos \varkappa / \cos \vartheta + n_1/n_2} . \tag{4.42}$$

Durch Einsetzen von (4.36) in (4.41) kann man n_1/n_2 durch Ausdrücke von $\sin \chi / \sin \vartheta$ ersetzen. Unter Anwendung von trigonometrischen Beziehungen läßt sich das Ergebnis in die Form

$$\frac{E_{\text{M}\|,\text{r}}}{E_{\text{M}\|,\text{e}}} = \frac{\tan (\vartheta - \varkappa)}{\tan (\vartheta + \varkappa)} \tag{4.43}$$

bringen und analog folgt aus (4.42)

$$\frac{E_{\mathrm{M}\perp,\,r}}{E_{\mathrm{M}\perp,\,e}} = -\frac{\sin(\vartheta - \varkappa)}{\sin(\vartheta + \varkappa)}. \tag{4.44}$$

Die von einer Welle mitgeführte Energie ist proportional dem Amplitudenquadrat der Welle, wie in (4.26) gezeigt. Das Quadrat des Verhältnisses $E_{\mathrm{M},\,r}/E_{\mathrm{M},\,e}$ ergibt das Verhältnis der von einer Oberfläche reflektierten Energie zur Energie, die aus einer gegebenen Richtung auf diese Oberfläche einfällt. Dieses Verhältnis wurde im Abschn. 3.5 als gerichtet-hemisphärischer Reflexionsgrad definiert. Da die elektromagnetische Strahlung hier für ideale Bedingungen untersucht wurde, gibt (4.35) die spiegelnde Reflexion wieder, und da die aufgeführten Beziehungen der elektromagnetischen Theorie auf monochromatischen Wellen basieren, gibt das Energieverhältnis exakter den gerichtet-hemisphärischen spektralen spiegelnden Reflexionsgrad (s. Abschn. 3.5.1) wieder. Die spektrale Abhängigkeit entsteht aus der Änderung der optischen Konstanten mit der Wellenlänge.

Die Werte für $\varrho'_{\lambda,\,\mathrm{sp}}(\lambda, \vartheta, \varphi)$ der einfallenden parallelen und senkrecht polarisierten Komponenten erhält man dann als

$$\varrho'_{\lambda\|,\,\mathrm{sp}}(\lambda, \vartheta, \varphi) = \left(\frac{E_{\mathrm{M}\|,\,r}}{E_{\mathrm{M}\|,\,e}}\right)^2,$$

$$\varrho'_{\lambda\perp,\,\mathrm{sp}}(\lambda, \vartheta, \varphi) = \left(\frac{E_{\mathrm{M}\perp,\,r}}{E_{\mathrm{M}\perp,\,e}}\right)^2. \tag{4.45}$$

Der Index sp bezeichnet die spiegelnde Reflexion. Da alle Reflexionen, die mit Hilfe der elektromagnetischen Theorie berechnet werden, spiegelnd sind, wird der Index sp von jetzt an nicht mehr hinzugesetzt, um die Bezeichnungen nicht noch mehr zu komplizieren. Aufgrund der Annahme des isotropen Verhaltens idealer Oberflächen gibt es keine Abhängigkeit vom Winkel φ; daher wird auch diese Beziehung, die auf die Abhängigkeit von dieser Variablen hinweist, nicht länger beibehalten.

Für die unpolarisierte einfallende Strahlung hat das elektrische Feld keine bestimmte Orientierung, bezogen auf die Einfallsebene, und kann in zwei gleiche parallele und senkrechte Komponenten aufgeteilt werden. Dann ist der gerichtet-hemisphärische spektrale spiegelnde Reflexionsgrad der Mittelwert von $\varrho'_{\lambda\|}(\lambda, \vartheta)$ und $\varrho'_{\lambda\perp}(\lambda, \vartheta)$. Die Gleichungen (4.43) bis (4.45) gehen dann über in

$$\varrho'_{\lambda}(\lambda, \vartheta) = \frac{\varrho'_{\lambda\|}(\lambda, \vartheta) + \varrho'_{\lambda\perp}(\lambda, \vartheta)}{2} = \frac{1}{2}\left[\frac{\tan^2(\vartheta - \varkappa)}{\tan^2(\vartheta + \varkappa)} + \frac{\sin^2(\vartheta - \varkappa)}{\sin^2(\vartheta + \varkappa)}\right]$$

$$= \frac{1}{2}\frac{\sin^2(\vartheta - \varkappa)}{\sin^2(\vartheta + \varkappa)}\left[1 + \frac{\cos^2(\vartheta + \varkappa)}{\cos^2(\vartheta - \varkappa)}\right]. \tag{4.46}$$

Gleichung (4.46) ist die bekannte Fresnelsche Gleichung und gibt den gerichtet-hemisphärischen spektralen Reflexionsgrad für einen auf ein Dielektrikum einfallenden unpolarisierten Strahl auf ein dielektrisches Medium wieder. Die Beziehung zwischen χ und ϑ ist durch (4.36) gegeben.

In dem Spezialfall der senkrecht zur Trennfläche zwischen den beiden Medien einfallenden Strahlung ist $\cos \vartheta = \cos \chi = 1$ und (4.41) und (4.42) gehen über in

$$\frac{E_{M\|,r}}{E_{M\|,e}} = \frac{E_{M\perp,r}}{E_{M\perp,e}} = \frac{1 - n_1/n_2}{1 + n_1/n_2} = \frac{n_2 - n_1}{n_2 + n_1}. \tag{4.47}$$

Dann ist der senkrecht gerichtet-hemisphärische spektrale spiegelnde Reflexionsgrad

$$\varrho'_{\lambda,n}(\lambda) = \varrho'_\lambda(\lambda, \vartheta = \vartheta_r = 0) = \left(\frac{n_2 - n_1}{n_2 + n_1}\right)^2. \tag{4.48}$$

Für eine Welle, die aus Luft kommend in einen Nichtleiter eintritt ($n_1 \approx 1$) ist

$$\varrho'_{\lambda,n}(\lambda) = \left(\frac{n_2 - 1}{n_2 + 1}\right)^2. \tag{4.49}$$

Die erwähnten Reflexionsgrade sind spektrale Größen, weil n_1 und n_2 Funktionen von λ sind.

4.5.2 Einfall einer Welle auf ein absorbierendes Medium ($k \neq 0$)

Wie in (4.19b) gezeigt, wird die Fortpflanzung einer Welle in einem unendlich ausgedehnten, absorbierenden Medium durch dieselben Beziehungen beschrieben, wie in einem nichtabsorbierenden Medium, wenn die Brechzahl n durch die komplexe Brechzahl $\bar{n} = n - i\,k$ ersetzt wird. Bei Berücksichtigung der Wechselwirkung einer Welle mit einer Grenzschicht gelten die schon für $k = 0$ abgeleiteten theoretischen Ausdrücke für die Amplituden der reflektierten Welle auch dann, wenn $\bar{n}$ anstatt n benutzt wird. Dies führt jedoch zu komplexen Ausdrücken. Das Snelliussche Brechungsgesetz lautet dann

$$\frac{\sin \chi}{\sin \vartheta} = \frac{\bar{n}_1}{\bar{n}_2} = \frac{n_1 - i\,k_1}{n_2 - i\,k_2}. \tag{4.50}$$

Da dieser Ausdruck komplex ist, ist auch $\sin \chi$ komplex, und der Winkel χ kann nun physikalisch nicht mehr einfach als Brechungswinkel bei der Fortpflanzung im Material interpretiert werden. Ausgenommen im Fall des senkrechten Einfalls ist n nicht mehr direkt proportional der Fortpflanzungsgeschwindigkeit.

Jetzt soll noch kurz auf den Fall des schrägen Einfalls einer Welle auf ein absorbierendes Medium eingegangen werden. Diese Ergebnisse dienen nur als Hintergrundinformation und werden für die Anwendung der Reflexionsgesetze nicht benötigt, die letztlich in Termen des Einfallswinkels und der optischen Konstanten n und k ausgedrückt werden.

Bild 4.5 zeigt eine ebene Welle, die aus dem Vakuum kommend auf ein absorbierendes Material mit komplexer Brechzahl $n - i\,k$ auftrifft. Nach der Brechung stehen die Ebenen gleicher Phase noch senkrecht zur Fortpflanzungsrichtung, und diese Ebenen bewegen sich mit der Phasengeschwindigkeit, die c_0/α genannt werden soll und die in Relation zu n und k steht. Bei einem nichtschwächenden Medium ist die Phasengeschwindigkeit einfach c_0/n. Die Dämpfung der Welle muß von der innerhalb des Mediums zurückgelegten Strecke abhängen, und die Ebenen konstanter Amplitude müssen parallel zur Trennfläche verlaufen. Die

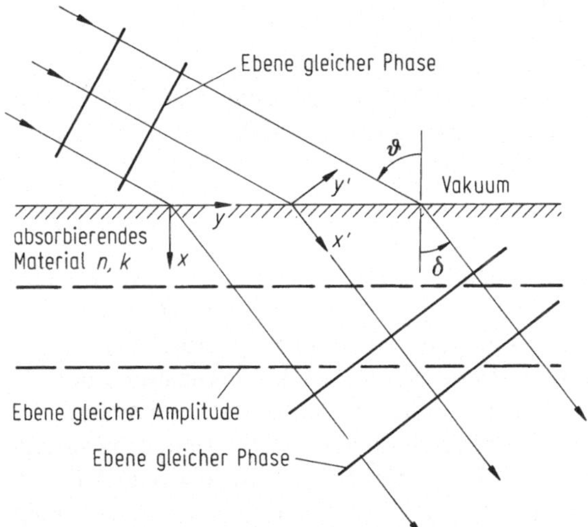

Bild 4.5. Ebenen gleicher Phase und Amplitude bei Ausbreitung in ein dämpfendes Material

Welle im Material wird inhomogene Welle genannt, da die Ebenen konstanter Amplitude und Phase ungleiche Richtung haben. Nur bei senkrechtem Einfall sind beide Ebenensätze parallel, so daß die Wellen in dem Medium bei senkrechtem Einfall homogen sind. Die Absorptionskonstante in x-Richtung soll β genannt werden, und nur bei senkrechtem Einfall ist $\beta = k$. Analog zu (4.19a) läßt sich die Welle in dem Medium wie folgt beschreiben:

$$E_{y'} = E_{y'\mathrm{M}} \exp \left[\mathrm{i}\,\omega \left(t - \frac{\alpha}{c_0} x' \right) \right] \exp \left(- \frac{\omega}{c_0} \beta x \right), \qquad (4.51)$$

wobei die Fortpflanzung in x'-Richtung und die Absorption in x-Richtung verläuft. Die x-Koordinate läßt sich als $x = x' \cos \delta - y' \sin \delta$ schreiben, wobei die Phasengeschwindigkeit $\delta = \sin^{-1} [(1/\alpha) \sin \vartheta]$ ist. Der Winkel der Fortpflanzung δ ist nicht mit χ aus (4.50) identisch, da χ in diesem Fall komplex ist. $E_{y'}$ wird dann:

$$E_{y'} = E_{y'\mathrm{M}} \exp (\mathrm{i}\,\omega t) \exp \left[-x' \left(\frac{\mathrm{i}\omega\alpha}{c_0} + \frac{\omega}{c_0} \beta \cos \delta \right) \right] \exp \left(y' \frac{\omega}{c_0} \beta \sin \delta \right).$$

$$(4.52)$$

Da $E_{y'}$ nur eine Funktion von t, x' und y' ist, kann die Wellengleichung (4.21) zwei-dimensional geschrieben werden:

$$\mu\gamma\,\frac{\partial^2 E_{y'}}{\partial t^2} + \frac{\mu}{r_e}\,\frac{\partial E_{y'}}{\partial t} = \frac{\partial^2 E_{y'}}{\partial x'^2} + \frac{\partial^2 E_{y'}}{\partial y'^2}\,.$$

Setzt man (4.52) ein, bekommt man

$$-\mu\gamma\omega^2 + \frac{\mu}{r_e}\,\mathrm{i}\,\omega = \left(\frac{\mathrm{i}\,\omega\alpha}{c_0} + \frac{\omega}{c_0}\,\beta\,\cos\delta\right)^2 + \left(\frac{\omega}{c_0}\,\beta\,\sin\delta\right)^2\,.$$

Gleichsetzung des Real- und Imaginärteils und Verwendung von (4.22b) und (4.22c) führt zu Beziehungen zwischen α und β und n und k:

$$\alpha^2 - \beta^2 = n^2 - k^2\,,$$

$$\alpha\beta\,\cos\delta = nk\,,$$

und wie bereits früher gezeigt, zu $\delta = \sin^{-1}[(1/\alpha)\sin\vartheta]$. Das ergibt drei gleich-wertige Gleichungen zur Berechnung von α, β und δ aus ϑ, n und k. Man erhält so die Dämpfung, Fortpflanzungsgeschwindigkeit (Phasengeschwindigkeit) und die Fortpflanzungsrichtung innerhalb des Materials. Es ist bemerkenswert, daß die Fortpflanzungsgeschwindigkeit c_0/α von δ abhängt, d. h., die Geschwindigkeit hängt von der Richtung innerhalb des Materials ab auch dann, wenn das Material isotrop ist. Bei senkrechtem Einfall ist $\delta = 0$ und folglich ist $\alpha = n$ und $\beta = k$. Nur in diesem Fall ist n direkt proportional der Fortpflanzungsgeschwindig-keit, gegeben durch $c = c_0/n$, und k ist ein direktes Maß für die Absorption in Abhängigkeit von der Eindringtiefe in das Material.

Zurück zu den Reflexionsgesetzen in Ausdrücken der komplexen Brechzahl: Zunächst soll der Fall des senkrechten Einfalls betrachtet werden. Nach (4.47) wird n durch $\bar{n}$ ersetzt.

$$\frac{E_{\mathrm{M}\|,\mathrm{r}}}{E_{\mathrm{M}\|,\mathrm{e}}} = \frac{E_{\mathrm{M}\perp,\mathrm{r}}}{E_{\mathrm{M}\perp,\mathrm{e}}} = \frac{\bar{n}_2 - \bar{n}_1}{\bar{n}_2 + \bar{n}_1} = \frac{n_2 - \mathrm{i}\,k_2 - (n_1 - \mathrm{i}\,k_1)}{n_2 - \mathrm{i}\,k_2 + n_1 - \mathrm{i}\,k_1}\,.$$

Dieses sind komplexe Größen, und es wurde in (4.26) gezeigt, daß die Energie der Welle von $|E|^2$ abhängt. Für eine komplexe Zahl z ist $|z|^2 = zz^*$, wobei z^* der konjugiert komplexe Anteil ist. Da die Beziehungen für $\|$- und $\perp$-Polarisation für senkrechten Einfall identisch sind, ist der Reflexionsgrad:

$$\varrho'_{\lambda,\mathrm{n}}(\lambda) = \left|\frac{E_{\mathrm{M}\|,\mathrm{r}}}{E_{\mathrm{M}\|,\mathrm{e}}}\right|^2 = \left[\frac{n_2 - \mathrm{i}\,k_2 - (n_1 - \mathrm{i}\,k_1)}{n_2 - \mathrm{i}\,k_2 + n_1 - \mathrm{i}k_1}\right]\left[\frac{n_2 + \mathrm{i}\,k_2 - (n_1 + \mathrm{i}\,k_1)}{n_2 + \mathrm{i}\,k_2 + n_1 + \mathrm{i}\,k_1}\right]\,.$$

$$(4.53)$$

Dieser Ausdruck läßt sich zu

$$\varrho'_{\lambda,\mathrm{n}}(\lambda) = \frac{(n_2 - n_1)^2 + (k_2 - k_1)^2}{(n_2 + n_1)^2 + (k_2 + k_1)^2}$$

$$(4.54)$$

vereinfachen. Für einen aus Luft einfallenden Strahl ($n_1 = 1$, $k_1 \approx 0$), der auf ein absorbierendes Material trifft (n_2, k_2), vereinfacht sich (4.54) zu

$$\varrho'_{\lambda,\,\mathrm{n}}(\lambda) = \frac{(n_2 - 1)^2 + k_2^2}{(n_2 + 1)^2 + k_2^2} \,. \tag{4.55}$$

Ist das Material transparent ($k_2 \to 0$), geht (4.55) in (4.49) über.

Der gerichtet-hemisphärische Reflexionsgrad läßt sich für schrägen Einfall aus (4.41) und (4.42) unter Benutzung der komplexen Brechzahl ableiten. Für einfallende Strahlen, die parallel oder senkrecht zur Einfallsebene polarisiert sind, ergeben (4.41) und (4.42) die komplexen Verhältnisse:

$$\frac{E_{\mathrm{M}\|,\,\mathrm{r}}}{E_{\mathrm{M}\|,\,\mathrm{e}}} = \frac{\cos \vartheta/\cos \chi - (n_1 - \mathrm{i}\,k_1)/(n_2 - \mathrm{i}\,k_2)}{\cos \vartheta/\cos \chi + (n_1 - \mathrm{i}\,k_1)/(n_2 - \mathrm{i}\,k_2)}\,, \tag{4.56}$$

$$\frac{E_{\mathrm{M}\perp,\,\mathrm{r}}}{E_{\mathrm{M}\perp,\,\mathrm{e}}} = - \frac{\cos \chi/\cos \vartheta - (n_1 - \mathrm{i}\,k_1)/(n_2 - \mathrm{i}\,k_2)}{\cos \chi/\cos \vartheta + (n_1 - \mathrm{i}\,k_1)/(n_2 - \mathrm{i}\,k_2)}\,. \tag{4.57}$$

Die Real- und Imaginärteile von (4.56) und (4.57) entsprechen den Veränderungen in Amplitude bzw. Phase. Der Reflexionsgrad für die parallele Komponente wird durch Multiplikation mit ihrer konjugiert Komplexen gefunden,

$$\varrho'_{\lambda\|}(\lambda,\,\vartheta) = \frac{E_{\mathrm{M}\|,\,\mathrm{r}}}{E_{\mathrm{M}\|,\,\mathrm{e}}} \left(\frac{E_{\mathrm{M}\|,\,\mathrm{r}}}{E_{\mathrm{M}\|,\,\mathrm{e}}}\right)^{\!*},$$

und ebenso kann für den Reflexionsgrad der senkrechten Komponente verfahren werden. Das erfordert jedoch einigen Rechenaufwand, da, wie (4.50) zeigt, $\cos x$ komplex ist.

Um einige spezifische Ergebnisse zu erhalten, soll jetzt der wichtige Fall des Strahlungseinfalls aus Luft oder Vakuum auf ein Material mit den Größen n und k betrachtet werden. Dann ist nach (4.56), (4.57) und (4.50)

$$\frac{E_{\mathrm{M}\|,\,\mathrm{r}}}{E_{\mathrm{M}\|,\,\mathrm{e}}} = \frac{(n - \mathrm{i}\,k) \cos \vartheta - \cos \chi}{(n - \mathrm{i}\,k) \cos \vartheta + \cos \chi} = \frac{\bar{n} \cos \vartheta - \cos \chi}{\bar{n} \cos \vartheta + \cos \chi}\,, \tag{4.58a}$$

$$\frac{E_{\mathrm{M}\perp,\,\mathrm{r}}}{E_{\mathrm{M}\perp,\,\mathrm{e}}} = - \frac{(n - \mathrm{i}\,k) \cos \chi - \cos \vartheta}{(n - \mathrm{i}\,k) \cos \chi + \cos \vartheta} = - \frac{\bar{n} \cos \chi - \cos \vartheta}{\bar{n} \cos \chi + \cos \vartheta}\,, \tag{4.58b}$$

$$\frac{\sin \chi}{\sin \vartheta} = \frac{1}{n - \mathrm{i}\,k} = \frac{1}{\bar{n}}\,. \tag{4.58c}$$

Der Ausdruck $\bar{n} \cos \chi$ in (4.58) ist dann

$$\bar{n} \cos \chi = \bar{n}(1 - \sin^2 \chi)^{1/2} = (\bar{n}^2 - \sin^2 \vartheta)^{1/2}\,. \tag{4.59}$$

Die Ergebnisse lassen sich übersichtlicher in der Form

$$a - \mathrm{i}\,b = (\bar{n}^2 - \sin^2 \vartheta)^{1/2}$$

schreiben. Quadriert man und setzt die Real- und Imaginärteile gleich, können die resultierenden simultanen Gleichungen nach a und b aufgelöst werden, und man erhält:

$$2a^2 = [(n^2 - k^2 - \sin^2 \vartheta)^2 + 4n^2k^2]^{1/2} + n^2 - k^2 - \sin^2 \vartheta \, , \qquad (4.60\,\text{a})$$

$$2b^2 = [(n^2 - k^2 - \sin^2 \vartheta)^2 + 4n^2k^2]^{1/2} - (n^2 - k^2 - \sin^2 \vartheta) \, . \qquad (4.60\,\text{b})$$

Die Größe $a - \mathrm{i}\,b$ ist für $\bar{n} \cos \chi$ in (4.58) eingesetzt und die resultierenden Gleichungen sind durch ihre konjungiert komplexen Anteile erweitert worden, um die Reflexionsgrade zu erhalten [beachte: $\bar{n}^2 = (a - \mathrm{i}\,b)^2 + \sin^2 \vartheta$]:

$$\varrho'_{\lambda\|}(\lambda, \vartheta) = \frac{a^2 + b^2 - 2a \sin \vartheta \tan \vartheta + \sin^2 \vartheta \tan^2 \vartheta}{a^2 + b^2 + 2a \sin \vartheta \tan \vartheta + \sin^2 \vartheta \tan^2 \vartheta} \, \varrho'_{\lambda\perp}(\lambda, \vartheta) \, , \qquad (4.61\,\text{a})$$

$$\varrho'_{\lambda\perp}(\lambda, \vartheta) = \frac{a^2 + b^2 - 2a \cos \vartheta + \cos^2 \vartheta}{a^2 + b^2 + 2a \cos \vartheta + \cos^2 \vartheta} \, . \qquad (4.61\,\text{b})$$

Analog dem vorher behandelten Fall, bei dem der einfallende Strahl keine ausgezeichnete Polarisationsrichtung hatte, ist der Reflexionsgrad ein Mittelwert aus den parallelen und senkrechten Komponenten, wie (4.46) zeigt.

Bisher wurde in diesem Kapitel die Wellennatur der Strahlung vorausgesetzt. Es wurde die Wechselwirkung dieser Wellen mit nichtabsorbierenden und absorbierenden Medien in Ausdrücken der Brechzahl n und der komplexen Brechzahl $\bar{n}$ behandelt. Nun sollen diese Ergebnisse auf einige reale Strahlungseigenschaften angewendet werden.

4.6 Anwendung der Beziehungen der elektromagnetischen Theorie zur Berechnung von Strahlungseigenschaften

Die elektromagnetische Theorie, wie sie hier auf die Berechnung von Strahlungseigenschaften angewendet wurde, hat eine Reihe von Nachteilen, die ihre Anwendbarkeit bei praktischen Fällen einschränkt. Neben den vielen einschränkenden Annahmen, die bei den Ableitungen gemacht wurden, kann die Theorie auch dann nicht mehr angewendet werden, wenn bei den zu untersuchenden Anwendungen die Frequenzen in die Größenordnung der Molekularschwingungen kommen. Diese Bedingung beschränkt die Anwendung der Gleichungen auf den langwelligen Spektralbereich jenseits des sichtbaren Spektrums.

Die Theorie erfaßt nicht den Einfluß der Oberflächenbeschaffenheit auf die Strahlungseigenschaften. Das ist die schwerwiegendste Einschränkung, denn vollkommen saubere, optisch glatte Oberflächen sind praktisch nicht anzutreffen. Am nützlichsten ist die Theorie für eine Extrapolation der nur in einem begrenzten Bereich zur Verfügung stehenden experimentellen Werte. In den nachfolgenden Kapiteln werden Gleichungen zur Berechnung von Stoffeigenschaften mit Hilfe der elektromagnetischen Theorie und die bei den Ableitungen gemachten Annahmen diskutiert.

4.6.1 Strahlungseigenschaften von Nichtleitern ($k \to 0$)

Für alle Gleichungen, die in diesem Kapitel behandelt werden, gelten die folgenden Annahmen:

1. Das Medium ist isotrop, d. h., seine elektrischen und optischen Eigenschaften sind richtungsunabhängig.
2. Die magnetische Permeabilität des Mediums ist gleich der des Vakuums.
3. Es gibt keine freien elektrischen Ladungen.
4. Es gibt keine von außen erzeugten elektrischen Leitungsströme.

Die gemessene Brechzahl des Mediums ist im allgemeinen eine Funktion der Wellenlänge, und daher sind alle berechneten Strahlungseigenschaften wellenlängenabhängig. Wird jedoch die Brechzahl aus der Permittivität γ oder der relativen Dielektrizitätskonstanten γ_r ($\gamma_r = \gamma/\gamma_0$) berechnet, die im allgemeinen nicht als Funktion der Wellenlänge gegeben sind, dann verschwindet die spektrale Abhängigkeit. Aus diesem Grunde werden in den folgenden Gleichungen keine, die spektrale Abhängigkeit kennzeichnenden Bezeichnungen benutzt. Der Leser sollte sich aber dessen bewußt sein, daß eine solche Abhängigkeit vorhanden sein kann, wenn die optischen oder elektromagnetischen Größen als Funktion der Wellenlänge gegeben sind.

Hier wird davon ausgegangen, daß die Oberflächen „optisch glatt" sind, d. h. glatt im Vergleich zur Wellenlänge der einfallenden Strahlung, so daß spiegelnde Reflexion vorliegt.

Reflexionsgrad

Mit den bisher gemachten Einschränkungen erhält man den gerichtet-hemisphärischen spiegelnden Reflexionsgrad einer Welle, die auf eine Oberfläche unter dem Winkel ϑ auftrifft und parallel zur Einfallsebene polarisiert ist, aus (4.45) und (4.43):

$$\varrho'_{\parallel}(\vartheta) = \left[\frac{\tan(\vartheta - \varkappa)}{\tan(\vartheta + \varkappa)}\right]^2. \qquad (4.62\,\text{a})$$

Gleichfalls folgt aus (4.45) und (4.44) für eine senkrecht zur Einfallsebene polarisierte Welle

$$\varrho'_{\perp}(\vartheta) = \left[\frac{\sin(\vartheta - \varkappa)}{\sin(\vartheta + \varkappa)}\right]^2, \qquad (4.62\,\text{b})$$

wobei χ der Brechungswinkel im Medium, auf das der Strahl auftrifft, ist. Bei einem gegebenen Einfallswinkel ϑ läßt sich der Winkel χ aus (4.36) bestimmen:

$$\frac{\sin\varkappa}{\sin\vartheta} = \frac{n_1}{n_2} = \frac{\sqrt{\gamma_1}}{\sqrt{\gamma_2}} = \frac{\sqrt{\gamma_{r_1}}}{\sqrt{\gamma_{r_2}}}, \qquad (4.63)$$

wobei γ die Permittivität, γ_r die relative Dielektrizitätskonstante und n die Brechzahl ist. Dabei wird vorausgesetzt, daß n und γ_r winkelunabhängig sind.

Andere Formen, die nur ϑ enthalten, lassen sich durch Eliminieren von χ in (4.62a) und (4.62b) und unter Verwendung von (4.63) gewinnen:

$$\varrho'_{\parallel}(\vartheta) = \left\{ \frac{(n_2/n_1)^2 \cos\vartheta - [(n_2/n_1)^2 - \sin^2\vartheta]^{1/2}}{(n_2/n_1)^2 \cos\vartheta + [(n_2/n_1)^2 - \sin^2\vartheta]^{1/2}} \right\}^2 , \tag{4.64 a}$$

$$\varrho'_{\perp}(\vartheta) = \left\{ \frac{[(n_2/n_1)^2 - \sin^2\vartheta]^{1/2} - \cos\vartheta}{[(n_2/n_1)^2 - \sin^2\vartheta]^{1/2} + \cos\vartheta} \right\}^2 . \tag{4.64 b}$$

Für $\vartheta = \tan^{-1}(n_2/n_1)$ erhält man $\varrho'_{\parallel}(\vartheta) = 0$; der Winkel ϑ wird Brewsterscher Winkel genannt. Reflektierte Strahlung, die unter diesem Winkel eingefallen ist, ist immer senkrecht polarisiert.

Der Reflexionsgrad für unpolarisierte einfallende Strahlung ist nach (4.46) (Fresnelsche Gleichung) durch folgenden Ausdruck gegeben:

$$\varrho'(\vartheta) = \frac{1}{2} \frac{\sin^2(\vartheta - \varkappa)}{\sin^2(\vartheta + \varkappa)} \left[1 + \frac{\cos^2(\vartheta + \varkappa)}{\cos^2(\vartheta - \varkappa)} \right] \tag{4.65 a}$$

und für senkrechten Einfall

$$\varrho'_n = \left(\frac{n_2 - n_1}{n_2 + n_1} \right)^2 . \tag{4.65 b}$$

Beispiel 4.1
Unpolarisierte Strahlung trifft unter einem Winkel $\vartheta = 30°$ zur Normalen auf eine dielektrische Oberfläche (Medium 2), die sich in Luft (Medium 1) befindet. Die Oberfläche besteht aus einem Material mit $k_2 \approx 0$ und der Brechzahl $n_2 = 3{,}0$. Berechne den gerichteten-hemisphärischen Reflexionsgrad der polarisierten Komponenten und des unpolarisierten Strahls.

Da der einfallende Strahl aus Luft kommt ($n_1 - i k_1 \approx 1$) und nach (4.63) $n_1/n_2 = 1/3{,}0$ $= \sin\chi/\sin 30°$ ist, ist $\chi = 9{,}6°$. Der Reflexionsgrad der parallelen Komponente ist nach (4.62a) $\varrho'_{\parallel}(\vartheta = 30°) = (\tan 20{,}4°/\tan 39{,}6°)^2 = 0{,}202$, und der der senkrechten Komponente nach (4.62b) $\varrho'_{\perp}(\vartheta = 30°) = (\sin 20{,}4°/\sin 39{,}6°)^2 = 0{,}301$. Der Reflexionsgrad für den unpolarisierten Strahl ist nach (4.65a) oder aber noch einfacher aus dem Mittelwert der senkrechten und parallelen Komponenten $\varrho'(\vartheta = 30°) = (0{,}202 + 0{,}301)/2 = 0{,}252$.

Beispiel 4.2
Wie groß sind die bei senkrechtem Einfall aus Luft von einer Glasoberfläche bzw. einer Wasseroberfläche reflektierten Anteile des Lichtes?

Für Glas ist $n \approx 1{,}55$ und für Wasser $n \approx 1{,}33$. Dann ist nach (4.65b)

$$\varrho'_{n(\text{Glas})} = \left(\frac{n-1}{n+1} \right)^2 = \left(\frac{0{,}55}{2{,}55} \right)^2 = 0{,}047 ,$$

$$\varrho'_{n(\text{Wasser})} = \left(\frac{0{,}33}{2{,}33} \right)^2 = 0{,}020 .$$

Führt man die Berechnung wie im Beispiel 4.1 durch oder benutzt (4.63) und (4.65) für verschiedene Einfallswinkel und Brechzahlverhältnisse, dann läßt sich der Reflexionsgrad tabellarisch oder grafisch wiedergeben. Es ist ein gerichtet-hemisphärischer Reflexionsgrad, der die gesamte reflektierte Energie eines aus bestimmter Richtung einfallenden Strahles enthält. Weiterhin ist er eine spektrale Größe in dem Sinne, daß sich die Brechzahlen einer bestimmten Wellenlänge entsprechen können, wenn der Verlauf der Wellenlängenabhängigkeit bekannt ist. Schließlich ist er eine spiegelnde Größe, die (4.35) genügt.

Emissionsgrad

Ebenso wie den Reflexionsgrad kann man auch den gerichteten spektralen Emissionsgrad aus (3.46) als

$$\varepsilon'(\vartheta) = 1 - \varrho'(\vartheta)$$

ableiten, wenn der Körper undurchsichtig ist (ist k sehr klein, muß der Körper eine entsprechende Dicke aufweisen).

Eine grafische Darstellung des gerichteten Emissionsgrades zeigt Bild 4.6 für verschiedene Verhältnisse n_2/n_1, wobei $n_2 \geqq n_1$ ist. Ist $n_2 < n_1$, existiert ein Grenzwinkel: Unter größeren Winkeln einfallende Strahlung wird total reflektiert; in diesem Bereich wird $\varepsilon'(\vartheta) = 0$. Dieser Fall wird im Teil 3, Abschn. 6.6.2 behandelt. Ist $\varrho'(\vartheta)$ für einen aus Luft einfallenden Strahl ($n_1 \approx 1$) berechnet worden, dann reduziert sich das Verhältnis n_2/n_1 auf die Brechzahl für das Material, auf das der

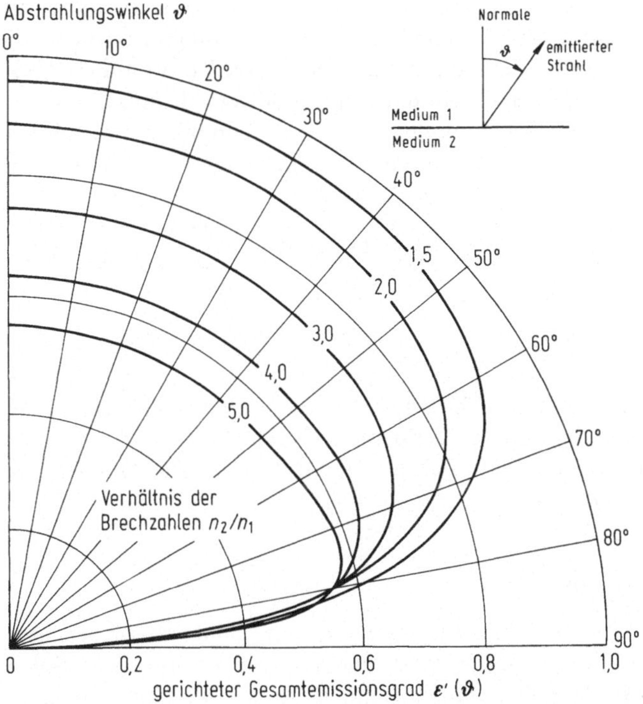

Bild 4.6. Aus der elektromagnetischen Theorie berechneter gerichteter Emissionsgrad

Strahl auftrifft. Bild 4.6 kann so interpretiert werden, als gäbe es den Emissionsgrad eines Nichtleiters in Luft wieder, wenn der Wert des Parameters n_2/n_1 gleich
der Brechzahl n des nichtleitenden Materials gesetzt wird. In der nachfolgenden
Betrachtung wird Bild 4.6 in diesem Sinne verwendet.

Für $n = 1$ wird der Emissionsgrad 1 (Schwarzer Körper), und in Bild 4.6 ist
die Kurve für diesen Wert ein Kreis mit dem Radius 1. Mit steigendem n bleiben
die Kurven bis zu etwa $\vartheta = 70°$ kreisförmig, fallen dann jedoch schnell auf den
Wert Null bei $\vartheta = 90°$. Dielektrische Materialien emittieren also wenig bei
großen Winkeln gegen die Flächennormale. Für Winkel kleiner als 70° sind die
Emissionsgrade recht hoch, so daß Nichtleiter über den gesamten Halbraum ge-
sehen gute Strahler sind. Es soll jedoch nochmals betont werden, daß für die hier
benutzte Interpretation der Maxwellschen Gleichungen Annahmen gemacht
wurden, die nur bei Wellenlängen, die länger als die des sichtbaren Spektrums
sind, Gültigkeit haben. Das bestätigen die Vergleiche mit experimentell ermittelten
Werten.

Aus dem gerichteten spektralen Emissionsgrad läßt sich der hemisphärische
spektrale Emissionsgrad nach (3.5) berechnen:

$$\varepsilon_\lambda(\lambda,\, T_A) = (1/\pi) \int_0 \varepsilon_\lambda'(\lambda,\, \vartheta,\, \varphi,\, T_A) \cos \vartheta \; d\omega \; .$$

Eine Integration über alle Wellenlängen führt zu dem hemisphärischen Gesamtemissionsgrad, wie er in (3.6a) angegeben ist. Da die optischen Eigenschaften im
allgemeinen nicht genügend genau bekannt sind, um eine Integration über alle
Wellenlängen des theoretischen ε_λ ausführen zu können, werden oft andere spektrale ε_λ-Werte zur Berechnung der Gesamtemissionsgradwerte benutzt.

Die Integration von $\varepsilon'(\vartheta)$ zur Berechnung von ε ist recht kompliziert, wie (4.64a)
und (4.64b) zeigen. Nach umständlicher Rechnung erhält man

$$\varepsilon = \frac{1}{2} - \frac{(3n + 1)(n - 1)}{6(n + 1)^2} - \frac{n^2(n^2 - 1)^2}{(n^2 + 1)^3} \ln\left(\frac{n - 1}{n + 1}\right) + \frac{2n^3(n^2 + 2n - 1)}{(n^2 + 1)(n^4 - 1)}$$

$$- \frac{8n^4(n^4 + 1)}{(n^2 + 1)(n^4 - 1)^2} \ln n \; . \tag{4.66}$$

Der Emissionsgrad in Richtung der Flächennormalen (normaler Emissionsgrad)
stellt einen geeigneten Wert dar, auf den der hemisphärische Wert bezogen werden
kann. Der normale Emissionsgrad läßt sich für die Strahlung eines Nichtleiters in
Luft nach (4.49) berechnen:

$$\varepsilon_n' = 1 - \left(\frac{n - 1}{n + 1}\right)^2 = \frac{4n}{(n + 1)^2} \; . \tag{4.67}$$

ε_n' wird als Funktion von n in Bild 4.7a wiedergegeben. Dabei ist zu beachten,
daß „normale" Emissionsgrade unter 0,50 einem $n > 6$ entsprechen. Solche
großen n-Werte sind bei Nichtleitern ungewöhnlich, so daß die Kurve nicht auf
kleinere Werte als $\varepsilon_n' \approx 0,5$ ausgedehnt wird. Das Verhältnis des hemisphärischen

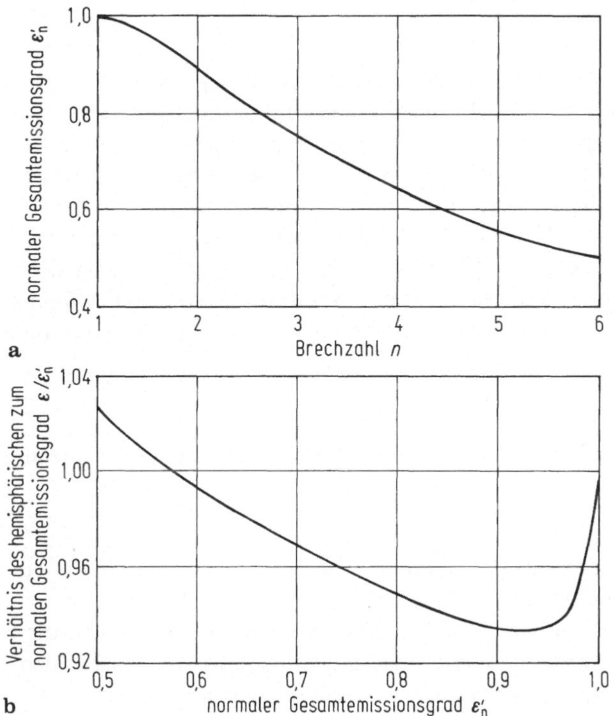

Bild 4.7. Berechnete Emissionsgrade von dielektrischen Materialien mit der Brechzahl n für die Strahlung in Luft oder Vakuum. **a** normaler Emissionsgrad als Funktion der Brechzahl; **b** Verhältnis zwischen hemisphärischem und normalem Emissionsgrad

zu dem normalen Emissionsgrad ist für Nichtleiter als Funktion des normalen Emissionsgrades in Bild 4.7b dargestellt.

Beispiel 4.3

Ein Nichtleiter hat eine Brechzahl $n = 1{,}41$. Wie groß ist sein hemisphärischer Emissionsgrad in Luft bei derjenigen Wellenlänge, bei der die Brechzahl gemessen worden ist?

Nach (4.67) ist der normale Emissionsgrad $\varepsilon'_n = 1 - (0{,}41/2{,}41)^2 = 0{,}97$. Aus Bild 4.7b entnimmt man $\varepsilon/\varepsilon'_n = 0{,}94$. Der hemisphärische Emissionsgrad ist dann $\varepsilon = 0{,}97 \cdot 0{,}94 = 0{,}91$.

Für große n sind die ε'_n-Werte relativ niedrig und mit steigendem n weichen die in Bild 4.6 gezeigten Kurven immer mehr von der für $n = 1$ geltenden kreisförmigen Kurve ab. Bild 4.7b zeigt, daß die Abflachungen der Kurven von Bild 4.6 im Bereich senkrechter Emission dazu führt, daß der hemisphärische Emissionsgrad für große n größer wird als der Emissionsgrad in Richtung der Flächennormalen. Für $n \approx 1$ ($\varepsilon'_n \approx 1$) ist der hemisphärische Wert niedriger als der normale Wert aufgrund der geringen Abstrahlung für große ϑ, wie Bild 4.6 zeigt.

4.6.2 Strahlungseigenschaften von Metallen

Metalle sind im allgemeinen stark absorbierend und die Absorptionskonstante k darf nicht vernachlässigt werden. Die Existenz einer komplexen Brechzahl führt zu den im Abschn. 4.5.2 abgeleiteten Ausdrücken, die komplizierter als die für die nichtabsorbierenden Dielektrika sind. Es soll gezeigt werden, daß es vereinfachende Annahmen gibt, die zu praktischeren Gleichungen führen als die allgemeingültigen Ergebnisse der Theorie. Die Hauptschwierigkeit bei der Anwendung dieser Ergebnisse liegt darin, daß die optischen Konstanten, die in diese Gleichungen eingehen, kaum zu erhalten sind; und wenn Meßwerte zur Verfügung stehen, so sind diese oft aufgrund der experimentellen Schwierigkeiten bei den Messungen recht ungenau.

Ableitung von Beziehungen zwischen Reflexions- und Emissionsgrad unter Benutzung der optischen Konstanten

Für die meisten Metalle sind die Brechzahl n und die Absorptionskonstante k im infraroten Spektralgebiet jenseits des sichtbaren Bereiches sehr groß. In diesem Wellenlängenbereich ist gewöhnlich k viel größer als n (s. Tabelle 4.2).

In diesen Fällen kann oft $\sin^2 \vartheta$ in (4.60a) und (4.60b) gegenüber den Termen mit $n^2 - k^2$ vernachlässigt werden. Diese Vereinfachung läßt sich verwenden, um (4.61a) und (4.61b) auf eine einfachere Form zu bringen: $a^2 = n^2$ und $b^2 = k^2$. Die Vernachlässigung von $\sin^2 \vartheta$ in (4.59) führt dazu, daß für Metalle $\cos \chi \to 1$ geht.

Geht in (4.41) und (4.42) $\cos \chi \to 1$, vereinfachen sich diese Gleichungen bei Strahlungseinfall aus einem Nichtleiter, wobei $\bar{n}_2$ statt n_2 gesetzt wird, zu

$$\frac{E_{\mathrm{M\parallel,r}}}{E_{\mathrm{M\parallel,e}}} = \frac{\cos \vartheta - n_1/\bar{n}_2}{\cos \vartheta + n_1/\bar{n}_2} \tag{4.68a}$$

und

$$\frac{E_{\mathrm{M\perp,r}}}{E_{\mathrm{M\perp,e}}} = \frac{1/\cos \vartheta - n_1/\bar{n}_2}{1/\cos \vartheta + n_1/\bar{n}_2}, \tag{4.68b}$$

Durch Multiplikation mit dem konjugiert Komplexen erhält man die Reflexionskomponenten

$$\varrho'_{\parallel}(\vartheta) = \frac{(n_2 - n_1/\cos \vartheta)^2 + k_2^2}{(n_2 + n_1/\cos \vartheta)^2 + k_2^2} \tag{4.69a}$$

und

$$\varrho'_{\perp}(\vartheta) = \frac{(n_2 - n_1 \cos \vartheta)^2 + k_2^2}{(n_2 + n_1 \cos \vartheta)^2 + k_2^2}. \tag{4.69b}$$

Für einen aus Luft auf Metall einfallenden Strahl mit komplexer Brechzahl $n_2 - \mathrm{i}\,k_2$ reduzieren sich diese Gleichungen, da die Brechzahl für Luft $n_1 \approx 1$ ist, auf:

$$\varrho'_{\parallel}(\vartheta) = \frac{(n_2 \cos \vartheta - 1)^2 + (k_2 \cos \vartheta)^2}{(n_2 \cos \vartheta + 1)^2 + (k_2 \cos \vartheta)^2} \qquad (4.70\,\mathrm{a})$$

und

$$\varrho'_{\perp}(\vartheta) = \frac{(n_2 - \cos \vartheta)^2 + k_2^2}{(n_2 + \cos \vartheta)^2 + k_2^2}\,. \qquad (4.70\,\mathrm{b})$$

Diese Ausdrücke erhält man auch aus (4.61 a) und (4.61 b), indem man $a^2 = n^2$ und $b^2 = k^2$ setzt. Für einen unpolarisierten Strahl ist

$$\varrho'(\vartheta) = \frac{\varrho'_{\parallel}(\vartheta) + \varrho'_{\perp}(\vartheta)}{2}\,. \qquad (4.71)$$

Für die normale Richtung ($\vartheta = 0$) ist

$$\varrho'_{\mathrm{n}} = \frac{(n_2 - 1)^2 + k_2^2}{(n_2 + 1)^2 + k_2^2}\,.$$

Das ist die exakte Lösung von (4.55).

Die entsprechenden Emissionsgradwerte erhält man aus $\varepsilon'(\vartheta) = 1 - \varrho'(\vartheta)$, und diese vereinfachen sich zu:

$$\varepsilon'_{\parallel}(\vartheta) = \frac{4n_2 \cos \vartheta}{(n_2^2 + k_2^2) \cos^2 \vartheta + 2n_2 \cos \vartheta + 1} \qquad (4.72\,\mathrm{a})$$

und

$$\varepsilon'_{\perp}(\vartheta) = \frac{4n_2 \cos \vartheta}{\cos^2 \vartheta + 2n_2 \cos \vartheta + n_2^2 + k_2^2}\,. \qquad (4.72\,\mathrm{b})$$

Für die unpolarisierte Strahlung ist

$$\varepsilon'(\vartheta) = \frac{\varepsilon'_{\parallel}(\vartheta) + \varepsilon'_{\perp}(\vartheta)}{2}\,. \qquad (4.73)$$

In Richtung der Flächennormalen ($\vartheta = 0$) wird dieses zu

$$\varepsilon'_{\mathrm{n}} = \frac{4n_2}{(n_2 + 1)^2 + k_2^2}\,. \qquad (4.74)$$

Diese Emissionsgradbeziehungen sind in Bild 4.8 für eine reine, ebene Platinoberfläche und für eine Wellenlänge von 2 μm angewendet worden. Der Vergleich mit experimentellen Werten zeigt, daß, obwohl die allgemeine Kurvenform, nach (4.73), korrekt ist, die Werte fehlerhaft sind. Für Platin betragen die Werte für n und k nach [4.2a] $n = 5,7$ und $k = 9,7$. (Die komplexe Brechzahl läßt sich auch in anderer Weise definieren, als es hier mit $\bar{n} = n - \mathrm{i}\,k$ geschehen ist. Sie wird oft auch mit $\bar{n} = n - \mathrm{i}\,nk$ angegeben und gelegentlich auch mit einem positiven

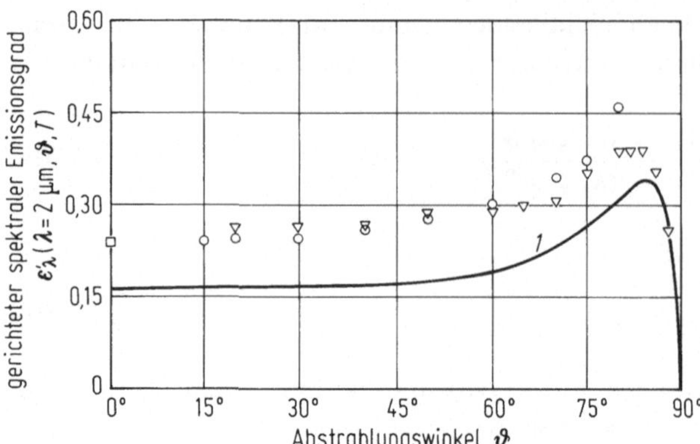

Bild 4.8. Gerichteter spektraler Emissionsgrad für Platin bei der Wellenlänge $\lambda = 2\ \mu m$. *1* nach (4.73) unter Benutzung der Werte aus [4.2], $n = 5{,}7$; $k = 9{,}7$; $\nabla\ T = 300$ K nach [4.19]; $\bigcirc\ T = 657$ K nach [4.20]; $\square\ T = 1400$ K nach [4.21]

Vorzeichen vor der Absorptionskonstanten. Besonders bei der Benutzung von Literaturwerten sollte man darauf achten, welche Definition verwendet wird, d. h., daß gegebenenfalls eine Umwandlung in das hier verwendete System erfolgen muß.)

Daß die Messungen der optischen Konstanten von Metallen erhebliche Schwierigkeiten machen — vielleicht wegen des großen Einflusses des Reinheitsgrades von Metallen und leichten Verunreinigungsmöglichkeiten — zeigt eine Auflistung von Werten für Platin in [4.2b], die direkt aus älteren Messungen berechnet worden sind. Diese Messungen ergeben $n = 0{,}70$ und $k = 3{,}5$; das bedeutet, daß die neueren Messungen um den Faktor 8 bei der Brechzahl und 2,8 bei der Absorptionskonstanten abweichen.

Obwohl die ungenauen Angaben über die optischen Konstanten eine Schwierigkeit bei der präzisen Berechnung der Werte der Strahlungseigenschaften darstellen, gibt die Theorie zumindest eine Vorstellung über das Richtungsverhalten dieser Größen. Für Metalle ist der Emissionsgrad, wie Bild 4.8 für Platin zeigt, bis zu einem Abstrahlungswinkel von etwa 40° im wesentlichen konstant und steigt dann zu einem Maximum, das bei einer Abstrahlungsrichtung von nur wenigen Graden zur Oberflächentangente liegt, an. Diese Winkelabhängigkeit der Metallstrahlung steht im Gegensatz zum Verhalten bei Nichtleitern, bei denen die Emission deutlich für Abstrahlungswinkel größer als etwa 60° abnimmt.

In Tabelle 4.2 werden die nach (4.74) berechneten Werte des normalen spektralen Emissionsgrades mit Meßwerten verglichen. Alle Werte sind [4.2a] entnommen. Die Wellenlänge von $\lambda = 0{,}589\ \mu m$ wurde für den Vergleich benutzt, da bei dieser Wellenlänge die umfangreichsten Daten zur Verfügung stehen. Der Grund liegt darin, daß eine Natrium-Dampf-Lampe, die bei dieser Wellenlänge emittiert, in den meisten Laboratorien als starke monochromatische Strahlungsquelle zur Verfügung steht. Da diese Wellenlänge im sichtbaren Spektralbereich

Tabelle 4.2. Vergleich der aus der elektromagnetischen Theorie berechneten, spektralen normalen Emissionsgradwerte mit Meßwerten aus [4.2a]

Metall	Wellenlänge λ in µm	Brechzahl n	Absorptions-konstante k	Spektraler normaler Emissionsgrad $\varepsilon'_{\lambda,n}(\lambda)$	
				experimentell	berechnet nach (4.79)
Kupfer	0,650	0,44	3,26	0,20	0,140
	2,25	1,03	11,7	0,041	0,029
	4,00	1,87	21,3	0,027	0,014
Gold	0,589	0,47	2,83	0,176	0,184
	2,00	0,47	12,5	0,032	0,012
Eisen	0,589	1,51	1,63	0,43	0,674
Magnesium	0,589	0,37	4,42	0,27	0,070
Nickel	0,589	1,79	3,33	0,355	0,381
	2,25	3,95	9,20	0,152	0,145
Silber	0,589	0,18	3,64	0,074	0,049
	2,25	0,77	15,4	0,021	0,013
	4,50	4,49	33,3	0,015	0,014
Wolfram	0,589	3,46	3,25	0,49	0,455

liegt, liegen diese Werte allerdings im Grenzbereich der Gültigkeit der elektromagnetischen Theorie und sind entsprechend ungenau.

Ein Vergleich der Werte in Tabelle 4.2 zeigt gute Übereinstimmung zwischen den berechneten und gemessenen $\varepsilon'_{\lambda,n}$-Werten z. B. für Nickel und Wolfram, aber eine Abweichung um den Faktor 4 bei den Werten für Magnesium. In Fällen schlechter Übereinstimmung ist es schwierig, den Fehler speziell den optischen Konstanten, dem gemessenen Emissionsgrad oder der Theorie selbst zuzuschreiben. Jede einzelne Fehlerquelle oder aber auch alle können zu der Diskrepanz beitragen. Die wahrscheinlichsten Fehlerquellen sind wohl fehlerhafte Messungen der optischen Konstanten sowie die fehlerbehaftete Oberflächenbeschaffenheit der Proben.

Unter der Voraussetzung, daß $\sin^2 \vartheta$ gegenüber $n^2 - k^2$ vernachlässigt werden kann, bekommt man den hemisphärischen Emissionsgrad für Metall (von dem die Brechzahl $n - ik$ bekannt ist) in Luft oder Vakuum durch Einsetzen von (4.73) in (3.5). Nach der Integration ergibt das

$$\varepsilon = 4n - 4n^2 \ln \frac{1 + 2n + n^2 + k^2}{n^2 + k^2} + \frac{4n(n^2 - k^2)}{k} \tan^{-1} \frac{k}{n + n_2 + k^2}$$
$$+ \frac{4n}{n^2 + k^2} - \frac{4n^2}{(n^2 + k^2)^2} \ln(1 + 2n + n^2 + k^2) \tag{4.75}$$
$$- \frac{4n(k^2 - n^2)}{k(n^2 + k^2)^2} \tan^{-1} \frac{k}{1 + n} .$$

Die Berechnung von ε nach (4.75) ist wegen der kleinen Unterschiede bei den auftretenden relativ großen Zahlen und wegen der vielen Stoffwerte, die in die Berechnungen eingehen, umständlich. Ohne Vernachlässigung von $\sin^2 \vartheta$ läßt sich ε durch numerische Integration aus (3.5) berechnen, wenn man $\varepsilon'(\vartheta) = [\varepsilon'_{||}(\vartheta) + \varepsilon'_{\perp}(\vartheta)]/2 = [2 - \varrho'_{||}(\vartheta) - \varrho'_{\perp}(\vartheta)]/2$ benutzt, wobei $\varrho'(\vartheta)$ in allgemeiner Form durch (4.61a) und (4.61b) gegeben ist. Diese Methode benutzten Hering und Smith [4.3]. Sie verglichen die Ergebnisse mit jenen aus (4.75) für verschiedene n- und k-Werte. Dabei fanden sie, daß der Wert von $n^2 + k^2$, um eine Genauigkeit von 1, 2, 5 oder 10 % für (4.75) erreichen zu können, größer als 40, 3,25, 1,75 bzw. 1,25 sein muß. Bei den meisten Metallen ergibt sich, wenn man die optischen Konstanten aus Tabelle 4.2 zugrundelegt, für (4.75) eine Unsicherheit, die innerhalb 1 und 2 % liegt.

Bild 4.9a zeigt den nach (4.74) berechneten normalen Emissionsgrad von Metall in Luft als Funktion von n und k. In ausführlicherem Umfang als in Bild 4.9a sind die Ergebnisse in [4.3] wiedergegeben.

Der Unterschied des hemisphärischen Emissionsgrades und des Emissionsgrades in Richtung der Flächennormalen ist von praktischer Bedeutung. Bei den meisten Experimenten wird der normale Emissionsgrad bestimmt, da es einfacher ist, mit einem Strahlungsempfänger senkrecht zur Oberfläche zu messen. Für Berechnungen des Wärmeüberganges durch Strahlung benötigt man jedoch den hemisphärischen Emissionsgrad.

Bild 4.9b zeigt das Verhältnis des hemisphärischen zu dem normalen Emissionsgrad als Funktion des normalen Emissionsgrades. Aufgetragen ist der nach (4.75) berechnete Wert für ε, geteilt durch ε'_n für den Fall $k = n$. Das gilt für viele Metalle im langwelligen Spektralbereich, wie im nächsten Kapitel gezeigt wird. Man sieht, daß diese Kurve der von Jakob [4.4] für Metalle angegebenen sehr nahe kommt und etwas unterhalb der Kurve für Isolatoren mit hohem normalen Emissionsgrad liegt (s. Bild 4.7b).

Ist ε'_n kleiner als etwa 0,5, dann ist der hemisphärische Emissionsgrad für polierte Metalle größer als der normale Emissionsgradwert, weil der Emissionsgrad mit zunehmendem Winkel zur Oberflächennormalen steigt, wie Bild 4.8 zeigt. Deshalb muß man bei Tabellen, die Emissionsgradwerte für polierte Metalle enthalten, die ε'_n-Werte mit einem Faktor, den man aus Bild 4.9b entnehmen kann und der größer als Eins ist, multiplizieren, um den hemisphärischen Wert zu erhalten. Reale Oberflächen mit einer rauhen oder leicht oxidierten Oberfläche haben einen gerichteten Emissionsgrad, der niedriger ist als der polierter Proben. In den meisten praktisch vorkommenden Fällen liegt das Emissionsgradverhältnis näher bei Eins als in Bild 4.9b angegeben.

Beziehung zwischen den Strahlungseigenschaften und den elektrischen Eigenschaften

Die Lösungen der Maxwellschen Gleichungen ermöglichen die Bestimmung von n und k aus den elektrischen und magnetischen Eigenschaften eines Materials. Die Beziehungen für n und k sind durch (4.23) gegeben. Bei Metallen, deren spezifischer elektrischer Widerstand r_e klein ist, und bei relativ langen Wellenlängen, etwa $\lambda_0 > 5\,\mu\mathrm{m}$, überwiegt der Ausdruck $\lambda_0/2\pi c_0 r_e \gamma$ und (4.23a) und

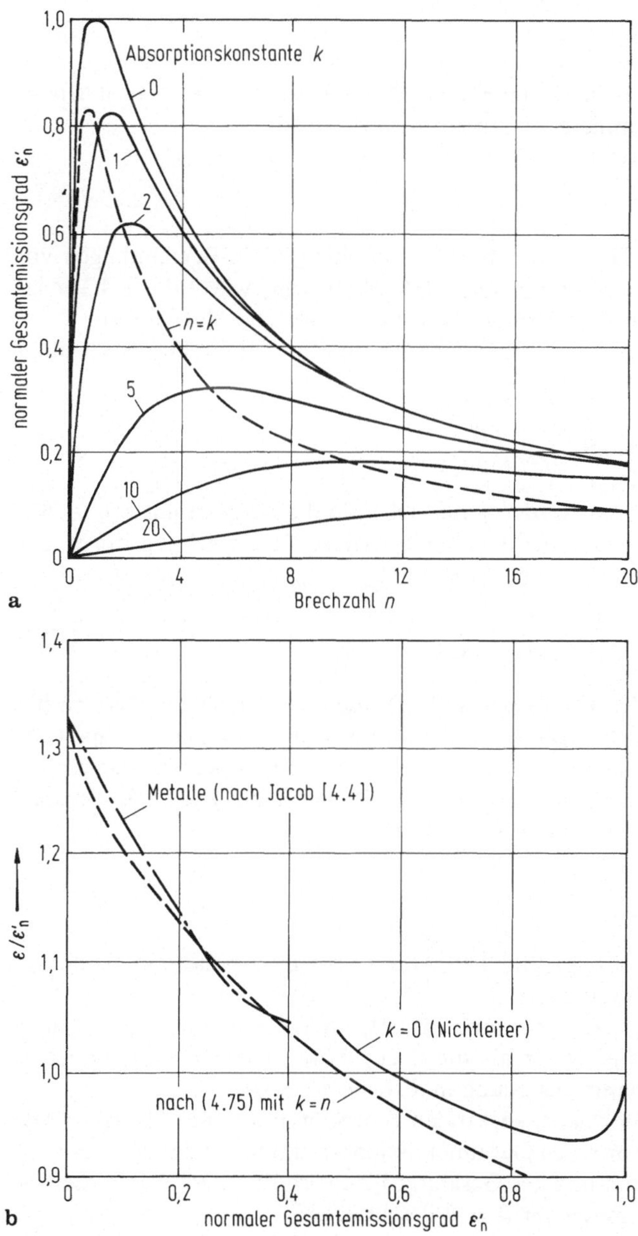

Bild 4.9. Emissionsgrad von Metallen, berechnet nach der elektromagnetischen Theorie. **a** normaler Emissionsgrad von in Luft ermittierenden absorbierenden Medien; **b** Verhältnis des hemisphärischen zum normalen Emissionsgrad

(4.23 b) erhalten die Form (wobei die magnetische Permeabilität gleich μ_0 gesetzt wird):

$$n = k = \sqrt{\frac{\lambda_0 \mu_0 c_0}{4\pi r_e}} = \sqrt{\frac{30\lambda_0}{r_e}} \,, \tag{4.76}$$

wobei λ_0 in Meter und r_e in Ohm-Meter angegeben werden. Setzt man λ_0 in Mikrometer und r_e in Ohm-Zentimeter ein, erhält man für (4.76)

$$n = k = \sqrt{\frac{0{,}003\lambda_0}{r_e}} \,. \tag{4.77}$$

Dieser Ausdruck ist die Hagen-Rubenssche Beziehung [4.5]. Berechnungen von n und k nach dieser Gleichung können fehlerhaft sein, wie Tabelle 4.3 zeigt. In einigen Fällen können jedoch auch diese Ergebnisse von Nutzen sein.

Mit der Vereinfachung $n = k$ geht (4.55) für ein Material mit der Brechzahl n, das senkrecht in Luft oder Vakuum emittiert, über in

$$\varepsilon'_{\lambda,\,n}(\lambda) = 1 - \varrho'_{\lambda,\,n}(\lambda) = \frac{4n}{2n^2 + 2n + 1} \,, \tag{4.78 a}$$

wobei n aus (4.77) eingesetzt werden kann. Obwohl die Auswertung von (4.78 a) keine Schwierigkeiten bereitet, wird oft eine weitere Vereinfachung durch eine Reihenentwicklung eingeführt; man erhält dann:

$$\varepsilon'_{\lambda,\,n}(\lambda) = \frac{2}{n} - \frac{2}{n^2} + \frac{1}{n^3} - \frac{1}{2n^5} + \frac{1}{2n^6} - \dots \tag{4.78 b}$$

Da die Brechzahl von Metallen, wie aus (4.77) folgt, im allgemeinen bei den hier betrachteten langen Wellenlängen ($\lambda_0 > 5\ \mu$m) groß ist (s. Tabelle 4.3, Spalte 6), wird nur das erste Glied der Reihe benutzt, und man erhält den normalen spektralen Emissionsgrad nach Einsetzen von (4.77) für n als Hagen-Rubenssche Emissionsgradbeziehung (λ_0 in μm, r_e in Ω cm)

$$\varepsilon'_{\lambda,\,n}(\lambda) \approx \frac{2}{n} = \frac{2}{\sqrt{0{,}003\lambda_0/r_e}} \,. \tag{4.79}$$

Werte für poliertes Nickel zeigt Bild 4.10. Hier ist die Extrapolation nach langen Wellenlängen durch (4.79) sinnvoll.

Die berechneten Werte für den normalen spektralen Emissionsgrad für lange Wellenlängen sind weitaus besser als die dazugehörigen berechneten optischen Konstanten, wie die Zusammenstellung in Tabelle 4.3 zeigt.

Die Integration des normalen spektralen Emissionsgrades aus (4.79) über die Wellenlänge ergibt den normalen Gesamtemissionsgrad. Die Integration der spektralen Größen zur Bestimmung der Gesamtgrößen wird durch (3.3b) am Beispiel des normalen Emissionsgrades für $\vartheta = 0$ beschrieben:

$$\varepsilon'_n(T) = \frac{\pi \int\limits_0^\infty \varepsilon'_{\lambda,\,n}(\lambda, T)\, L'_{\lambda s}(\lambda, T)\, \mathrm{d}\lambda}{\sigma T^4} \,.$$

Tabelle 4.3. Vergleich von Meßwerten der optischen Konstanten mit den aus der elektromagnetischen Theorie berechneten Werten

Metall	Wellenlänge λ_0 in μm	Meßwerte			Berechnet nach (4.77) $n = k$	Normaler spektraler Emissionsgrad $\varepsilon'_{\lambda n}(\lambda)$	
		spez. elektr. Widerstand (bei 20 °C) r_e in Ω cm[a]	Brechzahl n	Absorptions-konstante k		gemessen	berechnet nach (4.79)
Aluminium	12	$2{,}82 \cdot 10^{-6}$	$33{,}6^b$	$76{,}4^b$	113	$0{,}02^a$	0,018
Kupfer	4,20	$1{,}72 \cdot 10^{-6}$	$1{,}92^b$	$22{,}8^b$	86	$0{,}027^a$	0,023
	4,20	$1{,}72 \cdot 10^{-6}$	$1{,}92^b$	$22{,}8^b$	86	$0{,}015^c$	0,023
	5,50	$1{,}72 \cdot 10^{-6}$	$3{,}16^a$	$28{,}4^a$	98	$0{,}012^c$	0,020
Gold	5,00	$2{,}44 \cdot 10^{-6}$	$1{,}81^a$	$32{,}8^a$	78	$0{,}031^a$	0,026
Platin	5,00	$10 \cdot 10^{-6}$	$11{,}5^a$	$15{,}7^a$	39	$0{,}050^c$	0,051
Silber	4,50	$1{,}63 \cdot 10^{-6}$	$4{,}49^a$	$33{,}3^a$	91	$0{,}015^a$	0,022
	4,37	$1{,}63 \cdot 10^{-6}$	$4{,}34^b$	$32{,}6^b$	90	$0{,}015^a$	0,022

[a] Werte nach [4.2]
[b] Werte nach [4.17]
[c] Werte nach [4.18]

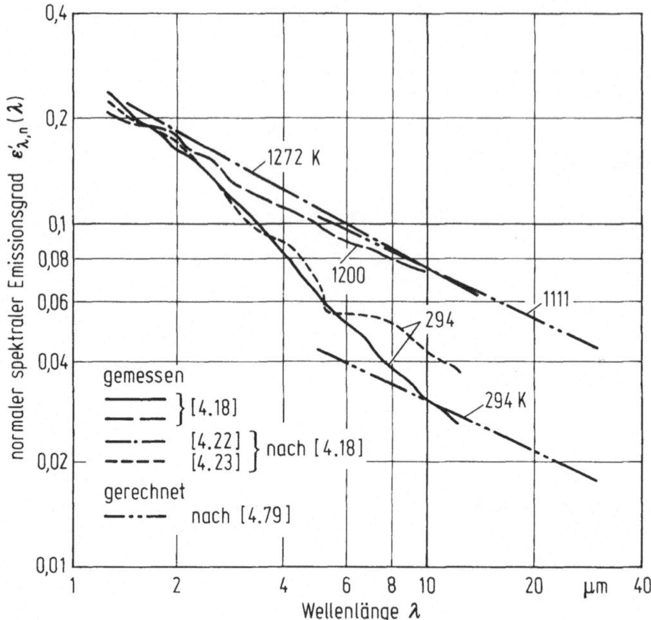

Bild 4.10. Vergleich zwischen Meßwerten und theoretisch berechneten Werten für den normalen spektralen Emissionsgrad von poliertem Nickel

Da (4.79) nur für $\lambda_0 > 5$ µm gilt, und die Integration mit $\lambda = 0$ beginnt, ist die Metalltemperatur so zu wählen, daß im Wellenlängenbereich von $\lambda_0 = 0$ bis 5 µm die emittierte Energie gering gegenüber derjenigen bei Wellenlängen über 5 µm ist. Dann ergibt die Substitution von (4.79) und (2.11a):

$$\varepsilon'_n(T) \approx \frac{\pi \int\limits_0^\infty 2(r_e/0{,}003\lambda_0)^{1/2}\, 2c_1/[\lambda_0^5(e^{c_2/(\lambda_0 T)} - 1)]\,\mathrm{d}\lambda_0}{\sigma T^4}$$

$$= \frac{4\pi c_1(r_e T)^{1/2}}{(0{,}003)^{1/2}\,\sigma c_2^{4,5}} \int\limits_0^\infty \frac{\zeta^{3,5}}{e^\zeta - 1}\,\mathrm{d}\zeta \,, \tag{4.80}$$

wobei $\zeta = c_2/(\lambda T)$ ist, wie bereits in Verbindung mit (2.19) benutzt. Die Integration wird mit Hilfe von Γ-Funktionen ausgeführt und man erhält (T in K, r_e in Ω cm):

$$\varepsilon'_n(T) \approx \frac{4\pi c_1(r_e T)^{1/2}}{(0{,}003)^{1/2}\,\sigma c_2^{4,5}} \cdot 12{,}27 = 0{,}576(r_e T)^{1/2} \,. \tag{4.81}$$

Werden weitere Glieder der Reihe (4.78b) benutzt, dann ist

$$\varepsilon'_n(T) = 0{,}576(r_e T)^{1/2} - 0{,}177 r_e T + 0{,}058(r_e T)^{3/2} - \ldots \tag{4.82a}$$

Die in [4.4] empfohlene Formel ist

$$\varepsilon_n'(T) = 0{,}576(r_e T)^{1/2} - 0{,}124 r_e T\,, \tag{4.82b}$$

wobei T in Kelvin und r_e in Ohm-Zentimeter einzusetzen sind. Für reines Metall ist r_e bei Raumtemperatur annähernd

$$r_e \approx r_{e,273}\,\frac{T}{273}\,, \tag{4.83}$$

wobei $r_{e,273}$ der elektrische Widerstand in Ohm-Zentimeter bei $T = 273$ K ist. Die Substitution von (4.83) in (4.81) ergibt

$$\varepsilon_n'(T) \approx 0{,}0348\,\sqrt{r_{e,273}}\,T\,. \tag{4.84}$$

Das zeigt, daß für lange Wellenlängen ($\lambda_0 > 5\ \mu\text{m}$) der Gesamtemissionsgrad direkt proportional der Temperatur ist. Dieses Ergebnis wurde von Aschkinass [4.6] im Jahre 1905 abgeleitet. In einigen Sonderfällen gilt es bemerkenswerter Weise bis zu hohen Temperaturen, wo bereits ein beträchtlicher Strahlungsanteil im kurzwelligen Spektralbereich liegt (bei Platin bis nahe 1800 K), im allgemeinen aber ist es nur unterhalb von etwa 550 K anwendbar. Dieser Sachverhalt wird in Bild 4.11 für Platin und Wolfram (Werte aus [4.2]) dargestellt.

In Bild 4.12 werden Meßwerte für den normalen Gesamtemissionsgrad bei 100 °C mit nach (4.84) berechneten Werten für eine Vielzahl polierter Oberflächen reiner Metalle verglichen. Im allgemeinen ist die Übereinstimmung befriedigend. Die benutzten experimentellen Werte sind jeweils die niedrigsten aus drei Veröffentlichungen [4.2, 4.7, 4.8].

Benutzt man den Emissionsgrad nach (4.84), so erhält man die Gesamtstrahldichte, die von einem Metall senkrecht zur Oberfläche emittiert wird:

$$L_{n,\text{Metalle}}' = \varepsilon_{n,\text{Metalle}}'\,\frac{\sigma T^4}{\pi} \sim T^5\,. \tag{4.85}$$

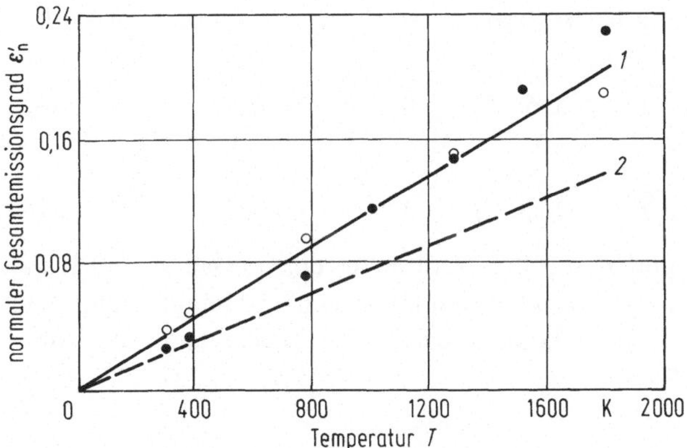

Bild 4.11. Temperaturabhängigkeit des normalen Gesamtemissionsgrades für polierte Metalle. *1* Platin; *2* Wolfram, jeweils gerechnete Werte nach (4.84); ○ Platin; ● Wolfram, jeweils gemessen

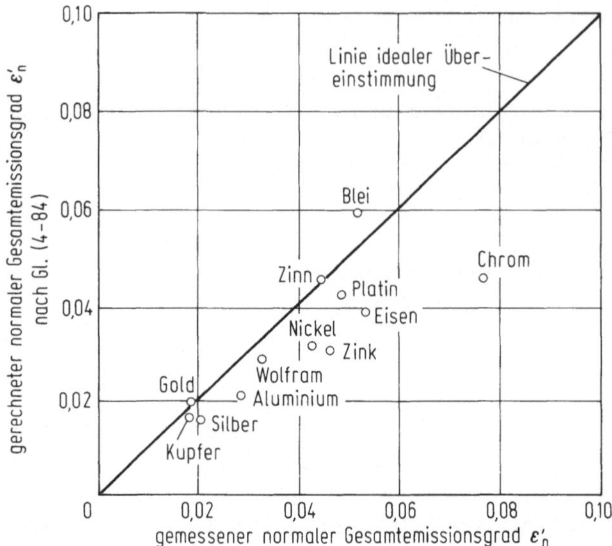

Bild 4.12. Vergleich zwischen gemessenen und theoretischen Werten für polierte Metalle bei 100 °C

Das zeigt, daß die normale Gesamtstrahldichte annähernd proportional der 5. Potenz der Temperatur ist, während dieser Wert beim Schwarzen Strahler proportional zu T^4 ist. Es muß jedoch wieder betont werden, daß diese vereinfachte Form das Ergebnis infolge vieler vorausgegangener Annahmen einschränkt. Würden z. B. mehr als zwei Glieder der Reihe in (4.78b) benutzt, so würde man feststellen, daß die Proportionalität zwischen der normalen Gesamtstrahldichte und T^5 nicht mehr gilt, jedoch ist der Exponent immer noch größer als 4.

Unter Verwendung der Winkelabhängigkeit nach (4.73) erhielt man durch Integration über alle Richtungen die hemisphärischen Größen. Die folgenden Näherungsgleichungen für die hemisphärische spezifische Ausstrahlung sind in zwei Bereiche aufgeteilt:

$$M(T) = \sigma T^4(0{,}751 \sqrt{r_e T} - 0{,}396 r_e T) \qquad 0 < r_e T < 0{,}2 \qquad (4.86\,a)$$

und

$$M(T) = \sigma T^4(0{,}698 \sqrt{r_e T} - 0{,}266 r_e T) \qquad 0{,}2 < r_e T < 0{,}5\,, \qquad (4.86\,b)$$

wobei wieder T in Kelvin und r_e in Ohm-Zentimeter einzusetzen sind. Da der Widerstand r_e bei nicht zu tiefen Temperaturen linear von T abhängt, erhält man mit dem ersten Ausdruck in der Klammer bei beiden Gleichungen die früher besprochene T^5-Abhängigkeit.

Beispiel 4.4

Eine polierte Platinoberfläche befindet sich auf einer Temperatur $T_A = 220$ K. Auf diese Oberfläche trifft Strahlung aus einer schwarzen Umhüllung, die die gesamte Oberfläche umschließt und die Temperatur $T = 440$ K hat. Wie groß ist der gerichtet hemisphärische Gesamtreflexionsgrad in Richtung der Flächennormalen?

Der gerichtet-hemisphärische Gesamtreflexionsgrad ist nach (3.48)

$$\varrho'_{\mathrm{n}}(T_{\mathrm{A}} = 220 \text{ K}) = 1 - \alpha'_{\mathrm{n}}(T_{\mathrm{A}} = 220 \text{ K}),$$

wobei $\alpha'_{\mathrm{n}}(T_{\mathrm{A}} = 220$ K) der normale Gesamtabsorptionsgrad einer Oberfläche bei 220 K für einfallende schwarze Strahlung bei 440 K ist. Man erhält:

$$\alpha'_{\mathrm{n}}(T_{\mathrm{A}} = 220 \text{ K}) = \frac{\int\limits_0^\infty \alpha'_{\lambda,\mathrm{n}}(\lambda, T_{\mathrm{A}} = 220 \text{ K})\, L'_{\lambda\mathrm{s}}(\lambda, 440 \text{ K})\, \mathrm{d}\lambda}{\int\limits_0^\infty L'_{\lambda\mathrm{s}}(\lambda, 440 \text{ K})\, \mathrm{d}\lambda}.$$

Für die spektralen Größen ist $\alpha'_{\lambda,\mathrm{n}}(\lambda, T_{\mathrm{A}} = 220$ K$) = \varepsilon'_{\lambda,\mathrm{n}}(\lambda, T_{\mathrm{A}} = 220$ K). Nach (4.79) ergibt die Änderung von r_{e} mit der Temperatur eine Änderung des Emissionsgrades entsprechend $\varepsilon'_{\lambda,\mathrm{n}}(\lambda, T_{\mathrm{A}}) \sim T_{\mathrm{A}}^{1/2}$. Dann ist $\varepsilon'_{\lambda,\mathrm{n}}(\lambda, T_{\mathrm{A}} = 220$ K$) = \varepsilon'_{\lambda,\mathrm{n}}(\lambda, T_{\mathrm{A}} = 440$ K$)\,(220/440)^{1/2}$, und man erhält

$$\alpha'_{\mathrm{n}}(T_{\mathrm{A}} = 220 \text{ K}) = \frac{\sqrt{\dfrac{1}{2}} \int\limits_0^\infty \varepsilon'_{\lambda,\mathrm{n}}(\lambda, T_{\mathrm{A}} = 440 \text{ K})\, L'_{\lambda\mathrm{s}}(\lambda, 440 \text{ K})\, \mathrm{d}\lambda}{\int\limits_0^\infty L'_{\lambda\mathrm{s}}(\lambda, 440 \text{ K})\, \mathrm{d}\lambda} = \frac{\varepsilon'_{\mathrm{n}}(T_{\mathrm{A}} = 440 \text{ K})}{\sqrt{2}},$$

Tabelle 4.4. Zusammenstellung einiger Gleichungen für die Berechnung von Strahlungseigenschaften aus der elektromagnetischen Theorie

Eigenschaft	Gleichung	Bedingungen
Nichtleiter ($k = 0$)		
gerichteter Reflexionsgrad	(4.64a)	polarisiert in einer Ebene parallel zur Einfallsebene
gerichteter Reflexionsgrad	(4.64b)	polarisiert in einer Ebene senkrecht zur Einfallsebene
gerichteter Reflexionsgrad	(4.65) (4.63)	unpolarisiert
senkrechter Reflexionsgrad	(4.48)	polarisiert oder unpolarisiert
hemisphärischer Emissionsgrad	(4.66)	Emission in ein Medium mit $n = 1$
senkrechter Emissionsgrad	(4.67)	Emission in ein Medium mit $n = 1$
Metalle (in Kontakt mit einem durchsichtigen Medium der Brechzahl 1)		
gerichteter Reflexionsgrad	(4.61a), (4.70a)	parallel polarisierte Komponente
gerichteter Reflexionsgrad	(4.61b), (4.70b)	senkrecht polarisierte Komponente
gerichteter Reflexionsgrad	(4.71)	unpolarisiert
gerichteter Emissionsgrad	(4.73)	unpolarisiert
hemisphärischer Emissionsgrad	(4.75)	unpolarisiert
senkrechter spektraler Emissionsgrad	(4.74)	unpolarisiert
	(4.78a)	unpolarisiert $\lambda > \approx 5$ μm
	(4.79)	
senkrechter Gesamtemissionsgrad	(4.82), (4.84)	$T < \approx 550$ K

wobei man den letzten Ausdruck aus der Definition für den Emissionsgrad nach (3.3b) erhält. Der normale Gesamtemissionsgrad für Platin bei 440 K ist nach (4.84) gegeben und wie in Bild 4.11 aufgetragen:

$$\varepsilon'_n(T_A = 440\ \text{K}) = 0{,}0348 \sqrt{r_{e,273}} \cdot 440 = 0{,}0348 \cdot \sqrt{10 \cdot 10^{-6} \cdot 273/293} \cdot 440 = 0{,}0467\ .$$

Dabei ist zu beachten, daß (4.84) nur für Temperaturen, bei denen der Hauptanteil der emittierten Energie bei Wellenlängen über 5 µm liegt, anzuwenden ist. Aus den in Tabelle A5 enthaltenen Funktionen für Schwarze Körper sieht man, daß bei einer Temperatur von 440 K etwa 10 % der Energie unter 5 µm emittiert wird, so daß deshalb nur ein kleiner Fehler zu erwarten ist.

Bei gleichförmig einfallender Strahlung läßt sich die Reziprozitätsbeziehung nach (3.28) anwenden, und man erhält für den gerichtet-hemisphärischen Gesamtreflexionsgrad

$$\varrho'_n(T_A = 220\ \text{K}) = 1 - \alpha'_n(T_A = 220\ \text{K}) \approx 1 - \frac{\varepsilon'_n(T_A = 440\ \text{K})}{\sqrt{2}} = 1 - \frac{0{,}0467}{\sqrt{2}} = 0{,}967\ .$$

Eine Zusammenstellung wichtiger Gleichungen zur Berechnung der Eigenschaften von Nichtleitern und Metallen enthält Tabelle 4.4.

4.7 Erweiterung der Theorie der Strahlungseigenschaften

In der Vergangenheit sind umfangreiche Untersuchungen zur Verbesserung der Theorie der Strahlungseigenschaften für Materialien durchgeführt worden, wobei sowohl die klassische Wellentheorie als auch die Quantentheorie benutzt wurden. Dabei ist es einigen Autoren gelungen, einige der Einschränkungen zu beseitigen, die bei der hier benutzten klassischen Ableitung verwendet werden. Bemerkenswert sind die Beiträge von Davisson und Weeks [4.9], Foote [4.10], Schmidt und Eckert [4.11] sowie von Parker und Abbott [4.12], mit deren Hilfe die Beziehungen für den Emissionsgrad auf kürzere Wellenlängen und höhere Temperaturen erweitert werden, sowie von Mott und Zener [4.13], die Möglichkeiten für die Berechnung der Emissionsgrade für Metalle für sehr kurze Wellenlängen auf der Basis der Quantentheorie ableiteten. Edwards [4.14] untersuchte die Möglichkeit, Oberflächeneigenschaften zu berechnen, und Sievers [4.15] stellte eine neue Theorie mit Ergebnissen vor.

Kein Verfahren berücksichtigt jedoch die Oberflächeneffekte. Wegen der Schwierigkeit einer eindeutigen Charakterisierung der Oberflächenbedingungen und der Schwierigkeit, die Behandlung der Oberflächen zu kontrollieren, zeigt sich beim Vergleich zwischen Experiment und Theorie, daß selbst verfeinerte Theorien selten genügen. Oft führen die hier angegebenen einfacheren Beziehungen zu besseren Ergebnissen. Selbst bei reinsten Materialien und bei extrem sorgfältiger Oberflächenbehandlung sind die einfachen Beziehungen oftmals genauer, da wahrscheinlich die aus der einfacheren Theorie resultierenden Fehler durch die Folgen der Fehler bei der Oberflächenbearbeitung kompensiert werden.

In die mathematische Beschreibung der Reflexion elektromagnetischer Wellen gehen Polarisationseffekte ein. Eine detaillierte Beschreibung dieser Effekte geht über die Absicht dieses Buches hinaus. Eine umfassende Behandlung von Polarisationsphänomenen einschließlich analytischer Methoden wird in [4.16] gegeben.

Aufgaben

1. Ein elektrischer Isolator hat eine Brechzahl von $n = 1,8$ und strahlt in Luft.
   a) Wie groß ist der gerichtete Emissionsgrad in Richtung der Oberflächennormalen?
   b) Wie groß ist er unter $85°$ zur Normalen?

Lösung:
a) Nach (4.67) ist

$$\varepsilon'_n = 1 - \left(\frac{n-1}{n+1}\right)^2 = 1 - \left(\frac{1,8-1}{1,8+1}\right)^2 = 1 - 0,0816 = 0,918 \; .$$

b) Setzt man in (4.63) $n_1 = 1$, $n_2 = 1,8$ und $\vartheta = 85°$ ein und löst nach χ auf, erhält man

$$\sin \chi = \frac{n_1}{n_2} \sin \vartheta = \frac{1}{1,8} \sin 85° = 0,553$$

$$\chi = \sin^{-1}(0,533) = 33°36' \; .$$

$$\varepsilon'(85°) = 1 - \varrho'(85°) \; .$$

Aus (4.65 a) folgt:

$$\varepsilon'(85°) = 1 - \frac{1}{2} \cdot \frac{\sin^2(\vartheta - \varkappa)}{\sin^2(\vartheta + \varkappa)} \left[1 + \frac{\cos^2(\vartheta + \varkappa)}{\cos^2(\vartheta - \varkappa)}\right]$$

$$= 1 - \frac{1}{2} \cdot \frac{\sin^2(51°24')}{\sin^2(118°36')} \left[1 + \frac{\cos^2(118°36')}{\cos^2(51°24')}\right]$$

$$= 1 - \frac{1}{2} \frac{0,6108}{0,7708} \left(1 + \frac{0,2291}{0,3892}\right) = 0,371 \; .$$

2. Bei Raumtemperatur von 300 K haben folgende Materialien die spezifischen elektrischen Widerstände:

   — Silber: $1,65 \cdot 10^{-6} \; \Omega \, \text{cm}$,
   — Platin: $11,0 \; \cdot 10^{-6} \; \Omega \, \text{cm}$,
   — Blei: $20,8 \; \cdot 10^{-6} \; \Omega \, \text{cm}$.

Wie groß sind die theoretischen hemisphärischen Gesamtemissionsgrade für diese Materialien und wie groß sind die Abweichungen gegenüber Tabellenwerten für saubere, nichtoxidierte, polierte Oberflächen?

Lösung:
Da $r_e T < 0,2$ ist, gilt nach (4.86a): $\varepsilon = 0,751 \sqrt{r_e T} - 0,396 r_e T$).

Material	$r_e T \cdot 10^6$	$\sqrt{r_e T} \cdot 10^3$	$0,751 \sqrt{r_e T}$ $\times 10^3$	$0,396 r_e T$ $\times 10^3$	ε	$\varepsilon = \varepsilon'_n \cdot \dfrac{\varepsilon}{\varepsilon'_n}$ (ε'_n nach Tabelle B1)
Silber	495	22,3	16,7	0,196	0,0165	$\sim 0,01 \; \cdot 1,3$
Platin	3300	57,4	43,1	1,31	0,0418	$\sim 0,054 \cdot 1,22$
Blei	6240	79,0	59,3	2,47	0,0568	$\sim 0,06 \; \cdot 1,21$

3. Wie groß sind die normalen spektralen Reflexionsgrade für Aluminium einer Temperatur von 367 K und bei den Wellenlängen $\lambda_0 = 5 \; \mu\text{m}$, $10 \; \mu\text{m}$ und $20 \; \mu\text{m}$?

Lösung:
Nach (4.79) ist

$$\varrho'_{\lambda,\,n} = 1 - \frac{2}{\sqrt{0{,}003\lambda_0/r_e}}\,, \qquad (\lambda_0 \text{ in } \mu\text{m},\ r_e \text{ in } \Omega\,\text{cm})\,.$$

Aus Tabelle 4.3 entnimmt man $r_e = 2{,}82 \cdot 10^{-6}\ \Omega\,\text{cm}$ für 20 °C. Für Aluminium ist der Temperaturkoeffizient des spez. Widerstandes 0,0039. Bei 93 °C ist dann

$$r_e = 2{,}82 \cdot [1 + 0{,}0039(93 - 20)] \cdot 10^{-6}\ \Omega\,\text{cm} = 3{,}62 \cdot 10^{-6}\ \Omega\,\text{cm}\,.$$

λ_0 μm	$\dfrac{0{,}003 \cdot \lambda_0}{r_e}$	$\sqrt{\dfrac{0{,}003\lambda_0}{r_e}}$	$\dfrac{2}{\sqrt{0{,}003\lambda_0/r_e}}$	$\varrho'_{\lambda,\,n}$
5	4144	64,37	0,0311	0,969
10	8287	91,03	0,0220	0,978
20	16575	128,7	0,0155	0,984

4. Poliertes Gold der Temperatur $T = 300$ K wird senkrecht von einer grauen Strahlungsquelle der Temperatur $T = 810$ K bestrahlt. Es ist der Absorptionsgrad α'_n unter Benutzung der Methode aus Beispiel 4.4 zu ermitteln.

Lösung:
Für diesen Fall ist der Absorptionsgrad

$$\alpha'_n(T_A = 300\ \text{K}) = \frac{\int\limits_0^{\infty} \alpha'_{\lambda,\,n}(\lambda,\, T_A = 300\ \text{K})\, L'_{\lambda s}(\lambda,\, 810\ \text{K})\, d\lambda}{\int\limits_0^{\infty} L'_{\lambda s}(\lambda,\, 810\ \text{K})\, d\lambda}\,.$$

Nach dem Kirchhoffschen Gesetz ist

$$\alpha'_{\lambda,\,n}(300\ \text{K}) = \varepsilon'_{\lambda,\,n}(300\ \text{K})\,.$$

Aus (4.79) und (4.83) folgt: $\varepsilon'_{\lambda} \sim \sqrt{r_e} \sim \sqrt{T}$. Dann ist

$$\varepsilon'_{\lambda,\,n}(300\ \text{K}) = \varepsilon'_{\lambda,\,n}(810\ \text{K}) \left(\frac{300}{810}\right)^{1/2}.$$

In die obere Gleichung für den Absorptionsgrad eingesetzt, ergibt das

$$\alpha'_n(T_A = 300\ \text{K}) = \frac{\left(\dfrac{300}{810}\right)^{1/2} \int\limits_0^{\infty} \varepsilon'_{\lambda,\,n}(810\ \text{K})\, L'_{\lambda s}(810\ \text{K})\, d\lambda}{\int\limits_0^{\infty} L'_{\lambda s}(810\ \text{K})\, d\lambda} = \left(\frac{300}{810}\right)^{1/2} \varepsilon'_n(810\ \text{K})\,.$$

Der Wert für $\varepsilon'_n(810\ \text{K})$ folgt aus (4.84). $\varepsilon'_n(810\ \text{K}) = 0{,}0348\,\sqrt{r_{e,\,273}\,T}$. Für $r_{e,\,273} = 2{,}44 \times 10^{-6}\ \Omega\,\text{cm}$ (Tabelle 4.3) $\cdot\ 273/293$ erhält man: $\varepsilon'_n(810\ \text{K}) = 0{,}0348 \cdot 1{,}51 \cdot 10^{-3} \cdot 810 = 0{,}0426$.
Dann ist

$$\alpha'_n = \left(\frac{300}{810}\right)^{1/2} \cdot 0{,}0426 = 0{,}0259\,.$$

5. Die hemisphärische spezifische Ausstrahlung einer polierten Metalloberfläche beträgt 1900 W/m^2 bei einer Temperatur T_s. Wie groß wird der Wert der spezifischen Ausstrahlung, wenn sich die Temperatur verdoppelt? Welche Voraussetzungen gehen in die Antwort ein?

Lösung:
Gleichung (4.85) gibt lediglich die Strahldichte in Richtung der Flächennormalen wieder. Um die Temperaturabhängigkeit der hemisphärischen spezifischen Ausstrahlung zu erhalten, muß man wie folgt verfahren:
Aus Tabelle 4.3 kann man einen mittleren r-Wert von $\approx 5 \cdot 10^{-6}\ \Omega$ cm für Metalle entnehmen. Da für polierte Metalle $\varepsilon \approx 0{,}02$ ist und $M = \varepsilon \sigma T^4$ gilt, liegt die Temperatur der Oberfläche bei

$$T = \left(\frac{1900\ \mathrm{W m^{-2}}}{0{,}02 \cdot 5{,}67051 \cdot 10^{-8}\ \mathrm{W\,m^{-2}\,K^{-4}}} \right)^{1/4} = 1138\ \mathrm{K}\ .$$

Der Wert von $r_e T$ ist $< 0{,}2$, auch wenn man von einem höheren Wert r_e bei $T = 1138$ K ausgeht. Deshalb muß hier (4.86a) angewendet werden:

$$M(T) = \sigma T^4 (0{,}751\ \sqrt{r_e T} - 0{,}396 r_e T)\ .$$

Wenn $r_e T$ von der Größe $5 \cdot 10^{-6} \cdot 1138 \cong 0{,}006$ ist, kann der Term $0{,}396 r_e T$ vernachlässigt werden, und man erhält:

$$M(T) = 0{,}751\ \sqrt{r_e T}\ \sigma T^4\ .$$

Nach (4.83) ist $r_e \sim T$, so daß $M(T) \sim T^5$ ist. Eine Temperaturverdopplung ergibt also:

$$M_{(T)} = 1900(2)^5 = 60\,800\ \mathrm{W/m^2}\ .$$

6. In Bild 4.13 sind experimentell ermittelte Werte für den hemisphärischen spektralen Reflexionsgrad von poliertem Aluminium bei Raumtemperatur aufgetragen. Die Werte bis $\lambda = 12\ \mu$m sind zu extrapolieren. Dabei kann eine beliebige Methode angewendet werden, jedoch ist unter Angabe der gemachten Annahmen für die Extrapolation eine Fehlerdiskussion auszuführen. (Hinweis: Der elektrische Widerstand von reinem Aluminium beträgt etwa 2,82 $\times 10^{-6}\ \Omega$ cm bei 293 K. Bei 12 μm ist $\bar{n} = 33{,}6 - 76{,}4$ i. Es können einige, alle oder keiner dieser Werte benutzt werden)

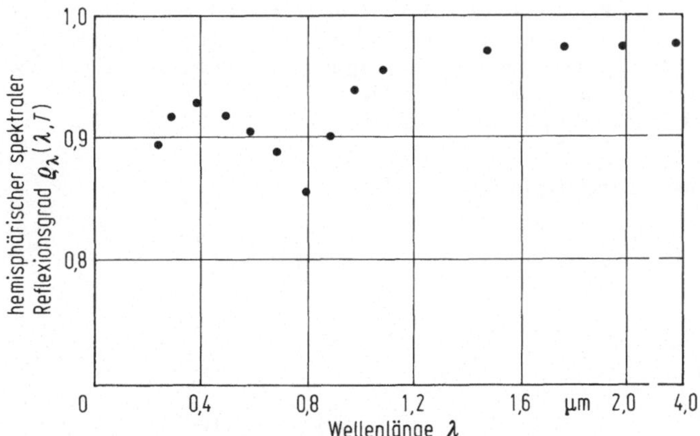

Bild 4.13. Spektraler Reflexionsgrad einer Aluminiumschicht (nach [4.25])

7. Eine nichtoxidierte polierte Titankugel wird bis zur Rotglut erhitzt. Aus der Entfernung erscheint sie wie eine rote Scheibe. Ist nach der elektromagnetischen Theorie eine Strahldichte-
änderung im Roten quer über die Scheibe zu erwarten? Was erwarten Sie nach Bild 5.1?

Lösung:
Am Rand der beobachteten Scheibe nähert sich $\vartheta \to 90°$. Nach Abschn. 4.6.2 ist am Rand
der Scheibe nach Bild 4.8 ein Ansteigen der Strahldichte zu erwarten.

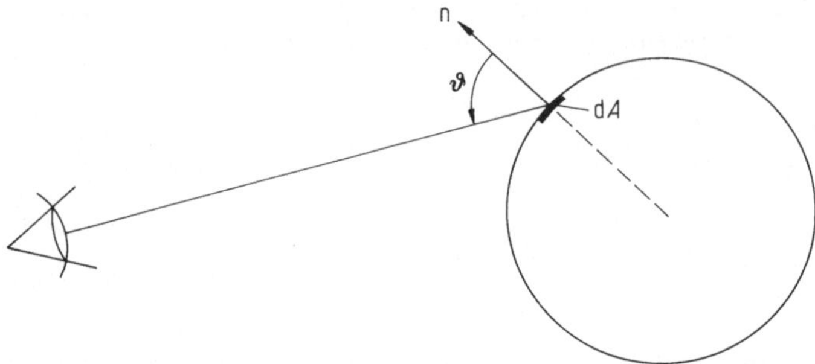

Wie zu Beginn des Abschn. 4.6 gezeigt, sind die hier verwendeten Gleichungen der elektromagnetischen Theorie im sichtbaren Spektralbereich nicht genügend genau. Für rotes Licht
($\lambda \sim 0,67\,\mu m$) zeigt Bild 5.1 für den gerichteten Emissionsgrad für ϑ nahe 90° eine konti-
nuierliche Abnahme mit dem Winkel und nicht das erwartete, für Metalle typische Ansteigen
der Strahldichte im Infraroten in der Nähe von 90°. So wird man hier ein Abfallen der Strahldichte im roten Spektralbereich feststellen können, im Gegensatz zu den Berechnungen mit
Hilfe der Gleichungen der elektromagnetischen Theorie.

8. Unter Verwendung der Hagen-Rubens-Beziehung ist der normale spektrale Emissionsgrad
als eine Funktion der Wellenlänge für eine polierte Aluminiumoberfläche von 30 K aufzutragen. Wie groß ist der normale Gesamtemissionsgrad? (Anmerkung: Keine Beziehungen
benutzen, die nur in der Nähe der Raumtemperatur Gültigkeit haben!)

9. Für eine hochglanzpolierte Platinprobe liegt der Wert für den normalen spektralen Emissionsgrad bei 0,050 bei einer Wellenlänge von 5,0 μm und einer Temperatur von 293 K. Welchen
Wert kann man für den normalen spektralen Absorptionsgrad erwarten für eine Probe bei
a) einer Wellenlänge von 10 μm und bei $T = 293$ K?
b) einer Wellenlänge von 10 μm und bei $T = 570$ K?

Lösung:
Aus der Hagen-Rubens-Beziehung (4.79)

$$\varepsilon''_{\lambda,\,n} = 2/\sqrt{0,003\lambda_0/r_e}$$

folgt,

a) $$\frac{\varepsilon'_{\lambda,\,n}(T_1,\,\lambda_1)}{\varepsilon'_{\lambda,\,n}(T_2,\,\lambda_2)} = \sqrt{\frac{\lambda_2}{\lambda_1}}\,,$$

$$\varepsilon'_{\lambda,\,n}(\lambda_2 = 10\,\mu m,\,293\,K) = \varepsilon'_{\lambda,\,n}(\lambda_1 = 5\,\mu m,\,293\,K) \cdot \left(\frac{5}{10}\right)^{1/2} = \frac{0,050}{\sqrt{2}} = 0,035\,.$$

b) Nach Einsetzen von (4.83) in (4.79) erhält man

$$\frac{\varepsilon'_{\lambda,n}(\lambda_1, T_1)}{\varepsilon'_{\lambda,n}(\lambda_2, T_2)} = \sqrt{\frac{\lambda_2 T_1}{\lambda_1 T_2}} \; ,$$

$$\varepsilon'_{\lambda,n}(10\ \mu m,\ 570\ K) = \varepsilon'_{\lambda,n}(5\ \mu m\ 293\ K)\left(\frac{5}{10}\cdot\frac{570}{293}\right)^{1/2} = 0{,}049 \; .$$

10. Viele Metalle, die sich auf Temperaturen nahe dem absoluten Nullpunkt befinden, werden supraleitend, d. h. der Wert von $r_e(T \to 0) \to 0$. Wie groß wird auf Grund der elektromagnetischen Theorie der Wert der Brechzahl n, der Absorptionskonstanten k sowie des normalen spektralen und des Gesamtemissionsgrades von Metallen unter diesen Bedingungen? Welche Annahmen sind implizit bei derartigen Abschätzungen gemacht worden? (Die nach der Hagen-Rubens-Beziehung und anderen Beziehungen der klassischen elektromagnetischen Theorie entwickelten Ergebnisse werden bei $T < 100\ K$ ungenau. Über Berechnungen der Strahlungseigenschaften bei tiefen Temperaturen unter Anwendung genauerer theoretischer Näherungen ist von Toscano und Cravalho [4.24] berichtet worden.)

Lösung:
Aus (4.76) bzw. (4.77) folgt, daß für $\lambda_0 > 5\ \mu m$ sowohl n als auch k sehr groß werden, wenn $T \to 0$ und $r_e \to 0$ gehen. Es folgt weiter aus (4.78), (4.79), (4.81), (4.82) usw., daß sowohl ε_λ und ε mit T gegen Null gehen.
Diese Annahmen gelten für alle angeführten Gleichungen genauso wie die allgemeine Annahme, daß die elektromagnetische Theorie unter diesen Bedingungen anwendbar ist.

11. Ein bestimmtes nichtleitendes Material habe eine Brechzahl $n \approx 2$. Die Werte folgender Größen sind abzuschätzen:
   a) der hemisphärische Emissionsgrad des Materials für die Abstrahlung in Luft,
   b) der gerichtete Emissionsgrad bei $\vartheta = 70°$ in Luft,
   c) der gerichtete hemisphärische Reflexionsgrad für beide Komponenten des polarisierten Reflexionsgrades. Beide Komponenten n sind grafisch ähnlich wie in Bild 4.6 für $n = 2$ aufzutragen. Der Einfallswinkel sei ϑ.

Lösung:
a) Aus (4.66) folgt

$$\varepsilon = \frac{1}{2} - \frac{(3\cdot 2 + 1)(2 - 1)}{6(2 + 1)^2} - \frac{2^2(2^2 - 1)^2}{(2^2 + 1)^3}\ln\frac{(2 - 1)}{(2 + 1)}$$

$$+ \frac{2\cdot 2^3(2^2 + 2\cdot 2 - 1)}{(2^2 + 1)(2^4 - 1)} - \frac{8\cdot 2^4(2^4 + 1)}{(2^2 + 1)(2^4 - 1)^2}\ln 2$$

$$= 0{,}5 - 0{,}1296 + 0{,}3164 + 1{,}4933 - 1{,}3407 = 0{,}839 \; .$$

Dieses Ergebnis kann auch mit Hilfe des Bildes 4.7 gefunden werden.

$$n = 2 \to \varepsilon'_n = 0{,}89 \to \varepsilon/\varepsilon'_n = 0{,}935 \to \varepsilon = 0{,}935 \cdot 0{,}89 = 0{,}832 \; .$$

b) Aus Bild 4.6 ist zu entnehmen $\varepsilon'(\vartheta = 70°) = 0,76$. Ebenso kann (4.63) zur Berechnung von χ benutzt werden. $\varrho'(\vartheta)$ erhält man dann durch Einsetzen von χ in (4.65a). Weiter ist die Beziehung $\varepsilon' = 1 - \varrho'$ zu verwenden.

$$\frac{\sin \chi}{\sin \vartheta} = \frac{n_1}{n_2}$$

$$\sin \chi = 0,5 \cdot 0,9397 \rightarrow \chi = 28° \,,$$

$$\varrho'(\vartheta) = \frac{1}{2} \cdot \frac{\sin^2 (\vartheta - \varkappa)}{\sin^2 (\vartheta + \varkappa)} \left[1 + \frac{\cos^2 (\vartheta + \varkappa)}{\cos^2 (\vartheta - \varkappa)} \right] = 0,5 \cdot 0,466 \cdot 1,035 = 0,2363 \,,$$

$$\varepsilon' = 1 - \varrho' = 0,7637 \,.$$

5 Strahlungseigenschaften realer Materialien

5.1 Einführung

In diesem Kapitel werden die allgemeinen Strahlungseigenschaften realer Materialien untersucht. Diese Eigenschaften können von den idealisierten Ergebnissen des Kap. 4 für „optisch ebene" Materialien, wie sie von der elektromagnetischen Theorie erfaßt werden, erheblich abweichen. Die analytischen Berechnungen lassen Richtungen und Grenzwerte erkennen und gestatten, ausgehend von einer einheitlichen Grundlage, verschiedene Strahlungsphänomene zu erklären. Die so gefundenen rechnerischen Ergebnisse sind jedoch im allgemeinen nicht anwendbar, da ein Konstrukteur es mit Oberflächen zu tun hat, die in unterschiedlichem Maße mit Verunreinigungen wie Oxiden, Farben usw. bedeckt sind und eine Oberflächenrauhigkeit aufweisen, die schwierig vollständig und exakt zu beschreiben ist.

Weiter werden Beispiele für einige typische Veränderungen der Strahlungseigenschaften als Funktion verschiedener Parameter gezeigt, um einen Eindruck von der Abhängigkeit der Strahlungseigenschaften von diesen Parametern zu vermitteln. Zusätzlich zu den vorgestellten typischen Strahlungseigenschaften wird eine Anzahl atypischer Beispiele aufgeführt, die zeigen sollen, daß es einer sorgfältigen Überprüfung der individuellen Eigenschaften bedarf, um genau diejenigen Werte auszuwählen, die bei Strahlungsaustauschrechnungen benutzt werden müssen.

Die meisten in diesem Kapitel behandelten Stoffe sind lichtundurchlässige Festkörper, wobei lichtundurchlässig so zu verstehen ist, daß keine Übertragung von Strahlungsenergie durch die gesamte Dicke des Körpers erfolgt. Ein zusammengesetzter Körper, wie z. B. eine dünne Schicht auf einer Unterlage anderen Materials, kann eine teilweise Transmission durch die Schicht zeigen; durch die lichtundurchlässige Unterlage geht jedoch keine übertragene Strahlung mehr hindurch.

Weiter werden die Durchlässigkeiten von Glas und Wasser untersucht. Hier zeigt sich, daß diese Durchlässigkeiten im kurz- und langwelligen Spektralbereich beträchtliche Unterschiede aufweisen kann. Im Teil 3, Kap. 6 wird das Zusammenwirken dünner Filme mit verschiedenen Substraten eingehend behandelt.

Auf eine umfassende Stoffwertsammlung ist hier verzichtet worden. Ausführliche Tabellen und grafische Darstellungen von Strahlungseigenschaften finden sich in [5.1–5.7, 5.55]. Aus Gründen der Bequemlichkeit für den Leser sind im Anhang B zwei kurze Tabellen angefügt.

Wie im Kap. 4 gezeigt, sind nach der klassischen Theorie grundlegende Abweichungen im Strahlungsverhalten von Metallen und Nichtleitern nach der elektromagnetischen Theorie zu erwarten. Aus diesem Grund behandeln die ersten beiden Abschnitte dieses Kapitels diese beiden Materialarten getrennt, wobei die Metalle zuerst besprochen werden. Nachfolgend werden einige spezielle Oberflächen behandelt, die gewünschte Veränderungen der Strahlungseigenschaften für vorgegebene Wellenlängen oder Richtungen aufweisen.

5.2 Größen, Größensymbole, SI-Einheiten

Symbole	Einheiten	Erläuterungen
A	m^2	Fläche
a	m^{-1}	Absorptionskoeffizient
c_0	$m \cdot s^{-1}$	Fortpflanzungsgeschwindigkeit elektromagnetischer Wellen im Vakuum
E	—	Emissionsgrad einer Platte (einschließlich Anteilen, die nicht von der Eigenstrahlung herrühren)
$F_{0-\lambda}$	—	Bruchteil der spezifischen Ausstrahlung eines Schwarzen Körpers im Wellenlängenbereich 0 bis λ, Bruchteilfunktion
M	$W\,m^{-2}$	spezifische Ausstrahlung
M_λ	$W\,m^{-3}$	spektrale spezifische Ausstrahlung
p	—	Wahrscheinlichkeitsfunktion
q	$W\,m^{-2}$	Energie pro Zeit- und Flächeneinheit, Energiestromdichte, Strahlungsflußdichte, Wärmestromdichte
R	—	Reflexionsgrad einer Platte (einschließlich aller reflektierten Anteile)
R_q	m	quadratischer Mittenrauhwert
R_z	m	mittlere Rauhtiefe
r_e	$\Omega\,m$	spezifischer elektrischer Widerstand
T	K	Temperatur
α	—	Absorptionsgrad
γ	$F\,m^{-1}$	elektrische Permittivität
ε	—	Emissionsgrad
ϑ	$°$, rad	Winkel, gemessen von der Oberflächennormalen, Polarwinkel
λ	m	Wellenlänge
μ	NA^{-2}	magnetische Permeabilität
ϱ	—	Reflexionsgrad
σ	$W\,m^{-2}\,K^{-4}$	Stefan-Boltzmann-Konstante (Tabelle A4)
τ	—	Transmissionsgrad
τ_i	—	Reintransmissionsgrad
Φ	W	Energie pro Zeiteinheit, Energiestrom, Strahlungsfluß, Wärmestrom
φ	$°$, rad	Azimutwinkel

Hochgesetzte Zeichen

$'$	gerichtet
$''$	gerichtet-gerichtet

Indices

A	bezogen auf Oberfläche A
a	bezogen auf Absorption
e	einfallend
em	emittiert
Gl	bei Gleichgewicht
k	bezogen auf eine Kantenwellenlänge
max	Maximalwert
n	in Richtung der Flächennormalen
r	reflektiert
St	Strahlungsquelle
s	bezogen auf Schwarzen Körper
sp	spiegelnd
λ	wellenlängenabhängig
$0-\lambda$	im Wellenlängenbereich 0 bis λ

5.3 Strahlungseigenschaften der Metalle

Reine, ebene Metalle zeichnen sich oft durch niedrige Emissionsgrad- bzw. Absorptionsgradwerte und daraus resultierend relativ hohe Reflexionsgradwerte aus. Bild 4.12 zeigt, daß der Emissionsgrad in Richtung der Flächennormalen bei einer Vielzahl von polierten Metallen sehr niedrig ist. Niedrige Emissionsgradwerte sind jedoch für Metalle nicht zwingend. Bei einigen hier angegebenen Beispielen steigt der spektrale Emissionsgrad auf 0,5 und höher bei kürzeren Wellenlängen, oder der Gesamtemissionsgrad steigt mit steigender Temperatur.

5.3.1 Änderung des Emissionsgrades mit der Abstrahlungsrichtung

Für polierte Metalle ist es ein typisches Verhalten, daß der gerichtete Emissionsgrad — außer in der Nähe von $\vartheta = 90°$ — mit steigendem Abstrahlungswinkel ϑ (ϑ gemessen von der Oberflächennormalen) zunimmt. Dieses Verhalten folgt aus der klassischen Theorie und erweist sich z. B. für Platin, Bild 4.8, als richtig. Bei Wellenlängen, die kürzer sind als der Bereich, für den die einfache klassische Theorie Gültigkeit hat, kann man eine Abweichung von diesem Verhalten erwarten. Zur Demonstration dieser Abweichung ist der gerichtete spektrale Emissionsgrad von poliertem Titan in Bild 5.1 aufgetragen. Bei Wellenlängen größer als etwa 1 μm steigt der gerichtete spektrale Emissionsgrad von Titan in der Tat mit steigendem ϑ über den größten Teil des Abstrahlungsbereiches. Der Anstieg des gerichteten spektralen Emissionsgrades mit ϑ wird mit abnehmenden Wellenlängen kleiner, um schließlich bei Wellenlängen kleiner als 1 μm mit zunehmendem ϑ über den gesamten ϑ-Bereich abzunehmen. Bei polierten Metallen wird das typische Verhalten des ansteigenden Emissionsgrades für Abstrahlungsrichtungen nahe 90° bei kurzen Wellenlängen keine Gültigkeit mehr haben.

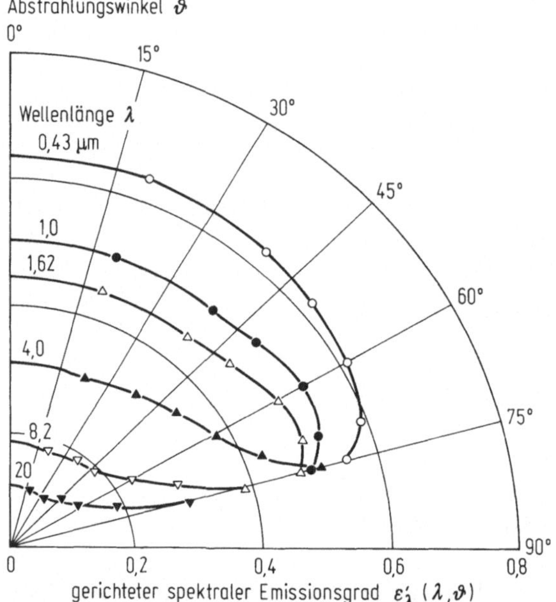

Bild 5.1. Einfluß der Wellenlänge auf den gerichteten spektralen Emissionsgrad von reinem Titan, quadratischer Mittenrauhwert der Oberfläche: 0,4 µm (Werte aus [5.6])

5.3.2 Einfluß der Wellenlänge

Im Kap. 4 wurde gezeigt, daß der spektrale Emissionsgrad von Metallen im Infrarotbereich mit abnehmender Wellenlänge steigt. Dieses Verhalten gilt über einen großen Wellenlängenbereich, wie Bild 5.2 für verschiedene Metalle am Beispiel des spektralen Emissionsgrades in Richtung der Flächennormalen zeigt. Den gleichen Effekt zeigt für andere Abstrahlungsrichtungen Bild 5.1, jedoch aus Gründen der Übersichtlichkeit nur bis 80°. In Bild 5.2 stellt die Kurve für Kupfer eine Ausnahme dar, da hier der Emissionsgrad annähernd konstant mit der Wellenlänge ist.

Bei sehr kurzen Wellenlängen werden die Annahmen, der vereinfachten Theorie vom Kap. 4 ungültig. In der Tat haben die meisten Metalle ein Maximum für den Emissionsgrad in der Nähe des sichtbaren Spektralbereichs, und der Emissionsgrad nimmt sehr schnell nach kleineren Wellenlängen hin ab. Dieses Verhalten zeigt Bild 5.3 am Beispiel von Wolfram.

5.3.3 Einfluß der Oberflächentemperatur

Die Hagen-Rubens-Beziehung, (4.79), zeigt, daß bei Wellenlängen über etwa 5 µm der spektrale Emissionsgrad eines Metalls proportional der Wurzel aus seinem spezifischen elektrischen Widerstand ist. Es ist daher zu erwarten, daß der spektrale

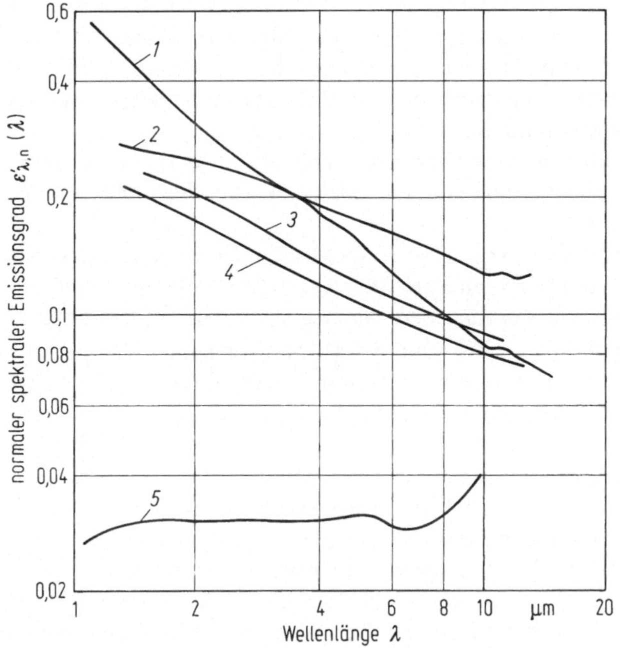

Bild 5.2. Änderung des normalen spektralen Emissionsgrades mit der Wellenlänge für polierte Metalle (Werte aus [5.39]). *1* Molybdän bei 1111 K; *2* Eisen bei 1317 K; *3* Platin bei 1217 K; *4* Nickel bei 1200 K; *5* Kupfer bei 1242 K

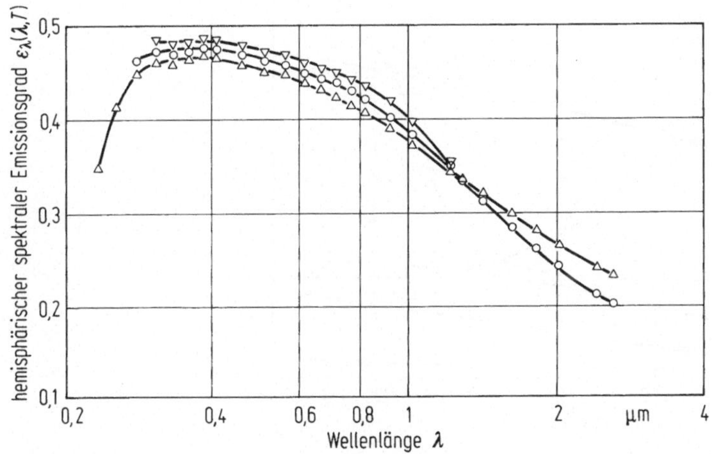

Bild 5.3. Einfluß der Wellenlänge und Oberflächentemperatur auf den hemisphärischen spektralen Emissionsgrad von Wolfram [5.40]. $\nabla\ T = 1600$ K; $\bigcirc\ T = 2200$ K; $\triangle\ T = 2800$ K

Emissionsgrad von reinen Metallen ebenso mit der Temperatur zunimmt wie der elektrische Widerstand. In den meisten Fällen hat sich diese Annahme auch bestätigt. Bild 5.3 zeigt den spektralen hemisphärischen Emissionsgrad von Wolfram. Das erwartete Verhalten trifft für $\lambda > 1{,}27\ \mu m$ zu. Ebenso erkennt man in Bild 5.3 ein weiteres Phänomen, das für viele Metalle, wie [5.8] zeigt, charakteristisch ist: Bei kurzen Wellenlängen (Wolfram $\lambda < 1{,}27\ \mu m$) kehrt sich die Temperaturabhängigkeit um, und der spektrale Emissionsgrad nimmt mit steigender Temperatur ab.

Der für Metalle beobachtete Anstieg des spektralen Emissionsgrades mit abnehmender Wellenlänge im infraroten Spektralbereich (Wellenlängen oberhalb des sichtbaren Spektralbereiches) erklärt den Anstieg des Gesamtemissionsgrades mit zunehmender Temperatur (s. Abschn. 5.3.2). Mit steigender Temperatur verschiebt sich das Maximum der Kurve der Strahldichteverteilung eines Schwarzen Körpers (Bild 2.6) nach kürzeren Wellenlängen. Demzufolge wird mit steigender Oberflächentemperatur proportional mehr Strahlung in dem Bereich mit höherem spektralen Emissionsgrad emittiert, was einen erhöhten Gesamtemissionsgrad zur Folge hat. Bild 5.4 zeigt hierfür einige Beispiele. Gegenübergestellt wird hier das Verhalten von einigen Metallen und dem Nichtleiter Magnesiumoxid, bei dem der Emissionsgrad mit steigender Temperatur abnimmt.

Bei evakuierten Kryogefäßen, die aus einer Reihe von Strahlungsschilden bestehen, ist ein beträchtlicher Wärmeverlust durch Strahlung gegeben. Stoffwerte für Materialien, die zur Isolation von Kryo-Systemen verwendet werden, fehlen bei tiefen Temperaturen, insbesondere fehlt das Verhalten dieser Stoffeigenschaften im langwelligen Spektralbereich. Die Hagen-Rubens-Beziehung zeigt,

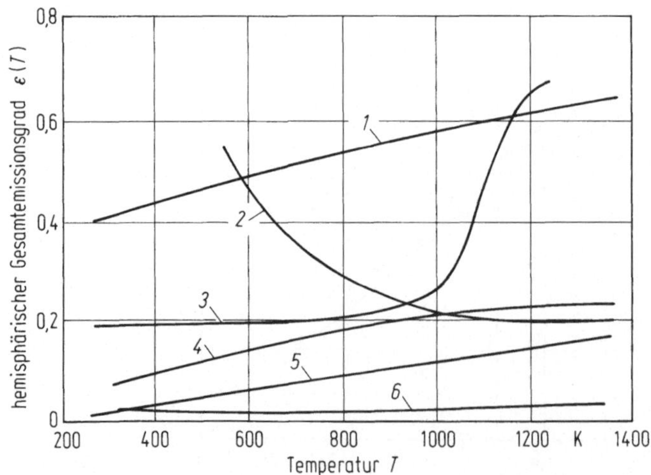

Bild 5.4. Einfluß der Temperatur auf den hemisphärischen Gesamtemissionsgrad von einigen Metallen und einem Nichtleiter (Werte aus [5.1]). *1* Graphit; *2* Magnesiumoxid; *3* Inconel X, poliert; *4* Magnesium; *5* Wolfram; *6* Gold, poliert

daß der normale spektrale Emissionsgrad proportional $(r_e/\lambda)^{1/2}$ und der normale Gesamtemissionsgrad proportional $(r_e T)^{1/2}$ sind. Ist der spezifische elektrische Widerstand der Temperatur direkt proportional, dann ist $\varepsilon'_{\lambda,n}(\lambda, T) \sim (T/\lambda)^{1/2}$ und $\varepsilon'_n(T) \sim T$. Daraus folgt, daß die Emissionsgrade bei niedrigen T- und großen λ-Werten sehr klein werden. Die Meßergebnisse, die in [5.9] für Kupfer, Silber und Gold zusammengefaßt sind, zeigen jedoch, daß die ε-Werte nicht so kleine Zahlenwerte annehmen, wie zu erwarten wäre. Als Verbesserung dieser Theorie erfassen die Drudesche Theorie der freien Elektronen und die Theorie des anomalen Skin-Effektes [5.9] zusätzliche quantenmechanische Wechselwirkungen. Aus der Drudeschen Theorie, aus der für lange Wellenlängen die Hagen-Rubens-Beziehung hervorgeht, folgen ε-Werte, die sehr viel schneller mit der Temperatur abnehmen als dies Messungen zeigen. Das Modell des anomalen Skin-Effektes mit diffusen Elektronenreflexionen liefert Werte für den Emissionsgrad, die sehr gut mit den Meßwerten übereinstimmen. Bild 5.5 zeigt die Ergebnisse nach beiden Modellen. Die Grenzwerte bei tiefen Temperaturen liegen etwas oberhalb der nach dem Modell des anomalen Skin-Effektes berechneten Werte.

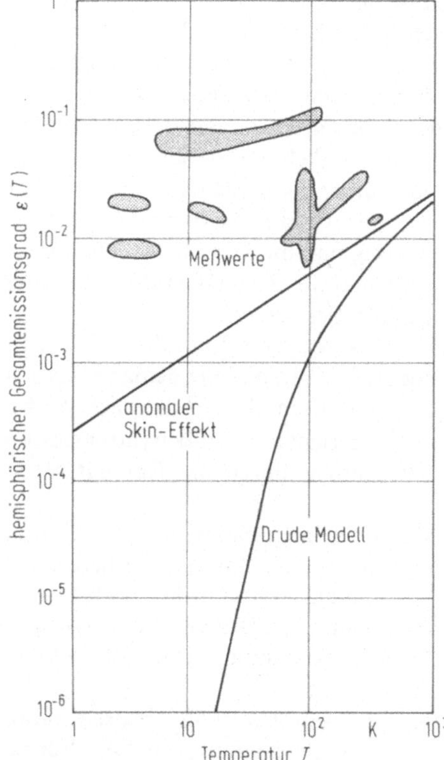

Bild 5.5. Temperatureinfluß bei tiefen Temperaturen auf den hemisphärischen Gesamtemissionsgrad von Kupfer (Ergebnisse aus [5.9])

Im folgenden Abschnitt sollen zwei weitere Einflußfaktoren behandelt werden: die Oberflächenrauhigkeit und Oberflächenverunreinigungen sowie Beschichtungen. Diese können zu größeren Abweichungen von den nach der elektromagnetischen Theorie im Kap. 4 berechneten Werten führen.

5.3.4 Einfluß der Oberflächenrauhigkeit

Sind die Unebenheiten der Oberfläche eines Stoffes wesentlich kleiner als die Wellenlänge der Strahlung, dann spricht man von optisch ebenem Material. Ein für lange Wellenlängen optisch ebenes Material kann für kurzwellige Strahlung rauh erscheinen. Die Strahlungseigenschaften von optisch ebenen Materialien lassen sich mit den für die Theorie im Kap. 4 gemachten Voraussetzungen berechnen. Ein wichtiger Parameter bei der Charakterisierung von Rauhigkeitseffekten ist die optische Rauhigkeit, die das Verhältnis einer charakteristischen Rauhigkeitsgröße (für gewöhnlich der quadratische Mittenrauhwert R_q) zur Strahlungswellenlänge λ der Strahlung ist.

Ist die optische Rauhigkeit R_q/λ größer als etwa 1, gibt es Vielfachreflexionen in den Hohlräumen zwischen den Rauhigkeitselementen. Dadurch wird die Absorption der einfallenden Strahlung durch die Rauhigkeit erhöht. Die Folge ist eine Erhöhung des hemisphärischen Absorptionsgrades und demzufolge auch des hemisphärischen Emissionsgrades der Oberfläche.

Die Rauhigkeit hat ebenfalls einen beachtlichen Einfluß auf die Richtungsverteilung der Emission und Reflexion. Für $R_q/\lambda > 1$ lassen sich die Gesetze der geometrischen Optik anwenden, um den Strahlungsverlauf innerhalb der Hohlräume der einzelnen Rauhigkeitselemente zu beschreiben. Bei bekannter Geometrie der Rauhigkeit ist es in gewissen Fällen möglich, das gerichtete Verhalten der Oberfläche zu berechnen. Ein Beispiel hierfür ist der gerichtete Emissionsgrad einer parallelen geriffelten Oberfläche, die im Abschn. 5.5.3 behandelt wird. Gewöhnlich ist die Rauhigkeit sehr unregelmäßig und muß durch ein statistisches Modell angenähert werden. Zum Beispiel läßt sich die Rauhigkeit durch beliebig ausgerichtete Facetten darstellen, die spiegelnd reflektieren.

Ist die optische Rauhigkeit klein ($R_q/\lambda < 1$), so wird der Einfluß der Vielfachreflexion in den Hohlräumen gewöhnlich ebenfalls klein und die hemisphärischen Strahlungseigenschaften nähern sich denen für optisch ebene Oberflächen. Auf Grund von Beugungseffekten können jedoch die gerichteten Größen (insbesondere der gerichtet-gerichtete Reflexionsgrad) beträchtlich durch die Rauhigkeit beeinflußt werden.

Es wurden verschiedene analytische Methoden angewandt, um den Einfluß der Oberflächenrauhigkeit auf die Strahlungsgrößen des Materials zu berechnen. Die Verbesserung und die praktische Verwendbarkeit dieser Methoden sowie der Vergleich mit Meßwerten ist Gegenstand vieler z. Zt. laufender Untersuchungen. Die Analysen bilden die Grundlage für das Verständnis vieler beobachteter Rauhigkeitseffekte.

Ein Problem bei der Berechnung von Strahlungsgrößen ist die präzise Charakterisierung der Oberflächeneigenschaften, die in die analytischen Gleichungen eingehen. Ein Weg zur Charakterisierung der Oberflächenbeschaffenheit sind genaue Angaben über die Vorbehandlung (Schmirgeln, Schleifen, Beizen usw.) und eine Angabe des quadratischen Mittenrauhwertes R_q. Den Mittenrauhwert erhält man im allgemeinen mit Hilfe eines Tastschnittgerätes, das mit einer scharfen Tastspitze über die Oberfläche fährt und die vertikalen Störungen der Tastspitze aufzeichnet. Man erhält jedoch nur eingeschränkte Informationen über die horizontalen Rauhigkeitsabstände und über die Verteilung der Profiltiefen um den Mittenrauhwert. Eine weitere, oft benötigte Information ist ein Wert für die mittleren Steigungen der einzelnen Rauhigkeitsspitzen, die das Verhalten der durch sie gebildeten Hohlräume bestimmen. Es gibt z. Zt. keine allgemein akzeptierte Methode zur genauen Charakterisierung der Oberflächenmerkmale, und keine von den in diesem Abschnitt behandelten Methoden ist geeignet, Strahlungseigenschaften exakt zu berechnen. So können nur grobe Näherungen oder Richtungen erwartet werden (Bezeichnungen nach DIN 4762 und DIN 4768).

Einige der analytischen Näherungen, die unter Berücksichtigung der erwähnten Einschränkungen anzuwenden sind, werden hier behandelt und mit experimentellen Werten verglichen. Davies [5.10] hat die Beugungstheorie angewendet, um die Reflexionseigenschaften einer rauhen Oberfläche zu untersuchen, wobei er davon ausgeht, daß die Rauhigkeiten einer Gaußschen (normalen) Wahrscheinlichkeitsverteilung $p(R_z)$ entspricht. R_z ist die mittlere Rauhtiefe.

Die Wahrscheinlichkeit $p(R_z)$ ist gegeben durch

$$p(R_z) = \frac{1}{R_q \sqrt{2\pi}} \exp\left(-\frac{R_z^2}{2R_q^2}\right).$$

Es wird angenommen, daß die einzelnen Unebenheiten der Oberfläche geringe Neigungen haben, so daß eine Schattenwirkung vernachlässigt werden kann und R_q sehr viel kleiner als die Wellenlänge der einfallenden Strahlung λ ist. Für das Material wird vorausgesetzt, daß es ein idealer elektrischer Leiter ist, so daß nach (4.23b) die Absorptionskonstante unendlich wird. Aus diesen Annahmen folgt mit (4.55) vollständige Reflexion, und aus der Theorie erhält man weiterhin die Richtungsverteilung der reflektierten Energie, nicht aber ihren Betrag. Die reflektierte Strahlung enthält eine spiegelnde Komponente und eine Komponente, die sich um das Maximum des spiegelnd reflektierten Anteils verteilt.

Eine ähnliche Ableitung, bei der nun jedoch R_q viel größer als λ sein soll, ergibt wiederum eine Verteilung der reflektierten Strahlung um ein Maximum; dieses Mal jedoch mit einem größeren Winkel als für den Fall $R_q \ll \lambda$. Es ist zu erwarten, daß sich die Oberfläche in zunehmendem Maße wie ein idealer spiegelnder Reflektor verhält, wenn die Rauhigkeit im Verhältnis zur Wellenlänge der einfallenden Strahlung kleiner wird. Das Daviessche Verfahren wird für schrägen Strahlungseinfall sehr ungenau, da, wie gesagt, die Schattenwirkung der Unebenheiten vernachlässigt wurde.

Porteus [5.11] erweiterte die Daviesschen Näherungen, indem er die durch die Beziehungen zwischen R_q und λ eingeführten Einschränkungen aufhob und zusätzliche Parameter für die Beschreibung der Oberflächenrauhigkeit einführte. Damit kann man Rauhigkeitsmerkmale für vorbehandelte Proben aus den gemessenen Reflexionswerten angeben. Aber für bestimmte Arten der Oberflächenrauhigkeit ist die Übereinstimmung schlecht. Die Messungen wurden vorwiegend bei senkrechtem Strahlungseinfall durchgeführt, und die Vernachlässigung der Schattenwirkung für schrägen Einfall läßt die Ergebnisse unsicher erscheinen.

Befriedigendere Ergebnisse erhielten Beckmann und Spizzichino [5.12]. Bei ihrer Methode wird ein Autokorrelationsabstand der Rauhigkeit zur Beschreibung der Oberfläche eingeführt. Dieser ist ein Maß für den Abstand zwischen den charakteristischen Rauhigkeitspitzen auf der Oberfläche und bezieht sich somit auf den Mittenrauhwert und den Flankenwinkel der Rauhigkeitselemente. Diese Methode liefert eine bessere Übereinstimmung mit den Meßwerten als die vorherigen Analysen. Eine kritische Bewertung und einen Vergleich der Daviesschen und Beckmannschen Rechnungen geben Houchers und Hering [5.13].

Die Bilder 5.6a und 5.6b zeigen den experimentell gefundenen Einfluß von Oberflächenrauhigkeiten bei kleinem R_q/λ. Das erste Bild zeigt den gerichteten Emissionsgrad von Titan [5.6] bei einer Wellenlänge von 2 μm für drei Oberflächenzustände, wie man sie durch Schleifen, Honen (Ziehschleifen) und Läppen bekommt. Der quadratische Mittenrauhwert beträgt 0,4 μm; die Wellenlänge der Strahlung ist also groß gegen die Oberflächenrauhigkeit. Im Vergleich mit diesen Wellenlängen erscheinen die Proben eben. Wie man sieht, ändert sich der Emissionsgrad nur wenig bei einer Änderung des quadratischen Mittenrauhwertes von 0,05 auf 0,4 μm. Ebenso ist der Einfluß auf den gerichteten Emissionsgrad gering. In [5.6] werden auch Emissionsgradwerte für sandgestrahlte Oberflächen angegeben. Diese Oberflächen zeigen einen stärkeren Anstieg des Emissionsgrades. Bild 5.6b zeigt den Reflexionsgrad von Nickel für spiegelnd reflektierte Strahlung und einen unter einem Winkel von 10° zur Flächennormalen einfallenden Strahl. Die Reflexionsgrade der rauhen Proben sind hier normiert auf den Reflexionsgrad einer polierten Oberfläche dargestellt, um den Einfluß der Rauhigkeit auf die Richtungscharakteristik und weniger auf den Betrag des Reflexionsgrades zu zeigen. Die zum Vergleich herangezogene polierte Oberfläche hat eine Rauhigkeit, die etwa um das Zehnfache kleiner ist als die der anderen Proben. Ein großer Ordinatenwert bedeutet, daß die Probe sich eher wie eine polierte Oberfläche verhält. Es werden die Werte für geschliffene Nickelproben bei vier verschiedenen Rauhigkeiten wiedergegeben, alle jedoch für $R_q/\lambda < 1$. Der Reflexionsgrad wird mit ansteigender Wellenlänge größer (d. h., die optische Rauhigkeit nimmt ab), da bei gegebener Rauhigkeit die Oberfläche im Verhältnis zur einfallenden Strahlung scheinbar ebener ist. Wie zu erwarten, nimmt der Reflexionsgrad bei fester Wellenlänge für die spiegelnde Richtung mit zunehmender Rauhigkeit ab. Werte für Aluminium, die sich ähnlich verhalten, sind in [5.14] nach der Beckmannschen Theorie ermittelt worden.

Bei einer optischen Rauhigkeit von $R_q/\lambda > 1$ sind von Torrance und Sparrow [5.15, 5.16] eingehende Messungen des gerichtet-gerichteten Reflexionsgrades zusammen mit einer die geometrische Optik benutzenden Analyse durchgeführt worden. Diese Analyse bestätigt die von den Zahlenwerten zu erwartende Tendenz. Bild 5.7 zeigt einige typische Ergebnisse für den gerichtet-gerichteten Re-

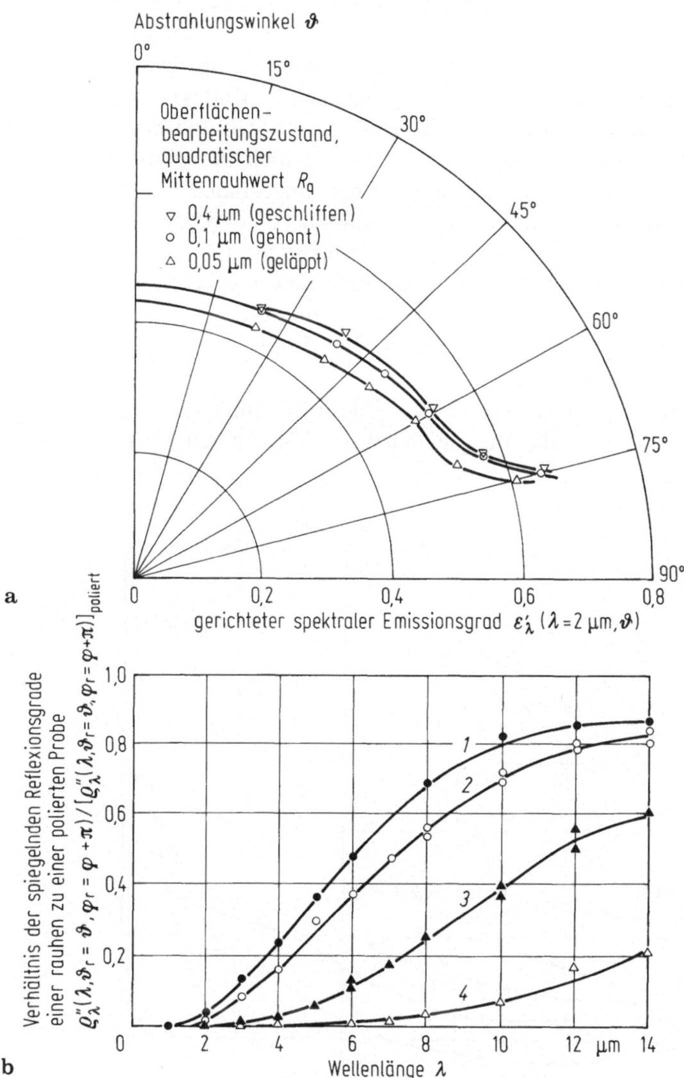

Bild 5.6. Rauhigkeitseinfluß bei kleiner optischer Rauhigkeit $R_q/\lambda < 1$. **a** Einfluß der Oberflächenbeschaffenheit auf den gerichteten spektralen Emissionsgrad von reinem Titan, Wellenlänge 2 μm (Werte nach [5.6]); **b** Rauhigkeitseinfluß auf den gerichtet-gerichteten Reflexionsgrad in spiegelnder Richtung für geschliffene Nickelproben; quadratischer Mittenrauhwert für polierte Proben 0,015 μm (Werte nach [5.4]). *1* $R_q = 0,14$ μm; *2* $R_q = 0,17$ μm; *3* $R_q = 0,315$ μm; *4* $R_q = 0,86$ μm

flexionsgrad von Aluminium für eine optische Rauhigkeit von 2,6. Wiedergegeben
wird der gerichtet-gerichtete Reflexionsgrad in der Einfallsebene (die Ebene wird
durch den einfallenden Strahl und die Flächennormale aufgespannt) als Funktion
des Reflexionswinkels ϑ_r und der Reflexionsgrad wird mit dem Wert in spiegelnder
Richtung verglichen. Die Kurven entsprechen den verschiedenen Einfallswinkeln.
Bei einer diffusen Oberfläche ist die reflektierte Strahlung unabhängig von ϑ_r,
so daß, wie die gestrichelte Linie zeigt, das in der Abbildung angegebene Verhältnis Eins ist. Ein schmaler Peak bei $\vartheta_r = \vartheta$ zeigt spiegelnde Reflexion an. Für den
Strahlungseinfall bei 30° hat die spiegelnd reflektierte Strahlung ein Maximum
($\vartheta_r = 30°$). Dieses Maximum für ϱ_λ'' verlagert sich jedoch für größere Einfallswinkel zu Winkeln, die größer als der Winkel der spiegelnden Reflexion sind;
z. B. liegt, wenn $\vartheta = 60°$ ist, das Reflexionsmaximum bei $\vartheta_r = 85°$. Diese Tatsache
steht im Gegensatz zum Verhalten einer optisch ebenen Oberfläche, wo das Maxi-
mum bei $\vartheta_r = \vartheta$ sein würde. Die Theorie zeigt, daß diese Hyperreflexion, bei der
der Einfallswinkel kleiner als der Ausfallswinkel ist und die bei großer optischer
Rauhigkeit und großem Einfallswinkel auftritt, eine Folge der gegenseitigen Be-
schattung der Rauhigkeitselemente ist.

In [5.17] und [5.18] wird die Winkelverteilung des Emissionsgrades einer rauhen
Oberfläche anhand eines Modells aus gleichartigen, V-förmigen Vertiefungen in

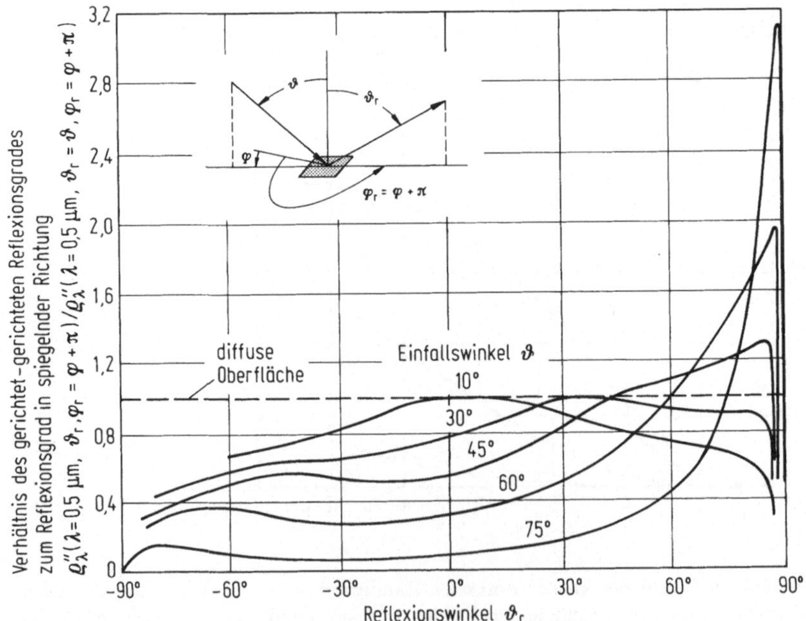

Bild 5.7. Gerichtet-gerichteter Reflexionsgrad in der Einfallsebene für verschiedene Einfallswinkel, Material: Aluminium (2024-T4) mit Reinst-Aluminium beschichtet, quadratischer Mittenrauhwert $R_q = 1{,}3\ \mu m$, Wellenlänge der Einfallsstrahlung $\lambda = 0{,}5\ \mu m$ (Werte aus [5.16])

paralleler oder kreisförmiger Anordnung untersucht. Realistischer ist jedoch ein Modell willkürlich aufgerauhter Metalloberflächen [5.19, 5.20]. Hier wird für die Rauhigkeitsstrukturen eine Gaussverteilung angenommen, und die zufälligen Strahlungsabschattungen durch benachbarte Rauhigkeitselemente werden in die Betrachtungen einbezogen. Vielfachreflexionen zwischen den Oberflächenelementen werden vernachlässigt. Die für Gold und Chrom durchgeführten Rechnungen ergeben für Abstrahlungsrichtungen kleiner als etwa 60° zur Flächennormalen eine Zunahme des Emissionsgrades mit der Oberflächenrauhigkeit. Bei größeren Winkeln ist der Emissionsgrad niedriger als bei einer ebenen Oberfläche. Dieses Ergebnis berücksichtigt sowohl die Rauhigkeitseffekte als auch das Verhalten von optisch ebenen metallischen Oberflächen, bei denen der Emissionsgrad unter großen Abstrahlungswinkeln zunimmt.

5.3.5 Einfluß von Oberflächenverunreinigungen

Unter Verunreinigungen soll nun jede Art von Beeinflussung der Oberfläche durch solche Fremdstoffe verstanden werden, die Abweichungen von denjenigen Oberflächeneigenschaften verursachen, die für ein optisch ebenes, reines Metall definiert worden sind. Die häufigsten Verunreinigungen sind dünne Schichten von Fremdmaterialien, die entweder durch Adsorption, z. B. von Wasserdampf, oder als Folge chemischer Reaktionen abgelagert werden. Typisch für letzteres sind dünne Oxidschichten auf Metallen. Da Nichtleiter, wie im Abschn. 5.4 noch gezeigt wird, im allgemeinen hohe Emissionsgradwerte haben, wird ein Oxid wie

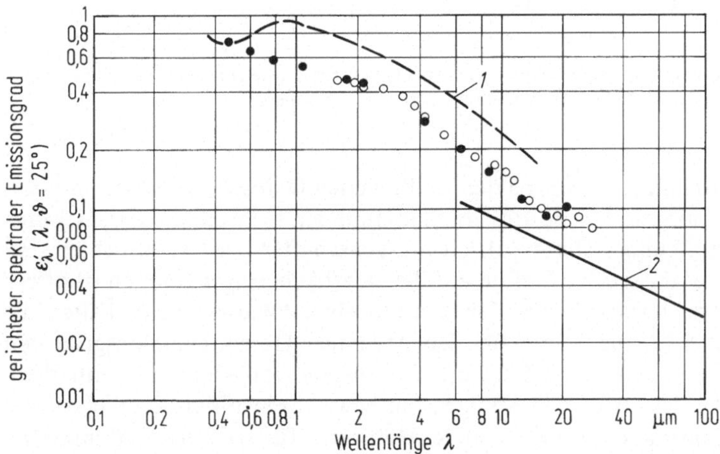

Bild 5.8. Einfluß einer Oxidschicht auf den gerichteten spektralen Emissionsgrad von Titan, Abstrahlungswinkel 25°, Oberfläche geläppt, quadratischer Mittenrauhwert 2 µm, Temperatur 294 K. *1* oxidierte Oberfläche, Oxidschichtdicke 0,06 µm [5.42]; *2* Hagen-Rubens-Beziehung (4.79); ○ Werte nach [5.6], nicht oxidiert; ● Werte nach [5.42], nicht oxidiert

auch eine andere nichtmetallische Verunreinigung den Emissionsgrad der untersuchten idealen Metalloberfläche erhöhen.

Bild 5.8 zeigt den gerichteten spektralen Emissionsgrad von Titan unter einem Winkel von 25° zur Oberflächennormalen. Die Meßpunkte sind der Literatur für nichtoxidiertes Metall entnommen, und die Kurve *2* ist der ideale Emissionsgrad, der mit Hilfe der elektromagnetischen Theorie berechnet wurde. Die Kurve *1* oberhalb der Meßpunkte ist der gemessene Emissionsgrad für eine Oxidschicht von nur 0,06 µm Dicke. Man sieht, daß sich der Emissionsgrad etwa um den Faktor 2 gegenüber dem des reinen Materials für den größten Teil des Wellenlängenbereiches erhöht. Bild 5.9 zeigt eine ähnlich große Zunahme bei dem normalen spektralen Emissionsgrad von Inconel X mit oxidierter Oberfläche verglichen mit dem polierten Metall.

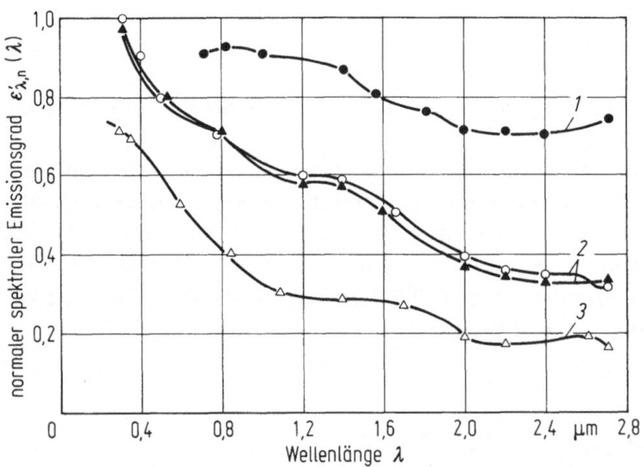

Bild 5.9. Einfluß der Oxidation auf den normalen spektralen Emissionsgrad von Inconel X (Werte aus [5.5]). *1* oxidiert; *2* im Anlieferungszustand, gereinigt; *3* poliert

Die Bilder 5.10 und 5.11a zeigen den Einfluß einer Oxidschicht auf den normalen Gesamtemissionsgrad von rostfreiem Stahl und den hemisphärischen Gesamtemissionsgrad von Kupfer. Die spezifischen Eigenschaften der Oxidschichten sind nicht bekannt, aber ihr großer Einfluß auf die Oberflächeneigenschaften ist offensichtlich. Präzisere Angaben über den Einfluß einer Oxidschicht enthalten die Bilder 5.11b und 5.12, die Werte für den normalen Gesamtemissionsgrad von Kupfer und den hemisphärischen Gesamtemissionsgrad von Aluminium enthalten. Bereits eine Dicke des Oxids von wenigen µm bewirkt einen sehr deutlichen Anstieg des Emissionsgrades. Einige neuere Meßwerte für oxidiertes Aluminium, dessen Eigenschaften denen in Bild 5.12 ähneln, finden sich bei Brannon und Goldstein [5.21].

Bild 5.13 zeigt eine Näherung des gerichteten Gesamtabsorptionsgrades einer anodisch aufgebrachten Aluminiumoberfläche für den Strahlungseinfall von Strah-

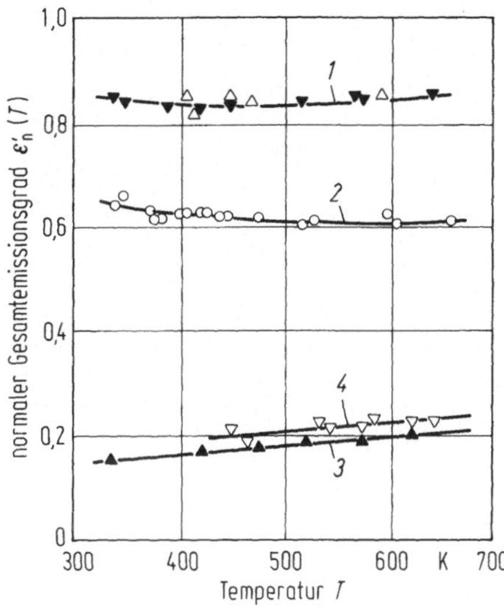

Bild 5.10. Einfluß des Oberflächenzustandes wie auch der Oxidation auf den normalen Gesamtemissionsgrad von rostfreiem Stahl Typ 18-8 (Werte aus [5.5]). *1* sandgestrahlt, verwittert und oxidiert bei 1090 K; *2* mit Säure behandelt und verwittert; *3* poliert; *4* unpoliert

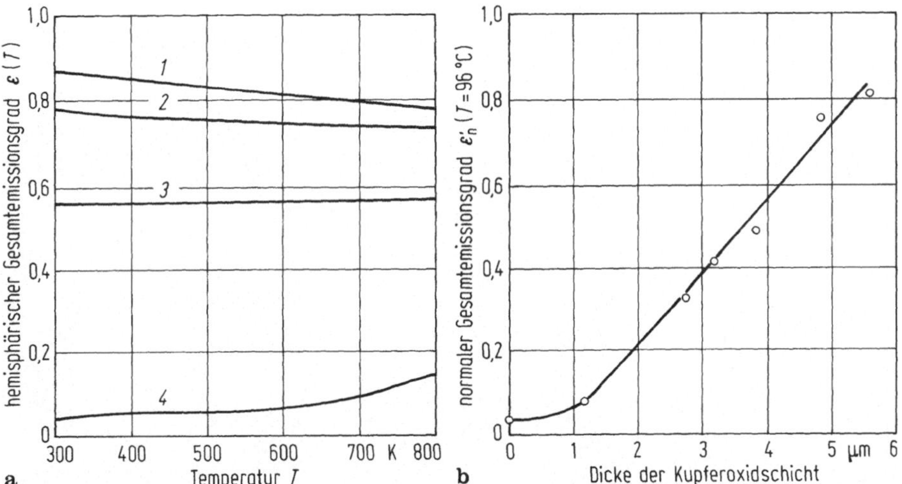

Bild 5.11. a Einfluß einer Oxidschicht auf den hemisphärischen Gesamtemissionsgrad von Kupfer (Werte aus [5.1]). *1* schwarz oxidiert; *2* stark oxidiert; *3* leicht oxidiert; *4* poliert (rein); **b** Einfluß der Oxiddichte auf den normalen Gesamtemissionsgrad von Kupfer bei 96 °C (Werte aus [5.21])

lungsquellen verschiedener Temperaturen und aus verschiedenen ϑ-Richtungen. Die Größe $\varrho'_{sp}(\vartheta)$ ist derjenige Teil der einfallenden Energie, der spiegelnd reflektiert wird; denn $1 - \varrho'_{sp}(\vartheta)$ ist der Teil der einfallenden Energie, der absorbiert wird plus dem Teil, der diffus ohne den spiegelnd reflektierten Anteil reflektiert wird. Bei den untersuchten Proben werden nur einige Prozent der Energie nicht spiegelnd

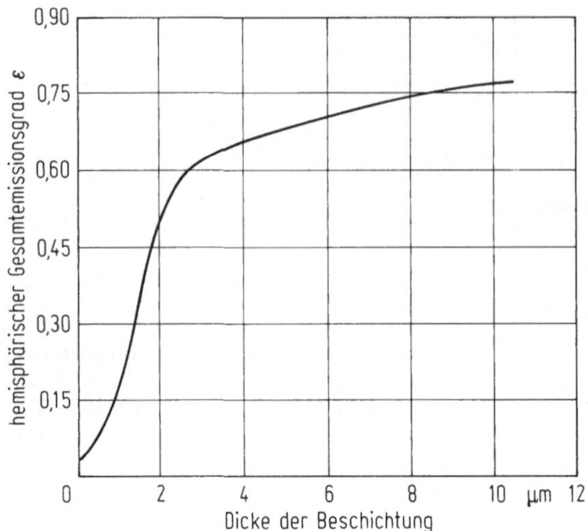

Bild 5.12. Typischer Kurvenverlauf, der den Einfluß der Schichtdicke einer elektrolytisch erzeugten Oxidschicht auf den hemisphärischen Gesamtemissionsgrad von Aluminium wiedergibt, Temperatur 38 °C (Werte nach [5.1])

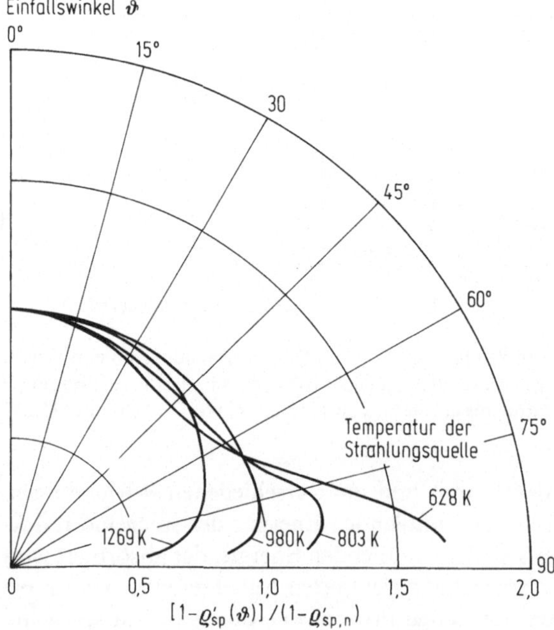

Bild 5.13. Gerichteter Gesamtabsorptionsgrad von anodisch aufgebrachtem Aluminium bei Raumtemperatur, bezogen auf den Wert für senkrechten Einfall (näherungsweise nach Werten von [5.43])

reflektiert. So kann die in Bild 5.13 dargestellte Größe $1 - \varrho'_{sp}(\vartheta)$ als eine gute Näherung für den gerichteten Gesamtabsorptionsgrad angesehen werden. Die Kurven sind alle so normiert, daß sie bei $\vartheta = 0$ den Wert 1 haben; denn es soll hier nur die Form der Kurven betrachtet werden. Bei niedrigen Temperaturen der Strahlungsquelle liegt der Schwerpunkt der einfallenden Strahlung im langwelligen Spektralbereich. Die einfallende Strahlung wird kaum durch den dünnen Oxidfilm auf der anodisch aufgebrachten Oberfläche beeinflußt, so daß sich die Probe wie ein blankes Metall verhält und hohe Absorptionsgrade bei großen Winkeln zur Flächennormalen hat. Bei hohen Temperaturen der Strahlungsquelle, bei denen die einfallende Strahlung bei kürzeren Wellenlängen liegt, hat ein dünner Oxidfilm einen wesentlichen Einfluß, und die Oberfläche verhält sich wie ein Nichtmetall, wobei der Absorptionsgrad mit steigendem ϑ abnimmt.

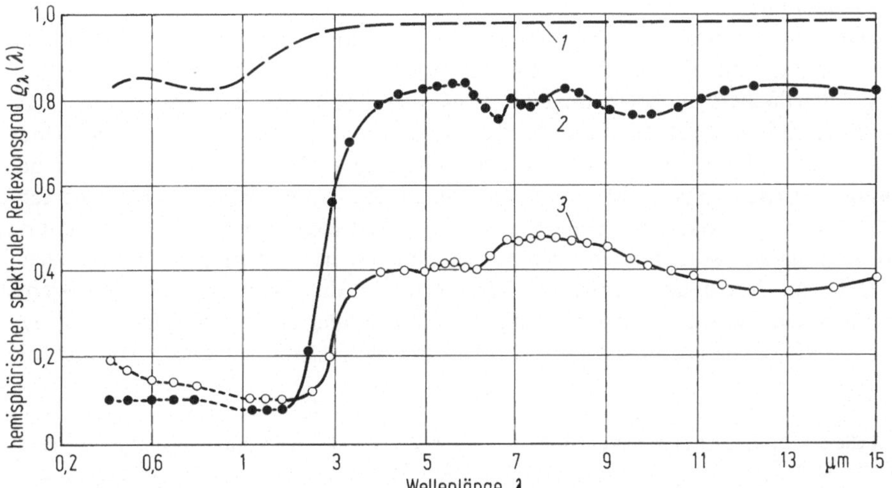

Bild 5.14. Hemisphärischer spektraler Reflexionsgrad für senkrecht einfallende Strahlung auf mit Bleisulfid beschichtetem Aluminium, Beschichtung: 0,68 mg/cm² (Angaben nach [5.44]). *1* unbeschichtetes Aluminium; *2* dendritische Kristalle von 0,1 µm; *3* kubische Kristalle von 0,6 µm

Die Struktur der Oberflächenbeschichtung kann auch einen wesentlichen Einfluß auf das Strahlungsverhalten haben. Bild 5.14 zeigt den hemisphärischen spektralen Reflexionsgrad von mit Bleisulfid beschichtetem Aluminium. Die Dichte der Schicht pro Flächeneinheit ist für beide Kurven identisch. Der Unterschied in der Struktur und Größe der Kristalle ist verantwortlich für den um den Faktor 2 verschiedenen Reflexionsgrad der beschichteten Proben bei Wellenlängen länger als etwa 3 µm.

5.4 Strahlungseigenschaften strahlungsundurchlässiger Nichtmetalle

Im allgemeinen sind für Nichtmetalle große Werte für den hemisphärischen Gesamtemissions- und Absorptionsgrad bei niedrigen Temperaturen und folglich kleine Werte für den Reflexionsgrad im Vergleich zu Metallen typisch. Im Kap. 4 wurden mit Hilfe der klassischen Theorie einige Ergebnisse für saubere, optisch glatte Oberflächen abgeleitet. Daraus erhält man folgende Verallgemeinerungen, wobei die recht einschränkenden Voraussetzungen beachtet werden müssen: Der gerichtete Emissionsgrad nimmt mit steigendem Winkel zur Oberflächennormalen ab; die Wellenlängenabhängigkeit ist meist gering, wenn die Berechnung mit der Brechzahl erfolgt, die sich bei vielen Nichtmetallen nur schwach mit der Wellenlänge ändert. Weiterhin ist auch die Temperaturabhängigkeit der optischen Eigenschaften von Nichtmetallen gering, da die Temperaturabhängigkeit ebenfalls nur durch die gewöhnlich nur schwach von der Temperatur abhängige Brechzahl in die Berechnungen eingeht.

Der Nutzen dieser Verallgemeinerungen ist jedoch begrenzt; so lassen sich die meisten Nichtmetalle nicht bis zu dem erforderlichen Grad polieren, bei dem ihre Oberflächen als ideal angesehen werden können. Ausnahmen sind Glas, große Kristalle verschiedener Art, Edelsteine und verschiedene Kunststoffe (hier sind einige jedoch wiederum keine undurchlässigen Materialien, wie sie hier behandelt werden). Die Folge ist, daß die nach der beschriebenen Theorie berechneten Werte für solche Nichtmetalle, die eine nicht ideale Oberflächenbearbeitung erfahren haben, erheblich von den aus Messungen ermittelten Werten abweichen.

Die zur Verfügung stehenden Meßwerte für die Eigenschaften von Nichtmetallen sind weniger spezifiziert als die für Metalle. So fehlen Spezifizierungen der Oberflächenzusammensetzung, Struktur usw. fast immer. Das zeigt auch die

Tabelle 5.1. Normaler Gesamtemissionsgrad von Nichtmetallen bei Raumtemperatur von 20 °C. Werte nach [5.1]

Material	ε'_n	Material	ε'_n
Ziegel	0,94	Dachpappe	0,91
Lampenruß	0,95	Hartgummi	0,92
Ölfarbe	0,89 ... 0,97	Holz	0,8 ... 0,9

Tabelle 5.1, in der die Art des Holzes oder die Struktur und Farbe des Ziegels und die Zusammensetzung der Ölfarbe nicht genau erläutert wird. Diese Tabelle zeigt jedoch die großen Emissionsgradwerte, die für viele nichtmetallische Materialien bei Raumtemperatur typisch sind (s. auch Tabelle im Anhang B und [5.55]).

Die Interpretation der gemessenen Stoffwerte für Nichtmetalle wird dadurch erschwert, daß die auf ein solches Material auftreffende Strahlung sehr weit eindringen kann, bevor sie vollständig absorbiert wird (Glas ist hierfür ein typisches Beispiel im sichtbaren Wellenlängenbereich). Undurchlässig wird eine

Probe genannt, wenn sie genügend dick ist, um alle eintretende Strahlung zu absorbieren. Ist das nicht der Fall, muß die hindurchgelassene Strahlung, die hier nicht erfaßt wird, berücksichtigt werden. Oft werden Nichtmetallproben, wie Farben, auf ein metallisches oder ein anderes undurchlässiges Trägermaterial (Substrat) gesprüht und danach die Eigenschaften der Schicht gemessen. Ist es in einem solchen Fall erwünscht, daß sich die Oberfläche des aufgebrachten Schichtmaterials völlig wie ein kompaktes Material, aus dem die Beschichtung besteht, verhält, dann muß die Schichtdicke der nichtmetallischen Probe so gewählt werden, daß keine Strahlung die Schicht durchdringen kann. Bei Reflexionsgradmessungen besteht bei ungenügender Schichtdicke die Gefahr, daß ein Teil der einfallenden Strahlung vom Trägermaterial reflektiert wird, die Schicht ein zweites Mal durchdringt und dann von dem benutzten Meßinstrument fälschlich als reflektierte Energie mit gemessen wird. So gemessene Stoffwerte sind dann eine Funktion sowohl vom Schichtmaterial als auch vom Substrat.

Bei Emissionsgradmessungen einer Beschichtung muß die Schicht so dick sein, daß keine vom Substrat emittierte Energie die Schicht durchdringt. Eine gute Darstellung über diese Problematik befindet sich bei Liebert [5.22]. Er untersuchte den spektralen Emissionsgrad von Zinkoxid auf einer Vielzahl von Substraten in Abhängigkeit unterschiedlicher Schichtdicken. Bild 5.15 zeigt den Einfluß der Schichtdicke auf den Meßwert des Emissionsgrades der Probe, die aus einer Zinkoxidbeschichtung auf einem Substrat mit annähernd gleichbleibendem normalen Emissionsgrad besteht. Der Einfluß zunehmender Schichtdicke wird im Bereich

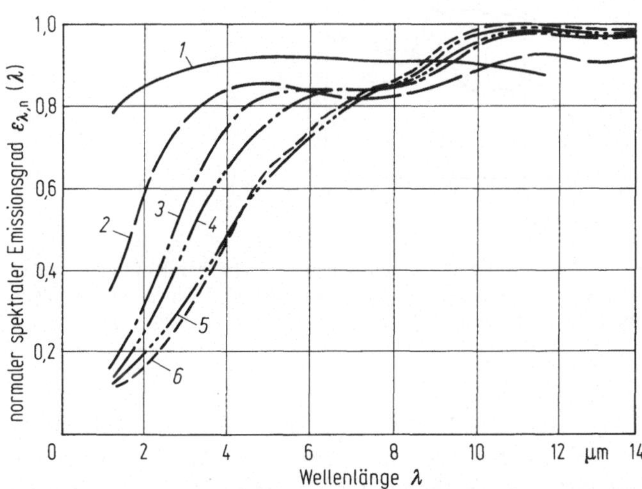

Bild 5.15. Emissionsgrad von Zinkoxidbeschichtungen auf oxidierter rostfreier Stahlunterlage. Oberflächentemperatur 880 ± 8 K (Werte aus [5.22]). *1* Substrat; *2* Substrat mit Rauhigkeiten, die mit Zinkoxid gefüllt sind; Dicke der verfüllten Rauhigkeiten einschließlich der Beschichtung; *3* 0,05 mm; *4* 0,10 mm; *5* 0,20 mm; *6* 0,41 mm

von 0,2 bis 0,4 mm klein. Das zeigt, daß hier bereits nur noch das Zinkoxid den Meßwert für den Emissionsgrad bestimmt.

Im weiteren sollen nun die Einflüsse von Wellenlänge, Temperatur und Oberflächenrauhigkeit auf die Strahlungseigenschaften von Nichtleitern untersucht werden, um dann kurz die Strahlungseigenschaften von Halbleitern zu behandeln.

5.4.1 Spektrale Messungen

Im Gegensatz zu Metallen sind kaum spektrale Messungen an Nichtleitern gemacht worden. Bild 5.16 zeigt den normalen hemisphärischen spektralen Reflexionsgrad für drei Farbbeschichtungen auf Stahl. Nach dem Kirchhoffschen Gesetz und den Reziprozitätsbeziehungen für den Reflexionsgrad kann man die Abweichungen dieser Reflexionsgradwerte von Eins als normalen spektralen Emissionsgrad bezeichnen. Jede der drei untersuchten Farben hat etwas andere Eigenschaften. Weiße Farbe hat einen hohen Reflexionsgrad (niedrigen Emissionsgrad) bei kurzen Wellenlängen, der Reflexionsgrad nimmt jedoch bei längeren Wellen-

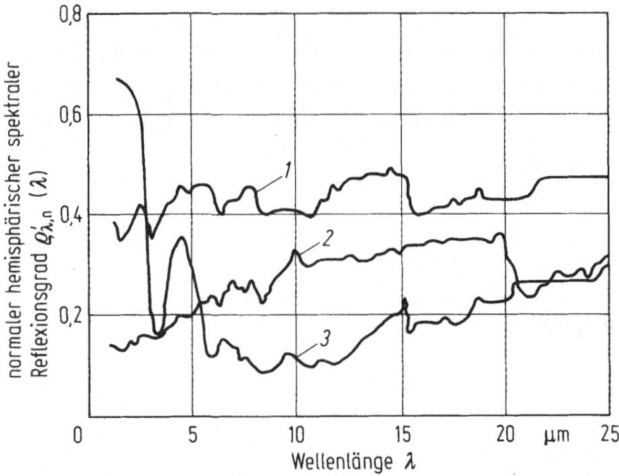

Bild 5.16. Spektraler Reflexionsgrad von Farbbeschichtungen, Proben bei Raumtemperatur (Werte aus [5.45]). *1* Aluminium-Silikonlack (25 µm dick) auf Inconel X; *2* schwarzer Emaillack (15 µm dick) auf Stahl; *3* weiße Farbe auf Stahl

längen ab. Demgegenüber hat schwarze Farbe einen relativ niedrigen Reflexionsgrad über den gesamten betrachteten Wellenlängenbereich. Wird Aluminiumpulver als Füllstoff in einer Silikonfarbe benutzt, so erhöht sich der Reflexionsgrad, wie es für eine metallische Beschichtung zu erwarten ist. Eine solche, mit Aluminiumfarbe beschichtete Probe verhält sich angenähert wie eine graue Oberfläche, deren Eigenschaften weitgehend von der Wellenlänge unabhängig sind. Wegen der großen Unterschiede des spektralen Emissionsgrades bei kurzen

Wellenlängen würde eine „graue" Näherung für die weiße Farbe zu Fehlern führen; es sei denn, daß aufgrund der Probentemperatur nur ein sehr kleiner Teil der in Frage kommenden Strahlung im kurzwelligen Spektralbereich liegt.

Bild 5.17 zeigt, daß der Reflexionsgrad bei kurzen Wellenlängen des sichtbaren Spektralbereiches für einige Nichtmetalle stark abfallen kann. Dieses Verhalten ist sehr wichtig für die Auswahl einer speziellen Nichtmetallbeschichtung zur Reflexion von Strahlung einer Hochtemperatur-Strahlungsquelle (Sonne), die viel Energie bei kurzen Wellenlängen emittiert.

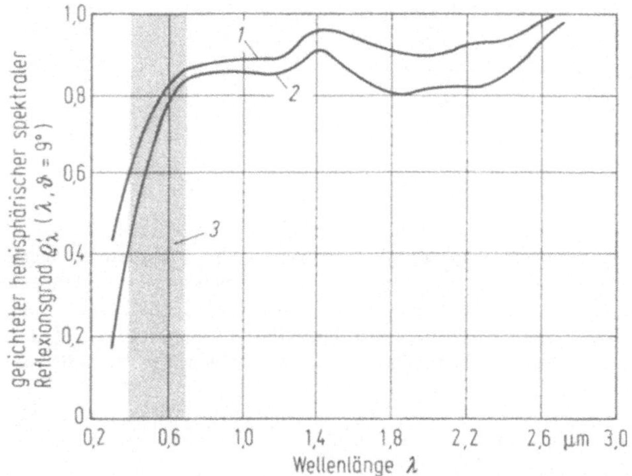

Bild 5.17. Gerichtet-hemisphärischer spektraler Reflexionsgrad von Aluminiumoxid, Einfallswinkel 9°, Proben bei Raumtemperatur (Werte aus [5.5]). *1* Norton RA 4213; *2* Norton LA 603; *3* sichtbarer Bereich

5.4.2 Abhängigkeit der über alle Wellenlängen integrierten (Gesamt-)Größen von der Temperatur

Die Bilder 5.18 bis 5.20 zeigen den Einfluß der Oberflächentemperatur auf den Gesamtemissionsgrad einiger nichtmetallischer Materialien. Es werden sowohl mit der Temperatur zunehmende als auch abnehmende Emissionsgradwerte beobachtet. Einige dieser Effekte können dadurch erklärt werden, daß die Nichtleiterschicht ziemlich dünn ist, und daher die Werte durch die Temperatur und die spektralen Eigenschaften des unter der Schicht liegenden Materials (Substrats) beeinflußt werden. Zum Beispiel zeigt Magnesiumoxid in Bild 5.18 einen merklichen Emissionsgradabfall mit steigender Temperatur. Bei einer Siliziumkarbidschicht auf Graphit hingegen nimmt der Emissionsgrad mit der Temperatur zu. Dieses Verhalten kann zum Teil auf dem Emissionsverhalten des Graphitsubstrats beruhen, das, wie Bild 5.4 zeigt, mit der Temperatur steigt.

Sowohl die weiße als auch schwarze Farbe zeigen beide hohe Emissionsgradwerte für den betrachteten Temperaturbereich. Das ist für Farbe auf Ölbasis

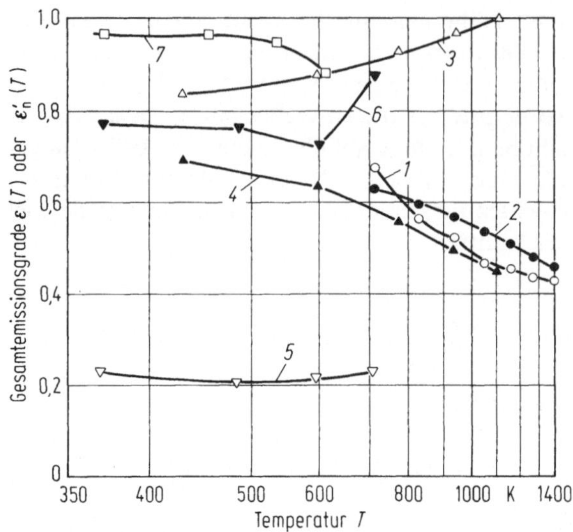

Bild 5.18. Einfluß der Oberflächentemperatur auf den Emissionsgrad von Nichtleitern (Werte aus [5.1]). Hemisphärischer Gesamtemissionsgrad: *1* keramische Beschichtung auf Edelstahl; *2* Zirconiumdioxid auf Inconel; normaler Gesamtemissionsgrad; *3* Siliciumcarbidbeschichtung auf Graphit; *4* Magnesiumoxid-Keramik; *5* Aluminiumsilikonfarbe (25 μm dick) auf Titan; *6* schwarze wärmebeständige Farbe (15 μm dick) auf Stahl; *7* weiße Farbe auf rostfreiem Stahl

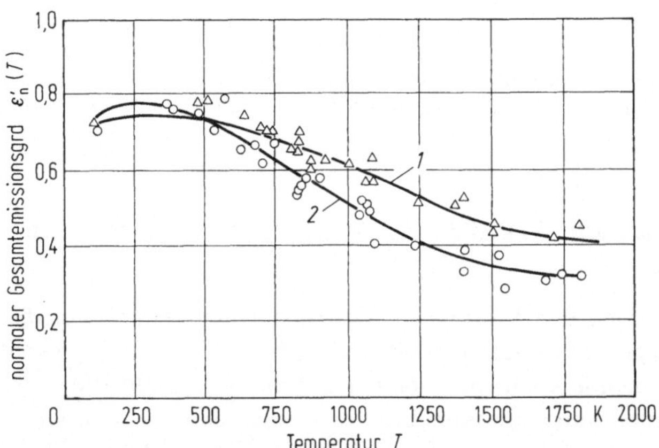

Bild 5.19. Einfluß der Oberflächentemperatur auf den normalen Gesamtemissionsgrad von Aluminiumoxid (Werte aus [5.5]). *1* Norton LA 603; *2* Norton RA 4213

typisch. Aluminiumbronze hat beträchtlich niedrigere Werte für den Emissionsgrad, es verhält sich teilweise wie ein Metall. Es sei darauf hingewiesen, daß der Emissionsgradwert für Aluminiumbronze in Bild 5.18 nur etwa halb so groß ist wie der in Bild 5.16. Das verdeutlicht wiederum die große mögliche Variationsbreite

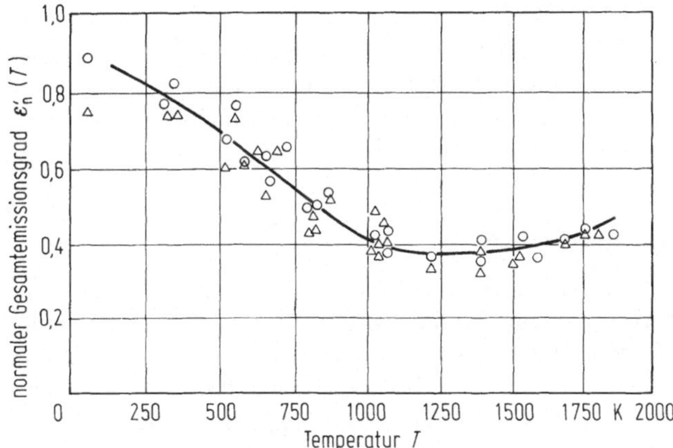

Bild 5.20. Einfluß der Oberflächentemperatur auf den normalen Gesamtemissionsgrad von Zirkonoxid (Werte aus [5.5]). ○ Calcium stabilisiert; △ Magnesium stabilisiert

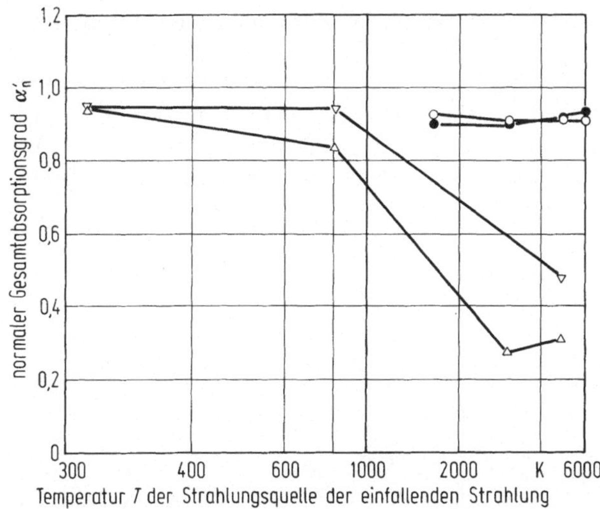

Bild 5.21. Normaler Gesamtabsorptionsgrad von Nichtmetallen bei Raumtemperatur für einfallende schwarze Strahlung einer Strahlungsquelle der angegebenen Temperatur (Werte aus [5.1]). ○ dunkelgrauer glatter Schiefer; ● verwitterter Asphalt; △ weißes Papier; ▽ weißer Marmor

der Meßwerte, die man für Proben mit gleicher, aber leider zu ungenauer Charakterisierung findet. Für Anwendungsgebiete, bei denen die Stoffwerte kritisch sind, ist es deshalb unerläßlich, daß die Messungen direkt an den verwendeten speziellen Materialien durchgeführt werden.

Bild 5.21 zeigt den normalen Gesamtabsorptionsgrad einiger Materialien für einfallende Strahlung Schwarzer Körper verschiedener Temperatur. Weißes

Papier ist ein guter Absorber für Strahlung eines Strahlers tiefer Temperatur, aber ein schlechter Absorber für das Spektrum eines Strahlers bei Temperaturen von einigen tausend Kelvin. So ist weißes Papier ein recht guter Reflektor für einfallende Sonnenstrahlung. Asphaltpflaster oder grauer Dachschiefer absorbieren andererseits die Sonnenenergie sehr gut.

5.4.3 Einfluß der Oberflächenrauhigkeit

In Bild 5.22 wird der gerichtet-gerichtete Gesamtreflexionsgrad von Schreibmaschinenpapier für drei verschiedene Einfallswinkel wiedergegeben. Bei einer idealen (polierten, glatten) Oberfläche sollte man ein Maximum für spiegelnde Reflexion bei gleichem Reflexions- und Einfallswinkel symmetrisch zur Flächennormalen erwarten. Die Oberfläche von Schreibmaschinenpapier ist jedoch nicht ideal, und so liegt die reflektierte Strahlung in einem ziemlich großen Winkelbereich um die Richtung für spiegelnde Reflexion. In [5.15] sind ausführliche gerichtet-gerichtete Reflexionsgradmessungen für Magnesiumoxid-Keramik mit einer optischen Rauhigkeit R_q/λ von 0,46 bis 11,6 angegeben. Mit zunehmender Rauhigkeit und zunehmendem Einfallswinkel der einfallenden Strahlung beobachtet man ein Hyperreflexions-Peak, wie bereits im Zusammenhang mit Bild 5.7 erläutert.

Nichtleiter zeigen im allgemeinen einen leichten Anstieg des Emissionsgrades mit der Rauhigkeit. Cox [5.23] hat allerdings gezeigt, daß der Emissionsgrad auch geringer sein kann als für eine glatte Oberfläche, und zwar für Materialien, bei denen das Verhältnis des Hohlraumdurchmessers zur mittleren Strahlungsein-

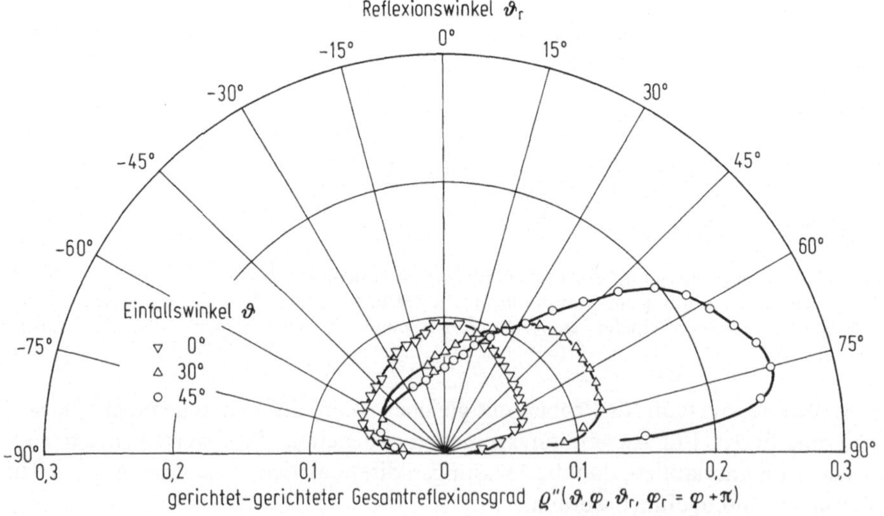

Bild 5.22. Gerichtet-gerichteter Gesamtreflexionsgrad von Schreibmaschinenpapier in der Einfallsebene, Temperatur der Strahlungsquelle 1178 K (nach Werten von [5.43])

dringtiefe im Nichtleiter etwa 0,05 ist. (Die Definition dafür befindet sich im Teil 3, Abschn. 1.5.2). Dieses Ergebnis kann bereits aufgrund von Berechnungen erwartet werden und ist später experimentell bestätigt worden. Wegen der hohen Porosität vieler Nichtleiter ist es schwierig, die Rauhigkeitsparameter unterhalb einer bestimmten Glättegrenze zu bestimmen.

Die generelle Kurvenform in Bild 5.22 legt es nahe, die reflektierte Strahlung in einen rein diffusen und einen rein spiegelnden Anteil aufzuspalten. In einigen Fällen erweist sich eine solche Näherung als berechtigt und führt zu einer Vereinfachung der Strahlungsaustauschberechnungen im Vergleich zu Berechnungen mit den exakten gerichteten Größen [5.24, 5.25]. In anderen Fällen versagt diese Näherung jedoch vollkommen. Ein Beispiel ist in Bild 5.23 wiedergegeben. Das Bild zeigt den gemessenen gerichtet-gerichteten Gesamtreflexionsgrad des von der Mondoberfläche reflektierten sichtbaren Lichtes. Diese speziellen Kurven beziehen sich auf gebirgige Gebiete, aber man bekommt ähnliche Kurven auch für andere Bereiche. Das Interessante an diesen Kurven ist, daß das Maximum der reflektierten Strahlung in der Richtung der einfallenden Strahlung liegt. Das Maximum liegt bei einem Azimutwinkel, der um $\varphi = 180°$ von der Richtung abweicht, bei der man das Maximum für spiegelnde Reflexion erwarten würde.

Man könnte zunächst annehmen, daß Kurven dieses Typs für die Mondreflexion charakteristisch sind. Bei Eintritt von Vollmond, wenn Sonne, Erde und Mond sich fast (jedoch nicht völlig) auf einer Geraden befinden (Bild 5.24), erscheint der Mond über seine gesamte Fläche gleichmäßig hell. Daraus folgt, daß dem Beobachter auf der Erde alle Punkte des Mondes unter der gleichen Strahldichte erscheinen. Die einfallende Sonnenenergie pro Flächeneinheit der Mondoberfläche verändert sich jedoch mit dem Kosinus des Winkels ϑ zwischen der Sonne und der Normalen der Mondoberfläche. Der Winkel ϑ ändert sich von $0°$

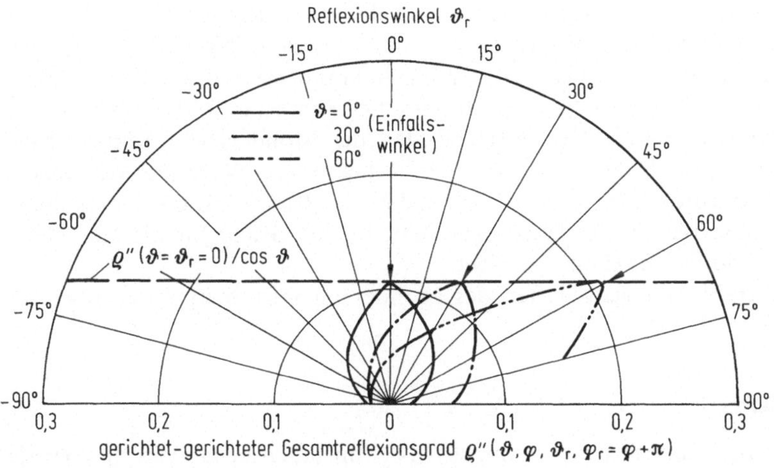

Bild 5.23. Gerichtet-gerichteter Gesamtemissionsgrad in der Einfallsebene ($\varphi_r = \varphi + \pi$) für gebirgige Bereiche der Mondoberfläche (nach [5.46])

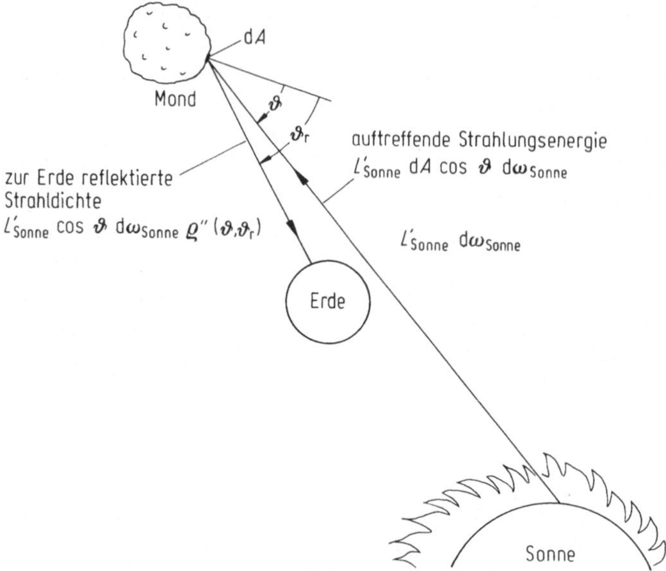

Bild 5.24. Reflektierte Energie bei Vollmond

auf $90°$, da sich die Lage der einfallenden Energie von der Mitte zum Rand der Mondscheibe hin ändert. Damit von allen beobachtbaren Punkten der Mondoberfläche eine konstante Strahldichte zu einem Beobachter auf der Erde reflektiert wird, muß das Produkt $\varrho''(\vartheta, \vartheta_r) \cos \vartheta$ konstant sein. Demzufolge muß der Wert des gerichtet-gerichteten Reflexionsgrades in Einfallsrichtung näherungsweise im Verhältnis $1/\cos \vartheta$ (dargestellt durch die gestrichelte Linie in Bild 5.23) mit steigendem Einfallswinkel ansteigen. Diese Änderung des Reflexionsgrades mit dem Einfallswinkel wird bei großen Winkeln kompensiert durch den geringen Energieeinfall pro Flächeneinheit des Mondes. Die Kurven in Bild 5.23 bestätigen dieses Reflexionsverhalten. Die Tatsache, daß der Mond gleichförmig hell erscheint, bedeutet nicht, daß er ein diffuser Reflektor ist. Wäre die Mondoberfläche diffus, so würde er in der Mitte hell und an den Rändern dunkel erscheinen. Die starke Rückstreuung der Mondoberfläche ist der Grund für die Helligkeit, die bei Vollmond ihr Maximum erreicht.

Weitere Strahlungseigenschaften des Mondes im infraroten Spektralbereich finden sich in [5.26–5.29].

5.4.4 Halbleiter

Halbleiter werden hier zusammen mit den Nichtmetallen behandelt, obwohl sie sich teilweise ähnlich wie Metalle verhalten. Liebert [5.30] hat gezeigt, daß sich ihre Strahlungseigenschaften aus der klassischen Theorie bestimmen lassen, wenn

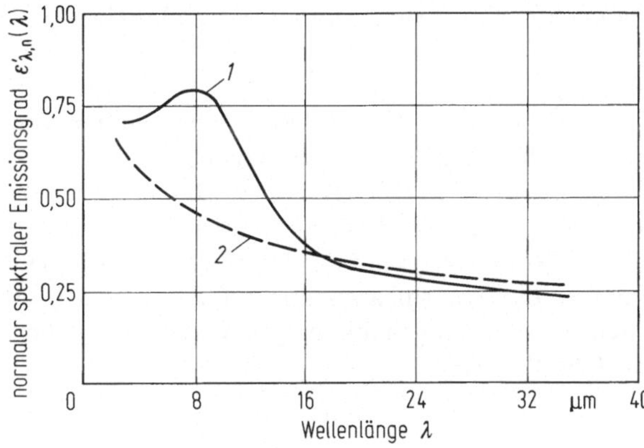

Bild 5.25. Normaler spektraler Emissionsgrad eines hoch dotierten Silicium-Halbleiters bei Raumtemperatur (Werte aus [5.30]). *1* Meßwerte; *2* Rechenwerte nach Hagen-Rubens-Beziehung (4.79)

man Halbleiter als Metalle mit hohem spezifischen elektrischen Widerstand betrachtet. Bild 5.25 zeigt den normalen spektralen Emissionsgrad eines Siliciumhalbleiters. Die für den Vergleich herangezogene Hagen-Rubens-Beziehung beruht auf dem für dieselbe Probe gemessenen Gleichstromwiderstand; es ist einer der wenigen Fälle, wo vergleichbare Emissions- und elektrische Werte zur Verfügung stehen. Übereinstimmung findet man jedoch erst bei den Wellenlängen, die viel größer als die Wellenlängen sind, die eine gute Übereinstimmung für Metalle ergeben. Die unterschiedlich gute Übereinstimmung kann auf die Annahme, die bereits bei der Ableitung der Hagen-Rubens-Beziehung (s. Abschn. 4.6.2 unter „Beziehung zwischen Emissions- und elektrischen Eigenschaften") gemacht wurde, zurückgeführt werden:

$$\left(\frac{\lambda_0}{2\pi c_0 r_e \gamma}\right)^2 \gg 1 \, .$$

Diese Beziehung gilt bei Halbleitern aufgrund des größeren spezifischen Widerstandes erst bei längeren Wellenlängen, als das bei den Metallen der Fall ist.

Die Form der Kurve für Silicium (Bild 5.25) gleicht derjenigen, die man für ein poliertes Metall (s. z. B. die Werte für Wolfram in Bild 5.3) erwartet. Der Emissionsgrad nimmt mit abnehmender Wellenlänge über den größten Teil des gemessenen Spektrums mit einem bei kürzeren Wellenlängen liegenden Maximum zu. Die meisten Eigenschaften, die für Halbleiter charakteristisch sind, treten erst bei längeren Wellenlängen als bei Metallen auf. Das Emissionsgradmaximum liegt z. B. deutlich außerhalb des sichtbaren Spektralbereiches.

Liebert [5.30] fand eine ausgezeichnete Übereinstimmung zwischen den gemessenen Emissionsgradwerten und den aus der klassischen Theorie berechneten, indem er die freie Elektronentheorie (Drude) benutzte und die Theorie gegenüber den Ausführungen im Kap. 4 verfeinerte. In die Gleichungen setzte er die an den speziellen Proben, an denen auch der Emissionsgrad bestimmt wurde, gemessenen physikalischen Eigenschaften ein.

5.5 Besondere strahlungsundurchlässige Oberflächen und selektiv durchlässige Schichten

Aus technischen Gründen ist es oft erwünscht, die Strahlungseigenschaften von Oberflächen so gezielt zu beeinflussen, daß sich deren ursprüngliche Absorptions-, Emissions- oder Reflexionseigenschaften von Strahlungsenergie erhöhen oder verringern. Das läßt sich auf zwei Wegen erreichen. Einmal können die spektralen Eigenschaften, zum anderen die Richtungseigenschaften der Oberflächen gezielt beeinflußt werden. Weiter wird hier die Transmission durch Glas und Wasser behandelt. Diese Materialien zeigen wellenlängenabhängiges Verhalten ähnlich wie die besprochenen speziellen Oberflächen.

5.5.1 Änderung der Spektraleigenschaften von Oberflächen

Bei der Auswahl von Oberflächen zur Absorption von Solarenergie, wie z. B. bei Solar-Destillationseinrichtungen, Solaröfen oder Solarkollektoren, ist es für die Energieumwandlung erforderlich, daß die Oberfläche ein Maximum an Energie absorbiert und möglichst wenig durch Emission verloren geht. Bei thermoionischen oder thermoelektrischen Solaranlagen ist es wünschenswert, die höchstmögliche Gleichgewichtstemperatur auf der der Sonne zugewandten Oberfläche zu erzielen. Dazu sind wiederum maximale Absorption und minimale Abstrahlungsverluste wünschenswert. Später wird in diesem Abschnitt auch auf Eigenschaften eingegangen, die es ermöglichen, eine der Sonne zugewandte Oberfläche kühl zu halten. In diesem Fall ist eine maximale Reflexion der Sonnenstrahlung, begleitet von einer maximalen Strahlungsemission der Oberfläche bei deren Eigentemperatur erstrebenswert.

Natürlich wird eine schwarze Oberfläche die Absorption der einfallenden Solarenergie maximieren; leider geht damit meistens auch ein Maximieren der Abstrahlungsverluste einher. Ließe sich jedoch eine Oberfläche so herstellen, daß ihr Absorptionsgrad im kurzwelligen Spektralbereich in der Nähe des Maximums der Sonnenstrahlung groß jedoch beim Maximum der Eigenemission klein ist, so wäre es möglich, daß die Oberfläche fast wie ein Schwarzer Körper absorbiert, während nur sehr wenig Energie emittiert wird. Solche Oberfläche bezeichnet man als „spektral selektiv". Eine Herstellungsmethode ist das Beschichten einer metallischen Unterlage mit einer dünnen Nichtmetallschicht. Für langwellige Strahlung ist die dünne Beschichtung im wesentlichen transparent, und die Oberfläche verhält sich wie ein Metall mit niedrigen Werten für die spektrale Absorption und Emission. Bei kurzen Wellenlängen aber nähern sich die Strahlungseigenschaften denen einer Nichtmetallschicht, so daß in diesem Spektralbereich der spektrale Absorptionsgrad und Emissionsgrad relativ groß sind. In Bild 5.26 werden einige Beispiele für das Verhalten solcher Materialien gezeigt.

Eine ideale selektive Oberfläche für Sonnenstrahlung würde ein Maximum von Sonnenenergie absorbieren, während sie ein Minimum an Energie emittiert. Die Oberfläche hätte so einen Absorptionsgrad von Eins bei Wellenlängen im

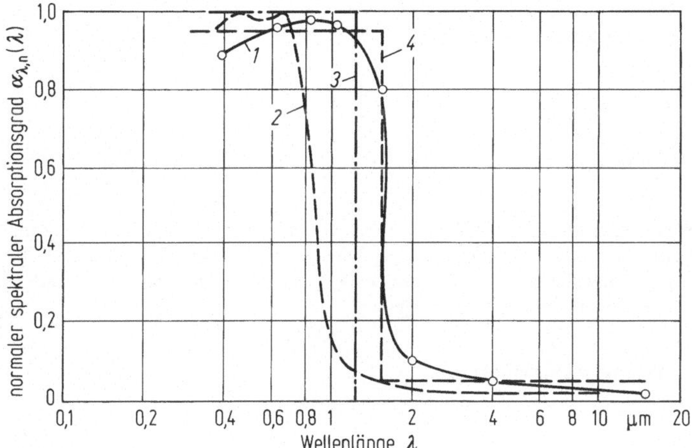

Bild 5.26. Absorptionseigenschaften einiger spektral selektiver Oberflächen. *1* Siliciumoxid auf Aluminium, nach [5.47]; *2* Siliciumoxid-Germanium-Kupfer nach [5.48]; *3* ideal selektive Oberfläche für einfallende Sonnenenergie im Sinne eines Carnotschen Kreisprozesses nach [5.49]; *4* für die in Beispiel 5.1 verwendete selektive Oberfläche

kurzwelligen Bereich, wo die einfallende Sonnenenergie ihr Maximum hat. Bei längeren Wellenlängen würde der Absorptionsgrad schnell auf Null abfallen. Die Wellenlänge λ_k, bei der dieser Abfall auftritt, wird Kantenwellenlänge genannt.

Beispiel 5.1

Eine ideale selektive Oberfläche wird einer senkrecht einfallenden Bestrahlungsstärke mit der mittleren Solarkonstanten $q_e = 1353$ W m^{-2} ausgesetzt. Eine Wärmeübertragung auf die Oberfläche oder von der Oberfläche soll ausschließlich durch Strahlung erfolgen. Es soll die maximal erreichbare Gleichgewichtstemperatur T_{Gl} bei einer Kantenwellenlänge von $\lambda_k = 1$ µm bestimmt werden. Die spektrale Strahldichteverteilung der Sonne soll der eines Schwarzen Körpers bei 5780 K entsprechen.

Da der Wärmeübergang allein durch Strahlung erfolgt, muß die absorbierte Strahlungsenergie gleich der emittierten sein. Da für diese Betrachtung ein ideal selektiver Absorber zugrunde gelegt wurde, ist der hemisphärische Emissions- und Absorptionsgrad gegeben durch

$$\varepsilon_\lambda(\lambda) = \alpha_\lambda(\lambda) = 1\,, \quad \text{für} \quad 0 \leqq \lambda < \lambda_k$$

und

$$\varepsilon_\lambda(\lambda) = \alpha_\lambda(\lambda) = 0\,, \quad \text{für} \quad \lambda_k \leqq \lambda < \infty\,.$$

Die von der Oberfläche absorbierte Energie beträgt pro Zeiteinheit

$$\Phi_a = (1)\, F_{0-\lambda_k T_{St}}\, q_e A\,,$$

wobei $F_{0-\lambda_k T_{St}}$ die Bruchteilfunktion der schwarzen Strahlung im Wellenlängenbereich zwischen Null und der Kantenwellenlänge λ_k für eine Strahlungsquelle der Temperatur T_{St} ist. In diesem

Fall ist T_{St} die effektive Strahlungstemperatur der Sonne von 5780 K. Weiter beträgt die von der selektiven Oberfläche emittierte Energie pro Zeiteinheit:

$$\Phi_{em} = (1)\, F_{0-\lambda_k T_{Gl}}\, \sigma T_{Gl}^4 A\;.$$

Nach Gleichsetzung von Φ_{em} und Φ_a ist

$$T_{Gl}^4 F_{0-\lambda_k T_{Gl}} = \frac{q_e F_{0-\lambda_k T_{st}}}{\sigma}\;.$$

Für den gewählten Wert von λ_k sind alle Ausdrücke auf der rechten Seite bekannt, und T_{Gl} kann durch Einsetzen verschiedener Werte bestimmt werden. Die Gleichgewichtstemperatur für die in der Aufgabe genannte Kantenwellenlänge $\lambda_k = 1\ \mu m$ beträgt 1335 K. Werte von T_{Gl} für andere Werte von λ_k sind in der folgenden Tabelle wiedergegeben.

Kantenwellenlänge λ_k in μm	Gleichgewichtstemperatur T_{Gl} in K
0,6	1815
0,8	1530
1,0	1335
1,2	1195
1,5	1045
$\to \infty$	393

Für einen Schwarzen Körper ($\lambda_k \to \infty$) beträgt die Gleichgewichtstemperatur 393 K; das ist die Gleichgewichtstemperatur der Oberfläche eines schwarzen Gegenstandes im Weltraum, wenn er der Sonnenstrahlung ausgesetzt ist und keine Wärmeverluste außer durch Strahlung auftreten. Dieselbe Gleichgewichtstemperatur würde auch ein grauer Körper erreichen, da die Energiebilanz eines grauen Körpers unabhängig vom Emissionsgrad ist.

Wenn kleinere λ_k-Werte angenommen werden, steigt T_{Gl} ständig an, selbst wenn weniger Energie absorbiert wird, weil bei kleiner werdendem λ_k auch immer weniger Energie emittiert wird.

Ein geeigneter Kennwert für die Leistungsfähigkeit einer gegebenen selektiven Oberfläche ist das Verhältnis des gerichteten Gesamtabsorptionsgrades $\alpha'(\vartheta, \varphi, T_A)$ der Oberfläche für die einfallende Sonnenenergie zum hemisphärischen Gesamtemissionsgrad der Oberfläche $\varepsilon(T_A)$. Das Verhältnis der Stoffwerte α'/ε der einfallenden Solarstrahlung ist ein Maß für die theoretisch maximal erreichbare Temperatur einer sonst isolierten Oberfläche, wenn sie der Solarstrahlung ausgesetzt ist. Im folgenden soll die Bedeutung von α'/ε erläutert werden. Die in der Zeiteinheit von einer beliebigen Oberfläche absorbierte Energie bei einer gerichtet einfallenden Strahlung ist gegeben durch:

$$d\Phi_a'(\vartheta, \varphi, T_A) = \alpha'(\vartheta, \varphi, T_A)\, d\Phi_e(\vartheta, \varphi)\;. \tag{5.1}$$

Für den Fall einer solaren Bestrahlungsstärke (Energieflußdichte) $q_e = 1353\ \mathrm{W\,m^{-2}}$, die aus der Richtung (ϑ, φ) auf ein Oberflächenelement dA trifft, ist

$$d\Phi_a'(\vartheta, \varphi, T_A) = \alpha'(\vartheta, \varphi, T_A)\, q_e\, dA\, \cos\vartheta\;. \tag{5.2}$$

Die pro Zeiteinheit emittierte Gesamtenergie des Oberflächenelementes ist

$$\mathrm{d}\Phi_e = M(T_A)\,\mathrm{d}A = \varepsilon(T_A)\,\sigma T_A^4\,\mathrm{d}A\ . \tag{5.3}$$

Wenn nur die durch (5.2) gegebene Energie von der Oberfläche absorbiert wird, und die Oberfläche nur durch Strahlung Energie abgibt, dann werden die emittierten und absorbierten Energien durch (5.3) und (5.2) gegeben und können wie folgt gleichgesetzt werden:

$$\frac{\alpha'(\vartheta,\,\varphi,\,T_{Gl})}{\varepsilon(T_{Gl})} = \frac{\sigma T_{Gl}^4}{q_e\,\cos\vartheta}\ , \tag{5.4}$$

wobei T_{Gl} die erreichbare Gleichgewichtstemperatur ist. Damit ist das Verhältnis $\alpha'(\vartheta,\,\varphi,\,T_A)/\varepsilon(T_A)$ ein Maß für die Gleichgewichtstemperatur eines Oberflächenelementes. Dabei muß beachtet werden, daß die Temperatur, auf die sich die Größen α' und ε beziehen, die Gleichgewichtstemperatur des Körpers sein muß. Oft kann man in der Praxis davon ausgehen, daß die Temperaturabhängigkeit dieser Größen klein ist, und diese Einschränkung vernachlässigt werden kann. Der üblichste hier betrachtete Fall ist der Einfall der Solarstrahlung senkrecht zur Oberfläche. Dann nimmt (5.4) folgende Gestalt an:

$$\frac{\alpha_n'(T_{Gl})}{\varepsilon(T_{Gl})} = \frac{\sigma T_{Gl}^4}{q_e}\ . \tag{5.5}$$

Gleichung (5.5) zeigt, daß bei kleiner werdendem Wert von α_n'/ε auch die Gleichgewichtstemperatur kleiner wird. Für einen Tieftemperatur-Speicherbehälter im Weltraum sollte α_n'/ε so klein wie möglich sein. In der Praxis können hier Werte für α_n'/ε von 0,20 bis 0,25 erreicht werden.

Um hohe Gleichgewichtstemperaturen zu erreichen, muß das Verhältnis α_n'/ε so groß wie möglich sein. Polierte Metalle nehmen α_n'/ε-Werte zwischen 5 und 7 an, während speziell behandelte Oberflächen α_n'/ε-Werte in der Nähe von 20 erreichen können. Beschichtungen mit einem Wert für $\alpha_n'/\varepsilon \approx 13$, die temperaturbeständig in Luft bis etwa 900 K sind, werden in [5.54] beschrieben.

Die oberen Grenzen für α_n'/ε folgen aus thermodynamischen Überlegungen, die besagen, daß die Gleichgewichtstemperatur der selektiven Oberfläche nicht die effektive Sonnentemperatur von 5780 K überschreiten kann. Setzt man diesen Sonnentemperaturwert in (5.5) ein, erhält man

$$\left.\frac{\alpha_n'(T_{Gl})}{\varepsilon(T_{Gl})}\right|_{max} = \frac{\sigma(5780\ \mathrm{K})^4}{1353\ \mathrm{Wm}^{-2}} = 4{,}68\cdot 10^4\ . \tag{5.6}$$

Diesen α_n'/ε-Wert auch nur annähernd zu erreichen, liegt weit außerhalb des heutigen Standes der Technik.

Beispiel 5.2

Die Eigenschaften einer realen selektiven SiO-Al-Oberfläche lassen sich durch die Kurve *1* in Bild 5.26 beschreiben. (Es wird davon ausgegangen, daß sich diese Kurve nach $\lambda = 0$ und $\lambda = \infty$ extrapolieren läßt). Wie groß ist die Gleichgewichtstemperatur der Oberfläche für senkrecht einfallende Solarstrahlung, wenn der Wärmeübergang allein durch Strahlung erfolgt? Wie groß ist α'_n/ε für diese Oberfläche? Es ist der Spektralverlauf für die absorbierte und emittierte Energie für diese Oberfläche zu beschreiben. (Normaler und hemisphärischer Emissionsgrad sollen gleich sein.)

Wie in der Ableitung von (5.5) werden auch hier die absorbierten und emittierten Energien gleichgesetzt. Der Emissionsgrad hat einen von Null verschiedenen Wert beidseitig der Kantenwellenlänge, so daß

$$\Phi_a = \varepsilon_{0-\lambda_k} F_{0-\lambda_k T_{St}} q_e A + \varepsilon_{\lambda_k - \infty} F_{\lambda_k T_{St} - \infty} q_e A = \alpha'_n q_e A$$

und

$$\Phi_{em} = \varepsilon_{0-\lambda_k} F_{0-\lambda_k T_{Gl}} \sigma T^4_{Gl} A + \varepsilon_{\lambda_k - \infty} F_{\lambda_k T_{Gl} - \infty} \sigma T^4_{Gl} A = \varepsilon \sigma T^4_{Gl} A$$

ist.

Nach Gleichsetzung von Φ_{em} und Φ_a ergibt sich:

$$\left[0{,}95 F_{0-\lambda_k T_{eq}} + 0{,}05(1 - F_{0-\lambda_k T_{St}}) \right] q_e = \left[0{,}95 F_{0-\lambda_k T_{Gl}} + 0{,}05(1 - F_{0-\lambda_k T_{Gl}}) \right] \sigma T^4_{Gl} \;.$$

Mittels Probiermethode, wie in Beispiel 5.1, erhält man für $\lambda_k = 1{,}5\ \mu m$, $T_{Gl} = 790$ K. Für $q_e = 1353$ W m^{-2} ergibt (5.5) $\alpha'_n/\varepsilon = \sigma(790\ \text{K})^4/(1353\ \text{W m}^{-2}) = 16{,}32$. Der geringe Unterschied zwischen den Stoffgrößen dieses Beispiels und den Größen für eine ideale selektive Oberfläche hat einen bedeutenden Unterschied bei T_{Gl} zur Folge. Im vorigen Beispiel beträgt für eine ideale selektive Oberfläche mit derselben Kantenwellenlänge $T_{Gl} = 1045$ K.

Die Spektralverteilung der absorbierten und emittierten Energie zeigt Bild 5.27. Die spektrale Verteilung der einfallenden Solarenergie ist durch

$$M_{\lambda,e}(\lambda, T_{St}) \sim M_{\lambda s}(\lambda, T_{St})$$

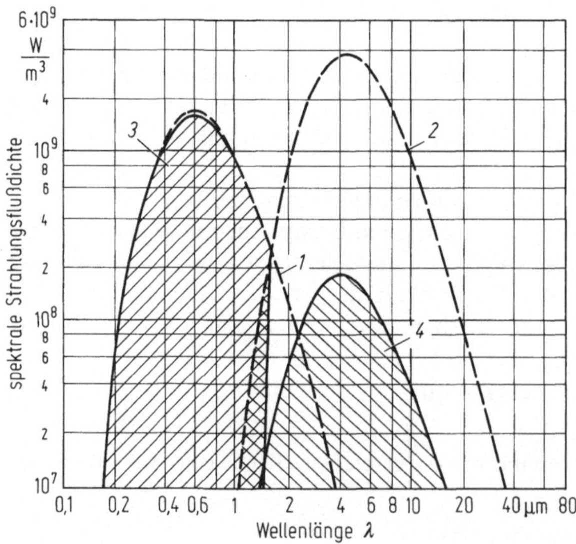

Bild 5.27. Spektrale Verteilung der absorbierten und emittierten Strahlungsflußdichte eines typischen selektiven Absorbers. *1* senkrecht einfallende Sonnenstrahlung; *2* emittierte Strahlungsflußdichte eines Schwarzen Körpers von 800 K; *3* absorbierte Strahlungsflußdichte einer selektiven Oberfläche; *4* emittierte Strahlungsflußdichte einer selektiven Oberfläche

gegeben. Die Verteilungskurve hat die Form der Verteilung eines Schwarzen Körpers bei Sonnentemperatur, jedoch ist die spezifische Ausstrahlung geringer, so daß das Integral $M_{\lambda, e}$ über alle λ gleich q_e ist, nämlich der gesamten einfallenden Solarenergie pro Zeit- und Flächeneinheit. Multipliziert man diese Kurve mit dem spektralen Absorptionsgrad der selektiven Oberfläche, dann ergibt sich die spektrale Verteilung der absorbierten Energie. Die spektrale Verteilung der emittierten Energie ist die eines Schwarzen Körpers bei 790 K multipliziert mit dem spektralen Emissionsgrad der selektiven Oberfläche. Die integrierten Energien unter den Spektralkurven der absorbierten und emittierten Energie sind gleich. Dies geht nicht unmittelbar aus der doppelt-logarithmischen Darstellung hervor.

Es sei bemerkt, daß die Lösung der Energiegleichung im Beispiel 5.2 eine Näherung für zwei Spektralbereiche der folgenden, mehr allgemeineren Energiegleichung für eine diffuse Oberfläche ist:

$$\int_{\lambda=0}^{\infty} \alpha_\lambda(\lambda, T_{Gl}) \, dq_{\lambda, e}(\lambda) = \int_{\lambda=0}^{\infty} \varepsilon_\lambda(\lambda, T_{Gl}) \, M_{\lambda s}(\lambda, T_{Gl}) \, d\lambda \ . \tag{5.7}$$

$dq_{\lambda, e}$ kann jede Spektralverteilung annehmen, und nach dem Kirchhoffschen Gesetz ist $\alpha_\lambda(\lambda, T_{Gl}) = \varepsilon_\lambda(\lambda, T_{Gl})$.

Beispiel 5.3
Eine selektive Oberfläche mit den spektralen Eigenschaften wie im vorangegangenen Beispiel wird als Solarenergieabsorber verwendet. Die Oberfläche soll auf einer Temperatur $T_A = 393$ K durch Abführen von Energie, die einem leistungserzeugenden Kreislauf zugeführt wird, gehalten werden.
a) Wieviel Nettoenergie liefert 1 m² Absorberoberfläche, wenn sich der Absorber in der Umlaufbahn der Erde um die Sonne befindet?
b) Wie groß ist der Unterschied dieser Energie gegenüber der, die ein Schwarzer Körper bei derselben Temperatur abgibt?
a) Die Nettoenergie, die von der Oberfläche abgeführt wird, ist die Differenz zwischen absorbierter und emittierter Energie. Wie im Beispiel 5.2 beträgt die absorbierte Energiestromdichte

$$q_a = [0,95 F_{0 - \lambda_k T_{St}} + 0,05(1 - F_{0 - \lambda_k T_{St}})] \, q_e$$
$$= [0,95(0,880) + 0,05(1 - 0,880)] \, 1353 \ \text{W m}^{-2} = 1139 \ \text{W m}^{-2} \ .$$

Die emittierte Energiestromdichte beträgt

$$q_{em} = [0,95 F_{0 - \lambda_k T_A} + 0,05(1 - F_{0 - \lambda k T_A})] \, \sigma T_A^4$$
$$= [0,95 \cdot (\sim 0) + 0,05(1 - (\sim))] \, 5,67051 \cdot 10^{-8} \ \text{W m}^{-2} \ \text{K}^{-4} \, (393)^4$$
$$= 67,63 \ \text{W m}^{-2} \ ,$$

und die Nettoenergie, die sich zur Energieerzeugung nutzen läßt, beträgt 1139 W m⁻² — 68 W m⁻² = 1071 W m⁻².
b) Im Beispiel 5.1 bekommt man für einen Schwarzen bzw. grauen Körper die Gleichgewichtstemperatur von 393 K, so daß die Nettonutzenergie, die einer solchen Oberfläche entzogen wird, Null wäre.

Eine andere Anwendungsmöglichkeit spektral selektiver Oberflächen ist die Kühlung eines Gegenstandes, der der einfallenden Strahlung einer Hochtemperatur-Strahlungsquelle ausgesetzt ist. Hierbei handelt es sich meist um der Sonne aus-

gesetzte Objekte wie ein Treibstoff-Speicherbehälter, ein Tieftemperatur-Treib-
stofftank im Weltraum oder das Dach eines Gebäudes. Hierfür könnte eine hochreflektierende Beschichtung, die sich wie ein poliertes Metall verhält, verwendet
werden. Diese würde einen großen Teil der einfallenden Energie reflektieren,
würde aber nur wenig der Energie emittieren, die innerhalb eines geschlossenen
Raumes absorbiert oder erzeugt wird (z. B. ein umschlossener Raum, in dem sich
elektronische Geräte befinden). Weiter zeigen einige Metalle die Tendenz zu
niedrigerem Reflexionsgrad bei kürzeren Wellenlängen; das zeigt z. B. Bild 5.14
für nichtbeschichtetes Aluminium. Für manche Anwendungsgebiete wäre es von
Vorteil, ein Material zu verwenden, das spektral selektiv ist, wie die weiße Farbe,

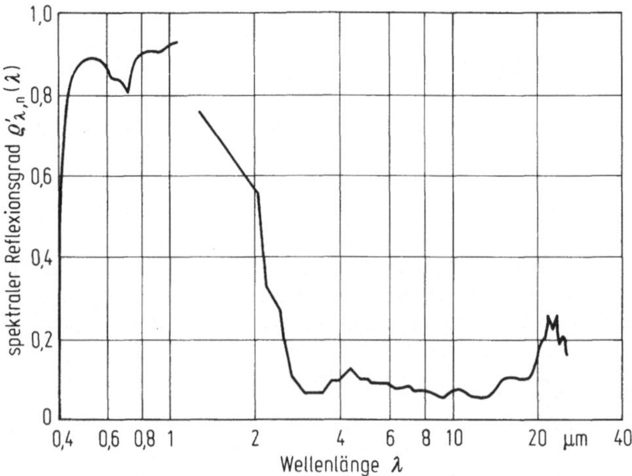

Bild 5.28. Reflexionsgrad eines weißen Farbanstriches auf Aluminium (nach [5.50])

deren Charakteristik in Bild 5.28 dargestellt ist. Sie reflektiert die einfallende
Strahlung vorwiegend bei kurzen Wellenlängen, und emittiert gut bei längeren
Wellenlängen, bei denen das Strahlungsmaximum von Körpern niedriger Tempera-
tur liegt.

5.5.2 Selektive Transmission durch Glas und Wasser

Der vorhergehende Abschnitt behandelte wellenlängen-selektive undurchlässige
Oberflächen. Von großem Interesse ist insbesondere das selektive Transmissions-
und Absorptionsverhalten zweier gewöhnlicher, weitverbreiteter durchlässiger
Materialien, nämlich Glas und Wasser. Bild 5.29 zeigt den spektralen Transmissionsgrad einer Glasplatte für senkrecht einfallende Strahlung. Der Transmissionsgrad schließt den Einfluß von Vielfachreflexionen und -absorptionen

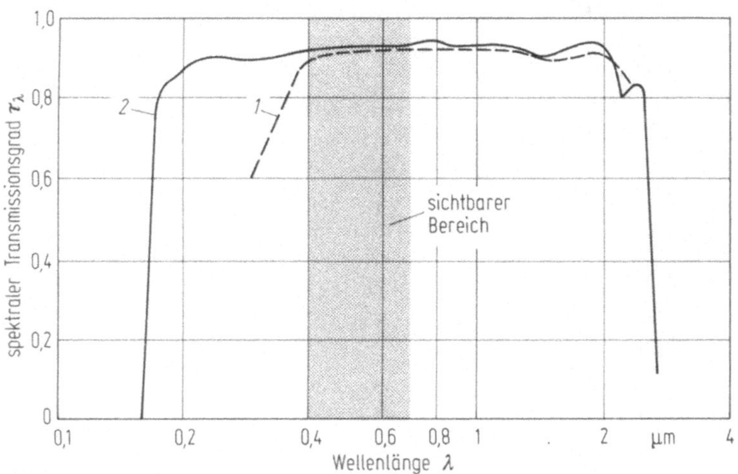

Bild 5.29. Normaler spektraler Transmissionsgrad einer Glasplatte (einschließlich Oberflächenreflexionen) bei 298 K (nach [5.7]). *1* Borsilikatglas, Dicke: 0,476 cm; *2* geschmolzenes Quarzglas, Dicke: 1,27 cm

innerhalb der Glasflächen ein (im Gegensatz zum Reintransmissionsgrad). Er ist gegeben durch:

$$\tau_\lambda = \frac{\tau_i(\lambda)\,[1 - \bar{\varrho}(\lambda)]^2}{1 - [\bar{\varrho}(\lambda)]^2\,[\tau_i(\lambda)]^2}\,,$$

wobei $\tau_i(\lambda) = \exp(-a_\lambda d)$ der spektrale Reintransmissionsgrad und $\bar{\varrho}(\lambda) = [(n-1)/(n+1)]^2$ der spektrale Fresnelsche Reflexionsgrad ist. Dieser Ausdruck geht bei kleinem $a_\lambda d$ in $\tau_\lambda = [1 - \bar{\varrho}(\lambda)]/[1 + \bar{\varrho}(\lambda)]$ über. a_λ oder $a_n(\lambda)$ ist der natürliche Absorptionskoeffizient, d die Schichtdicke (Bezeichnungen nach DIN 1349).

Für Glas liegt die Brechzahl n bei 1,5, so daß $\bar{\varrho}(\lambda) = (0,5/2,5)^2 = 0,04$ ist. Werden nur die Reflexionsverluste berücksichtigt, dann wird $\tau_\lambda = (1 - 0,04)/(1 + 0,04) = 0,92$. Bild 5.29 zeigt für geschmolzenes Quarzglas eine sehr geringe Absorption im Bereich zwischen $\lambda = 0,2\,\mu m$ und $\lambda = 2\,\mu m$; der Wert $\tau_\lambda \approx 0,9$ in diesem Bereich ist eine Folge der Oberflächenreflexionen. Typisch für gewöhnliches Glas sind zwei steile Absorptionskanten, jenseits derer das Glas sehr stark absorbiert, und der Wert für τ_λ gegen Null geht, mit Ausnahme sehr dünner Platten. Die Meßkurve für geschmolzenes Quarzglas zeigt dieses Verhalten in Bild 5.29 deutlich. Es gibt zwei ausgeprägte Absorptionskanten im fernen Ultraviolett bei $\lambda \approx 0,17\,\mu m$ und im nahen Infrarot bei $\lambda \approx 2,5\,\mu m$. Deshalb absorbiert Glas stark bei $\lambda < 0,17\,\mu m$ und emittiert stark bei $\lambda > 2,5\,\mu m$.

Bild 5.30 zeigt die Durchlässigkeit in Abhängigkeit der Schichtdicke von Kalknatronglas, das einen größeren Absorptionsgrad als geschmolzenes Quarzglas hat. Man sieht hier recht gut das Ansteigen der Absorption mit zunehmender Dicke. Typische optische Konstanten für Glas werden in [5.31] angegeben.

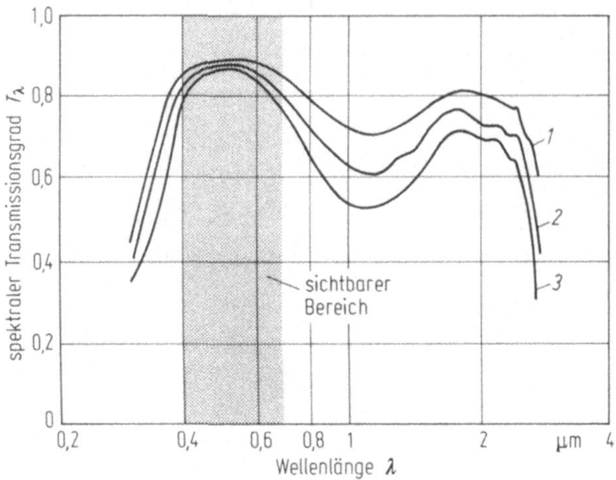

Bild 5.30. Einfluß der Plattendicke auf den normalen spektralen Transmissionsgrad von Kalknatron-Glas (einschließlich Oberflächenreflexionen) bei 298 K (nach [5.7]). *1* $d = 0,635$ cm; *2* $d = 0,953$ cm; *3* $d = 1,27$ cm

Bei Fenstern in Hochtemperaturanlagen, wie Öfen oder Hohlraumempfängern für Solarstrahlung, kann die Eigenstrahlung der Fenster sehr groß sein. Nach dem Kirchhoffschen Gesetz ist der gesamte spektrale Emissionsgrad E_λ (einschließlich des von Oberflächenreflexionen herrührenden Anteils) gleich der spektralen Absorption:

$$E_\lambda = \frac{[1 - \overline{\varrho}(\lambda)]\,[1 - \tau_i(\lambda)]}{1 - \overline{\varrho}(\lambda)\,\tau_i(\lambda)}\,.$$

Jenseits der Kantenwellenlänge geht für eine dicke Platte $\tau_i(\lambda) \rightarrow 0$, und es ist $E_\lambda \approx 1 - \overline{\varrho}(\lambda)$. In diesem Fall ist die Reflexion der ersten Oberfläche groß, da alle Strahlung, bevor sie durch die zweite Plattenoberfläche hindurchgeht, absorbiert wird. Für Glas mit einer Brechzahl $n = 1,5$ ist $\overline{\varrho}(\lambda) = 0,04$ bei senkrechtem Strahlungseinfall und somit $E_\lambda = 0,96$ in der Normalenrichtung im Bereich des hochabsorbierenden Wellenlängenbereiches des Glases. Ähnlich dem Beispiel 4.3 ermittelt man für den hemisphärischen Wert $E_\lambda = 0,90$. In Bild 5.31, das den Emissionsgrad von Fensterglas unterschiedlicher Dicke zeigt, ist das der höchste Wert.

Aus dem Tramsmissionsverhalten von Glas, wie es die Bilder 5.29 und 5.30 zeigen, folgt, daß Glasfenster eine wichtige, für sie charakteristische Fähigkeit besitzen, nämlich Solarenergie einzufangen. Die Sonne hat eine spektrale Strahldichteverteilung, die der eines Schwarzen Körpers von 5780 K sehr ähnlich ist. Innerhalb des Spektralbereiches 0,3 µm $< \lambda <$ 2,7 µm, der dem Bereich zwischen den beiden Kantenwellenlängen in Bild 5.30 entspricht, liegt, wie die Tabellen für die Strahlung eines Schwarzen Körpers im Anhang A zeigen, 95 % der Solarenergie. Dies bedeutet, daß Glas einen niedrigen Absorptionsgrad für die vorwie-

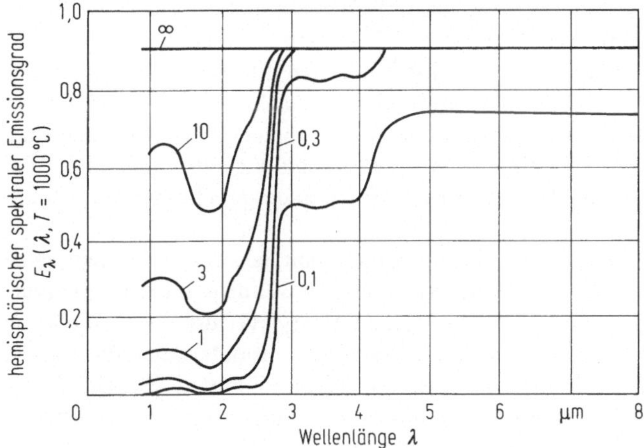

Bild 5.31. Emissionsgrad von Fensterglasscheiben bei 1000 °C (nach [5.51]). Scheibendicken in cm

gend bei kurzen Wellenlängen liegende Solarstrahlung hat, und demzufolge die einfallende Solarstrahlung ein Glasfenster durchdringt. Das Emissionsspektrum von Körpern bei Umgebungstemperatur liegt bei langen Wellenlängen und wird von einer Glasumhüllung aufgrund des in diesem langwelligen Spektralbereich hohen Absorptionsgrades absorbiert („Treibhaus-Effekt").

Eine interessante Anwendung einer selektiv durchlässigen Schicht ist der transparente Kaltlichtspiegel wie er z. B. für den Bau von metallurgischen Öfen mit

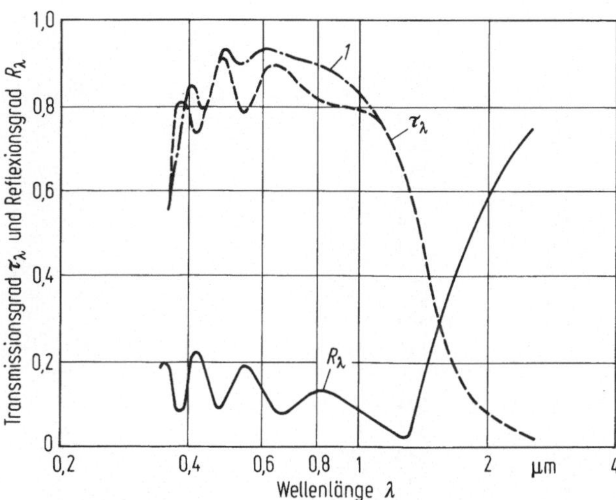

Bild 5.32. Transmissionsgrad und Reflexionsgrad eines 0,35 μm dicken mit Sn dotierten In_2O_3-Films auf Corning-Glas 7059 sowie der Einfluß auf T_λ einer antireflektierenden Schicht von MgF_2 (nach [5.32]). *1* Film mit 0,1 μm MgF_2 beschichtet

Beobachtungsmöglichkeit benutzt wird, um z. B. das Kristallwachstum bei Temperaturen bis zu 1000 °C zu beobachten [5.32]. Die thermische Isolation eines solchen Ofens wird durch einen auf der erhitzten Innenseite eines Pyrex-Rohres aufgebrachten Goldfilm von etwa 0,02 µm Dicke erreicht. Diese Filme haben einen hohen Reflexionsgrad im Infraroten und entsprechen einer Asbestisolierung von mehreren Zentimetern. Sie haben noch eine Durchlässigkeit von etwa 0,2 im sichtbaren Bereich, die für eine Beobachtung im Inneren des Hochtemperaturofens ausreichend ist.

Die selektiv transparente Beschichtung kann auch bei der Solarenergiegewinnung von Nutzen sein. Sie erlaubt der kurzwelligen Sonnenstrahlung, in einen Solarkollektor zu gelangen und verhindert einen Energieverlust durch die vom Empfänger emittierte langwellige Strahlung. Beschichtungsmaterialien mit diesen Eigenschaften sind z. B. Indiumtrioxid (In_2O_3), Magnesiumoxid (MgO), Zinndioxid (SnO_2) und Zinkoxid. Dünne Filme dieser Materialien sind für das Sonnenspektrum transparent und zeigen einen starken Anstieg des Reflexionsgrades im Infraroten. Den gemessenen Transmissions- und Reflexionsgrad einer 0,35 µm dicken Schicht von mit Sn-dotiertem In_2O_3 auf dem Glas Corning 7059 zeigt Bild 5.32. Die Anwendung solcher Schichten für einen Sonnenenergie-Empfänger wird in [5.33] behandelt.

Tabelle 5.2. Absorptionskoeffizient von H_2O (nach [5.34])

λ in µm	a_λ in cm^{-1}	λ in µm	a_λ in cm^{-1}
0,20	0,0691	2,4	50,1
0,25	0,0168	2,6	153
0,30	0,0067	2,8	5160
0,35	0,0023	3,0	11400
0,40	0,00058	3,2	3630
0,45	0,00029	3,4	721
0,50	0,00025	3,6	180
0,55	0,000045	3,8	112
0,60	0,0023	4,0	145
0,65	0,0032	4,2	206
0,70	0,0060	4,4	294
0,75	0,0261	4,6	402
0,80	0,0196	4,8	393
0,85	0,0433	5,0	312
0,90	0,0679	5,5	265
0,95	0,388	6,0	2240
1,0	0,363	6,5	758
1,2	1,04	7,0	574
1,4	12,4	7,5	546
1,6	6,72	8,0	539
1,8	8,03	8,5	543
2,0	69,1	9,0	557
2,2	16,5	9,5	587
		10,0	638

Wasser ist ebenfalls ein selektiver Absorber bezüglich der Strahlungsdurchlässigkeit. Tabelle 5.2 enthält den spektralen Absorptionskoeffizienten von Wasser nach [5.34] (s. auch [5.35] und [5.36]). Der Absorptionskoeffizient bestimmt die exponentielle Schwächung der Strahldichte und ist durch $L_\lambda'(d) = L_\lambda'(0) \times \exp(-a_\lambda d)$ definiert. Im sichtbaren Bereich ($\lambda = 0{,}4$ bis $0{,}7$ µm) ist der Absorptionskoeffizient sehr klein. Ab etwa 1 µm beginnt a_λ zu steigen, und bei längeren Wellenlängen im nahen Infrarotbereich wird die Absorption sehr groß. Es sei bemerkt, daß a_λ im sichtbaren Spektralbereich besonders niedrig im blau-grün-Gebiet ist ($0{,}50$ bis $0{,}55$ µm). Das erklärt, daß das Sonnenlicht in größeren Wassertiefen grün erscheint.

Aus den in Tabelle 5.2 angegebenen Werten für den Absorptionskoeffizienten sind die Eindringtiefen für Sonnenstrahlung der Tabelle 5.3 (nach [5.37]) berechnet worden. Die zweite Spalte gibt den Energieanteil des Sonnenspektrums in den verschiedenen Wellenlängenbereichen wieder.

Beachtlich ist die bereits erwähnte hohe Durchlässigkeit für sichtbare Strahlung, verglichen mit der sehr starken Absorption im größten Teil des nahen Infrarotbereiches.

Tabelle 5.3. Durchgelassener Anteil des Sonnenspektrums für verschieden dicke Wasserschichten [5.37]

Spektralintervall λ in µm	Anteil der einfallenden Sonnenenergie in %	Durch eine Wasserschicht hindurchgehender Energieanteil in %; Schichtdicke in cm							
		0,001	0,01	0,1	1	10	100	1000	10 000
0,3 ... 0,6	23,7	23,7	23,7	23,7	23,7	23,6	22,9	17,3	1,4
0,6 ... 0,9	36,0	36,0	36,0	35,9	35,3	30,5	12,9	1,0	
0,9 ... 1,2	17,9	17,9	17,8	17,2	12,3	0,8			
1,2 ... 1,5	8,7	8,6	8,2	6,3	1,7				
1,5 ... 1,8	8,0	7,8	6,4	2,7					
1,8 ... 2,1	2,5	2,3	1,1						
2,1 ... 2,4	2,5	2,5	1,9	0,1					
2,4 ... 2,7	0,7	0,6	0,2						
Gesamt	100,0	99,4	95,3	85,9	73,0	54,9	35,8	18,3	1,4

Ebenso hat Eis einen niedrigen Absorptionskoeffizienten im sichtbaren Spektralbereich. Der Absorptionskoeffizient wird um den Faktor 10^3 größer, sobald die Wellenlänge der Strahlung von etwa 0,55 auf 1,2 µm steigt. Daher geht Strahlung des sichtbaren Spektralbereiches durch Eis hindurch, wenn das Eis nicht durch Verunreinigungen und Luftblasen getrübt ist. Wenn eine Eisschicht eine Oberfläche bedeckt, so kann sichtbare und nahe Infrarotstrahlung durch das Eis hindurchgehen, die darunter liegende Oberfläche erwärmen und das Eis zum Schmelzen bringen. Das wäre eine Möglichkeit zur Entfernung von Eis [5.38].

5.5.3 Veränderung der Oberfläche zur Beeinflussung der Richtungseigenschaften

Wie bereits in den vorhergehenden Abschnitten dieses Kapitels gesagt, kann die Rauhigkeit einer Oberfläche einen bedeutenden Einfluß auf die Strahlungseigenschaften haben. Sie kann sogar zu einem die Strahlungseigenschaften bestimmenden Faktor werden, wenn die Rauhigkeit im Vergleich zu der Wellenlänge der betrachteten Strahlung groß ist. Dies eröffnet die Möglichkeit, durch Beeinflussung der Rauhigkeit die Richtungseigenschaften einer Oberfläche gezielt zu verändern.

Soll die Oberfläche als Strahler verwendet werden, kann sie aufgerauht oder zumindest derart gestaltet werden, daß sie in die gewünschten Richtungen stark emittiert, während die Emission in unerwünschte Richtungen klein gehalten wird. Kommerzielle Flächenstrahlungsheizer würden oft wirksamer arbeiten, wenn solche Oberflächen eingesetzt würden, um die Energie nur dorthin zu bringen, wo sie gebraucht wird. Das gebräuchlichste Gerät zur Beeinflussung der Richtungsverteilung elektromagnetischer Strahlung im sichtbaren Bereich ist der „Lampenschirm".

Soll eine Oberfläche mit richtungsempfindlichen Eigenschaften speziell als Absorber verwendet werden, dann sollte, um bei dem Beispiel eines Solarabsorbers zu bleiben, die Fläche in Richtung der einfallenden Solarstrahlung stark absorbierend, aber für alle anderen Richtungen möglichst nicht absorbierend sein.

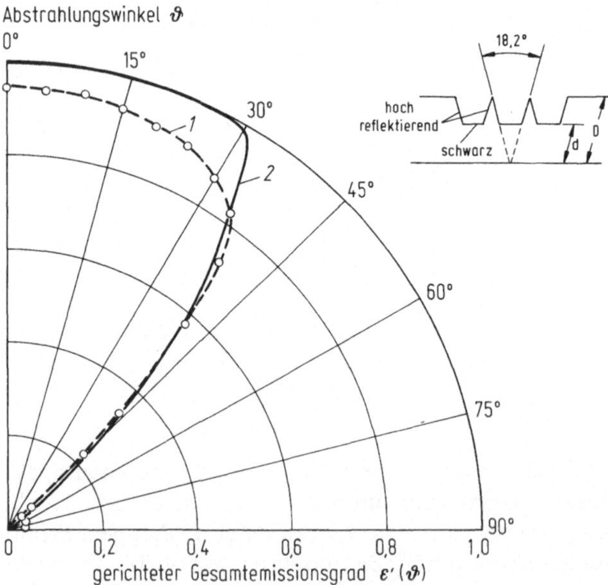

Bild 5.33. Gerichteter Emissionsgrad einer mit trapezförmigen Furchen versehenen Oberfläche. Die Seitenwände der Furchen reflektieren spiegelnd, während der Boden stark absorbiert; $d/D = 0{,}649$. Die Ergebnisse beziehen sich auf die Ebene rechtwinklig zur Furchenrichtung bei einer Wellenlänge $\lambda = 8\ \mu\mathrm{m}$. *1* gemessen [5.53]; *2* theoretisch [5.52]

Diese Oberfläche würde aufgrund des Kirchhoffschen Gesetzes für gerichtete Größen in Sonnenrichtung auch stark emittieren, jedoch nur schwach in alle anderen Richtungen. Sie würde die gleiche Energie absorbieren wie ein nicht gerichteter Absorber, da die einfallende Energie nur aus Richtung der Sonne kommt, aber sie würde weniger Energie emittieren als eine Oberfläche, die in alle Richtungen gut emittiert (Lambert-Strahler, Metalle).

Die Eigenschaften einer solchen Oberfläche zeigt Bild 5.33. Die Oberfläche besteht aus parallel zueinander verlaufenden Furchen mit trapezförmigem Querschnitt und einem Flankenwinkel von 18,2°. Die Seitenwände jeder Furche haben eine hochreflektierende Spiegelbeschichtung, und eine schwarze Oberfläche befindet sich am Boden jeder Furche. Die Kurve *2* zeigt die theoretischen Werte für den Emissionsgrad einer solchen idealen Oberfläche, während Kurve *1* mit den eingezeichneten Meßwerten das Verhalten einer realen Oberfläche bei $\lambda = 8$ µm wiedergibt. Man sieht, daß der gerichtete Emissionsgrad für Abstrahlungswinkel kleiner als etwa 30° zur Oberflächennormalen sehr hoch ist. Er fällt dann jedoch mit zunehmendem Winkel schnell ab. Es gibt noch viele andere Oberflächenprofile, die ähnliche Merkmale zeigen.

Beispiel 5.4
Eine Oberfläche mit gerichteten Strahlungseigenschaften soll einen gerichteten Gesamtemissionsgrad von

$$\varepsilon(\vartheta) = 1 , \quad \text{für} \quad 0 \leqq \vartheta \leqq 30° ,$$
$$\varepsilon(\vartheta) = 0 , \quad \text{für} \quad \vartheta > 30°$$

für alle φ haben. Wie groß ist die Gleichgewichtstemperatur für eine Oberfläche auf der Erdumlaufbahn um die Sonne, die senkrecht von Solarstrahlung getroffen wird? Als einziger Wärmeaustausch findet Strahlungsaustausch zwischen der gerichteten Oberfläche und der Umgebung statt. Diese Gleichgewichtstemperatur soll mit der Temperatur, die von einer schwarzen Fläche erreicht werden kann, verglichen werden.

Der Absorptionsgrad für diese Oberfläche beträgt bei senkrecht einfallender Strahlung Eins. Somit ist die absorbierte Energie pro Zeiteinheit

$$\Phi_{\text{a}} = (1)\, q_{\text{e}} A ,$$

wobei $q_{\text{e}} = 1353$ W m^{-2} die Solarkonstante für ein Objekt in einer Entfernung des mittleren Radius der Erdumlaufbahn von der Sonne ist.

Bei thermischem Gleichgewicht beträgt die von einem Körper emittierte Energie pro Zeiteinheit

$$\Phi_{\text{em}} = \varepsilon \sigma T_{\text{GI}}^{4} A ,$$

wobei ε der durch (3.6b) gegebene hemisphärische Gesamtemissionsgrad ist:

$$\varepsilon(T_{\text{GI}}) = \frac{1}{\pi} \int_{0}^{} \varepsilon'(\vartheta, \varphi, T_{\text{GI}}) \cos \vartheta \, d\omega .$$

Hier wird ε zu

$$\varepsilon = \frac{2\pi}{\pi} \int_{\vartheta=0}^{30°} \sin \vartheta \cos \vartheta \, d\vartheta = 0{,}25 .$$

Bei Strahlungsgleichgewicht ist $\Phi_a = \Phi_{em}$ und man erhält:

$$T_{G1} = \left(\frac{q_e}{\varepsilon\sigma}\right)^{1/4} = \left(\frac{1\,353\ \mathrm{Wm^2\,K^4}}{0{,}25 \cdot 5{,}670\,51 \cdot 10^{-8}\ \mathrm{m^2\,W}}\right)^{1/4} = 556\ \mathrm{K}\ .$$

Diese Temperatur ist größer als die Gleichgewichtstemperatur $T_{G1} = 393\ \mathrm{K}$ eines Schwarzen oder diffus grauen Körpers, wie bereits im Beispiel 5.1 gezeigt wurde.

Es sei darauf hingewiesen, daß (5.5) für das Verhältnis α_n'/ε sowohl für gerichtete als auch spektral selektive Oberflächen benutzt werden kann. Für die in diesem Beispiel verwendete Oberfläche ist $\alpha_n'/\varepsilon = 4{,}0$. Eine Kombination von selektiven und gerichteten Eigenschaften wäre ein Weg, um beträchtlich höhere Werte für α_n'/ε für eine gegebene Oberfläche zu erhalten.

Es darf nun nicht gefolgert werden, daß die gerichtete Verteilung des in diesem Beispiel angenommenen Emissionsgrades auch für die parallel gefurchte Oberfläche in Bild 5.33 gilt. Die Oberfläche in Bild 5.33 zeigt eine starke Abhängigkeit vom Winkel φ, die in diesem Beispiel unbeachtet bleibt.

5.6 Zusammenfassende Bemerkungen

Die in diesem Kapitel behandelten Beispiele für die Strahlungseigenschaften zeigen eine Anzahl von Eigenschaften realer Oberflächen. Man sollte nun nicht versuchen, einige allgemeine Aussagen abzuleiten, z. B. daß die Gesamtemissionsgrade von Nichtleitern bei niedrigen Temperaturen größer sind als jene von Metallen, und daß der spektrale Emissionsgrad von Metallen mit der Temperatur über einen breiten Wellenlängenbereich steigt. Derlei Aussagen können sehr irreführend sein, da es zu viele Ausnahmen gibt, die Abweichungen um Größenordnungen hervorrufen würden. Gründe hierfür sind z. B. Oberflächenrauhigkeit, Verunreinigung, Oxidbelegung, Kornstruktur usw. Die z. Zt. verfügbaren analytischen Verfahren können nicht alle diese Faktoren erfassen, so daß es nicht möglich ist, die Werte der Strahlungsgrößen direkt zu berechnen; es sei denn für Oberflächen, die sich den idealen Bedingungen in bezug auf Zusammensetzung und Oberflächenbehandlung nähern. Durch Kopplung der analytischen Aussagen mit experimentellen Beobachtungen ist es möglich, einige Erkenntnisse darüber zu gewinnen, welche Arten von Oberflächen sich als geeignet für spezielle Anwendungsgebiete erweisen und wie derartige Oberflächen hergestellt werden könnten, um ein bestimmtes Strahlungsverhalten zu erhalten. Letzteres schließt spektral selektive Oberflächen mit ein, die, wie gezeigt, sehr nützlich bei einer Vielzahl praktischer Anwendungen sind, wie z. B. bei den Sonnenkollektoren.

Einige andere die Strahlungseigenschaften beeinflussende aber mathematisch nicht erfaßbare Faktoren liegen außerhalb des Interessenbereiches dieser Arbeit, sollten aber erwähnt werden: So ist z. B. bekannt, daß ultraviolette Bestrahlung, kosmische Strahlung, Neutronen-, Gamma- und Protonenbeschuß sowie der Solarwind bedeutende Veränderungen der Strahlungseigenschaften verursachen können. Für die Herstellung von Raumfahrzeugen sind diese Effekte von größter Bedeutung.

Schließlich sollten einige Anmerkungen über die Messung von Strahlungseigenschaften gemacht werden. Dabei muß jedoch festgestellt werden, daß bisher nur relativ wenige Präzisionsmessungen von gerichteten Spektraleigenschaften gemacht worden sind. Der Grund dafür liegt in einer der vielen experimentellen Schwierigkeiten: Für eine gerichtete Messung ist die verfügbare Energie bei kleinem Raumwinkel in einer gegebenen Richtung klein. Steht dann nur noch ein Teil dieser kleinen Energie innerhalb eines bestimmten Wellenlängenbandes zur Verfügung, um gerichtete Spektralwerte zu bestimmen, wird die Messung sehr schwierig. Kleine absolute Fehler können so bei der Messung des Strahlungsflusses zu einem hohen prozentualen Fehler bei den zu bestimmenden gerichteten Größen führen. Diese und ähnliche Probleme der Praxis lassen das Gebiet der Messung der thermischen Strahlungseigenschaften zu einem äußerst anspruchsvollen und schwierigen Gebiet werden.

Aufgaben

1. Der normale spektrale Absorptionsgrad einer selektiv absorbierenden SiO-Al-Oberfläche läßt sich nach Bild 5.26 annähern. Senkrecht auf die Oberfläche trifft die Strahlungsflußdichte (Bestrahlungsstärke) q. Die Gleichgewichtstemperatur der Oberfläche betrage 1100 K, und es sei $\varepsilon_\lambda = \alpha'_\lambda$ für $\vartheta = 0$. Wie groß ist die Strahlungsflußdichte q, die von einer grauen Strahlungsquelle von 3300 K kommt?

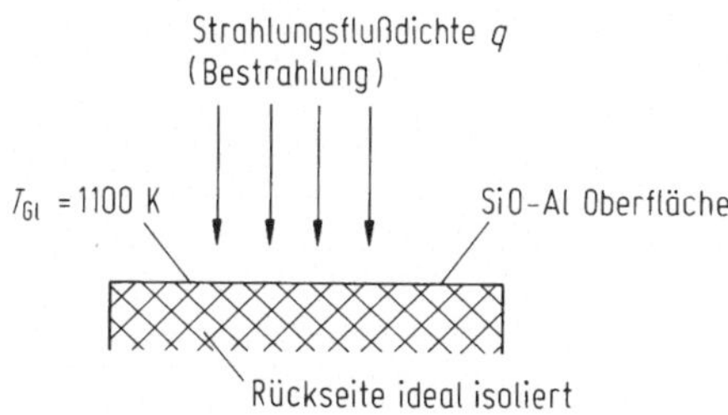

Lösung:

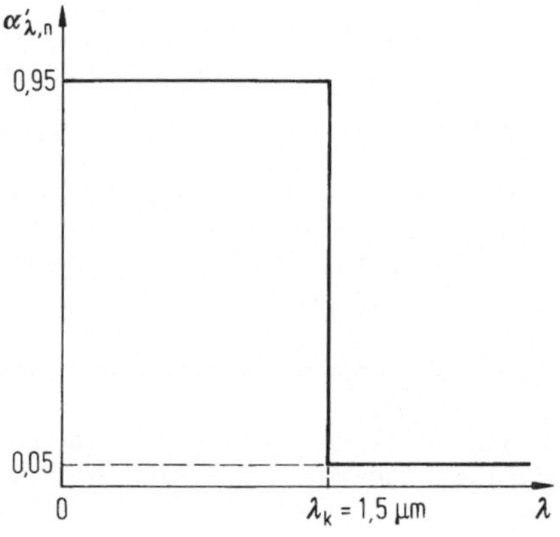

Die emittierte Strahlungsflußdichte ist

$$q_{em} = \sigma T_{GI}^4 [\varepsilon'_{0-\lambda_k} F_{0-\lambda_k T_{GI}} + \varepsilon'_{\lambda_k-\infty} F_{\lambda_k-\infty T_{GI}}],$$

$$F_{\lambda_k-\infty T_{GI}} = 1 - F_{0-1650\cdot 10^{-6}\,m\cdot K}.$$

Aus Tabelle A5:

$$F_{0-1650} = 0{,}02388$$
$$q_{em} = 5{,}67051 \cdot 10^{-8}\ \text{W m}^{-2}\ \text{K}^{-4} \cdot 1100^4\ \text{K}^4\ [0{,}95 \cdot 0{,}02388 + 0{,}05(1 - 0{,}02388)]$$
$$= 5935\ \text{W m}^{-2}.$$

Bei Gleichgewicht: $q_{em} = q_a$ (emittierte = absorbierte Strahlungsflußdichte) ist mit $T = 3300$ K

$$q_a = 5935\ \text{Wm}^{-2} = q[\alpha'_{0-\lambda_k} F_{0-\lambda_k T} + \alpha'_{\lambda_k-\infty} F_{\lambda_k-\infty T}]$$
$$= q[0{,}95 F_{0-4950\cdot 10^{-6}\,m\cdot K} + 0{,}05(1 - F_{0-4950})]$$
$$= q[0{,}90 \cdot 0{,}62736 + 0{,}05] = 0{,}61462 q$$

$$q = \frac{5935}{0{,}61462} = 9656\ \text{W m}^{-2}.$$

2. Eine gerichtete, selektive, graue Oberfläche hat die im Bild gezeigten Eigenschaften. α' ist isotrop in bezug auf den Winkel φ.

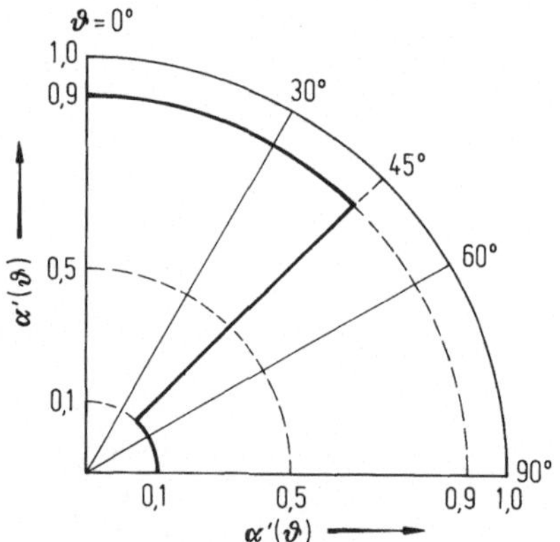

a) Wie groß ist das Verhältnis $\alpha'(\vartheta = 0)/\varepsilon$ (gerichteter Absorptionsgrad zu hemisphärischem Emissionsgrad) für diese Oberfläche?

b) Befindet sich eine dünne Platte mit den o. g. Eigenschaften in der Erdumlaufbahn um die Sonne und trifft die solare Strahlungsflußdichte (Bestrahlungsstärke) von 1353 W m^{-2} auf sie, welche Gleichgewichtstemperatur wird sie erreichen? Die Sonnenstrahlung trifft senkrecht auf die Plattenoberfläche, und die Platte ist auf der der Sonne abgewandten Seite vollkommen isoliert.

c) Wie groß ist die Gleichgewichtstemperatur, wenn die Sonnenstrahlung unter einem Winkel von 60° auf die Plattenoberfläche auftrifft? (s. Bild S. 183)

d) Wie hoch ist die Gleichgewichtstemperatur, wenn die Sonnenstrahlung senkrecht auf die Platte trifft, diese aber nicht isoliert ist? Die Platte ist sehr dünn und hat auf beiden Seiten die gleichen Eigenschaften.

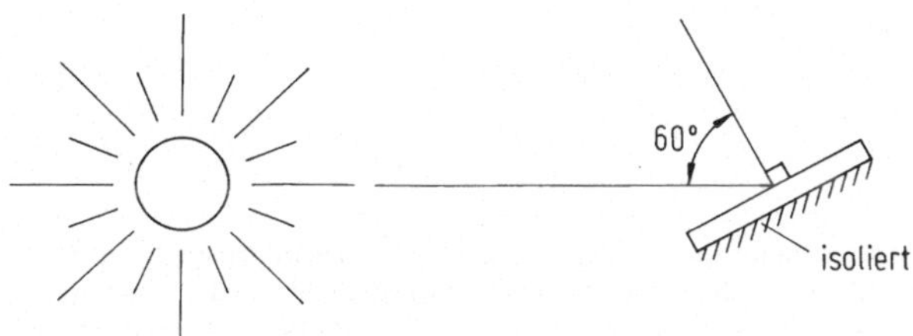

Lösung:

a) Die Definitionsgleichung für den hemisphärischen Emissionsgrad ist:

$$\varepsilon = 2 \int_0^{\pi/2} \varepsilon'(\vartheta) \cos\vartheta \sin\vartheta \, d\vartheta \, .$$

Für die gerichtete Strahlung einer grauen Oberfläche gilt $\alpha'(\vartheta) = \varepsilon'(\vartheta)$, so daß

$$\varepsilon = 2 \int_0^{\pi/2} \alpha'(\vartheta) \cos\vartheta \sin\vartheta \, d\vartheta$$

$$= 2 \left[\int_{\sin\vartheta=0}^{0,707} 0,9 \sin\vartheta \, d(\sin\vartheta) + \int_{\sin\vartheta=0,707}^{1} 0,1 \sin\vartheta \, d(\sin\vartheta) \right]$$

$$= 2 \left[0,9 \frac{\sin^2\vartheta}{2} \bigg|_{\sin\vartheta=0}^{0,707} + 0,1 \frac{\sin^2\vartheta}{2} \bigg|_{\sin\vartheta=0,707}^{1} \right]$$

$$= 2 \left[0,9 \frac{0,707^2}{2} + 0,1 \left(\frac{1}{2} - \frac{0,707^2}{2} \right) \right] = 0,50 \, .$$

$$\frac{\alpha'(\vartheta=0)}{\varepsilon} = \frac{0,9}{0,5} = 1,8$$

b) Für senkrechten Einfall ist $q_a = \alpha'(\vartheta=0) \cdot 1353 = 0,9 \cdot 1353 \text{ W m}^{-2}$. Die emittierte Strahlungsflußdichte ist

$$q_{em} = \varepsilon\sigma T_{Gl}^4 = 0,5\sigma T_{Gl}^4 \, .$$

Ist $q_{em} = q_a$, folgt

$$T_{Gl}^4 = \frac{0,9 \cdot 1353 \text{ W m}^{-2}}{0,5 \cdot 5,67051 \cdot 10^{-8} \text{ W m}^{-2} \text{ K}^{-4}} \, ,$$

$$T_{Gl} = 455 \text{ K} \, .$$

c) $q_a = \alpha'(\vartheta=60°) \cdot 1353 \cos 60°$

$\qquad = 0,1 \cdot 1353 \cdot 0,5$

$$q_{em} = \varepsilon\sigma T_{Gl}^4 = 0,5\sigma T_{Gl}^4 \, ,$$

aus $q_{em} = q_a$ folgt:

$$T_{Gl} = \sqrt[4]{\frac{0,1 \cdot 1353 \cdot 0,5}{0,5 \cdot 5,67051 \cdot 10^{-8}}} = 221 \text{ K}$$

d) $q_a = \alpha'(\vartheta=0) \cdot 1353 = 0,9 \cdot 1353$.
Wenn beide Seiten abstrahlen ist

$$q_{em} = 2\varepsilon\sigma T_{Gl}^4 \, .$$

Aus dem Ergebnis von b) folgt

$$T_{G1} = \frac{445}{\sqrt[4]{2}} = 383 \text{ K} .$$

3. Eine graue, ebene Kollektoroberfläche hat einen gerichteten Gesamtabsorptionsgrad α' $= 0,75 \cos^3 \vartheta$. Diese Oberfläche ist senkrecht einfallendem Sonnenlicht einer Strahlungsflußdichte von 1250 W m^{-2} ausgesetzt. Die Rückseite dieses dünnen Kollektors wird von einer Flüssigkeit mit $T_{fl} = 300$ K mit einer Geschwindigkeit, die einen Wärmeübertragungskoeffizienten von $h = 60$ W m^{-2} K^{-1} ergibt, umspült. Wie groß ist die Gleichgewichtstemperatur des Kollektors?

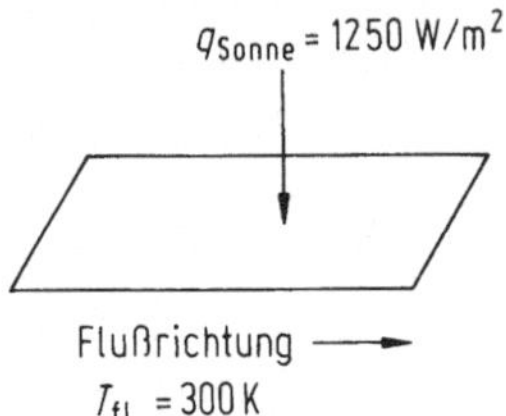

Lösung:
Die Energiebilanz auf der Oberflächeneinheit des Kollektors ergibt:

$$q_{konv} = q_a - q_{em}$$

mit $q_{konv} = h(T_K - T_{fl}) = 60(T_k - 300 \text{ K}) \text{ W m}^{-2}$.

$$q_a = \alpha'_n(\vartheta = 0) \cdot q_{Sonne} = 0,75 \cdot 1250 \text{ Wm}^{-2} ,$$

$$q_{em} = \varepsilon \sigma T_{Koll}^4 \text{ Wm}^{-2} .$$

Für eine graue Oberfläche ist $\varepsilon'(\vartheta) = \alpha'(\vartheta)$ und

$$\varepsilon = 2 \int_0^{\pi/2} \varepsilon'(\vartheta) \cos \vartheta \sin \vartheta \, d\vartheta = 2 \cdot 0,75 \int_0^{\pi/2} \cos^4 \vartheta \sin \vartheta \, d\vartheta$$

$$= 1,5 \left(\frac{-\cos^5 \vartheta}{5} \right) \Bigg|_0^{\pi/2} = \frac{1,5}{5} \cdot 1 = 0,3 .$$

Die Energiebilanz ist dann

$$60(T_{Koll} - 300 \text{ K}) \text{ W m}^{-2} = 0,75 \cdot 1250 \text{ W m}^{-2} - 0,3 \cdot 5,67051 \cdot 10^{-8} \text{ W m}^{-2} \text{ K}^{-4} T_{Koll}^4 .$$

Die Gleichung ist mit $T_{Koll} = 313$ K erfüllt.

4. Eine Platte aus einem Material mit sowohl gerichteten als auch spektralen selektiven Eigenschaften hat einen normalen Solarabsorptionsgrad von 0,97 und einen hemisphärischen Gesamtemissionsgrad im Infraroten von 0,02. Welche Temperatur wird die Platte bei Vernachlässigung von Wärmeleitung, Konvektion und den Wärmeverlusten an der Rückseite erreichen, wenn sie senkrecht einfallender Sonnenstrahlung ausgesetzt wird? Welche Annahmen müssen bei der Lösung gemacht werden? Die einfallende Bestrahlungsstärke sei 1150 W m^{-2}.

Lösung:
Im Gleichgewichtszustand ist $q_{em} = q_a$, so daß $\varepsilon \sigma T_{G1}^4 = \alpha'_n q_e$ ist. Bei Berechnung des Emissionsgrades im Infraroten ist:

$$T_{G1} = \left(\frac{\alpha'_n q_e}{\varepsilon \sigma} \right)^{1/4} = \left(\frac{0,97 \cdot 1150}{0,02 \cdot 5,67051 \cdot 10^{-8}} \right)^{1/4} = 996 \text{ K} .$$

Berechnet man für diese hohe Plattentemperatur die Abstrahlung mit dem ε für den infraroten Spektralbereich, dann erhält man einen nicht vernachlässigbaren Fehler. Da ein bedeutender Energieanteil im kurzwelligen Spektralbereich liegt, soll dieser abgeschätzt werden z. B. durch Einführung einer Absorptionsgrenze bei der Kantenwellenlänge $\lambda_k = 3\ \mu\mathrm{m}$.

$$F_{0-3 \cdot 5780 \cdot 10^{-6}\,\mathrm{m \cdot K}} = 0{,}9788\ .$$

Dann ist $0{,}97 = \alpha_\lambda(0\ \text{bis}\ 3\ \mu\mathrm{m}) \cdot 0{,}9788 + 0{,}02(1 - 0{,}9788)$. Das ergibt: $\alpha_\lambda(0\ \text{bis}\ 3\ \mu\mathrm{m})$ $= \varepsilon_\lambda(0\ \text{bis}\ 3\ \mu\mathrm{m}) = 0{,}99$.

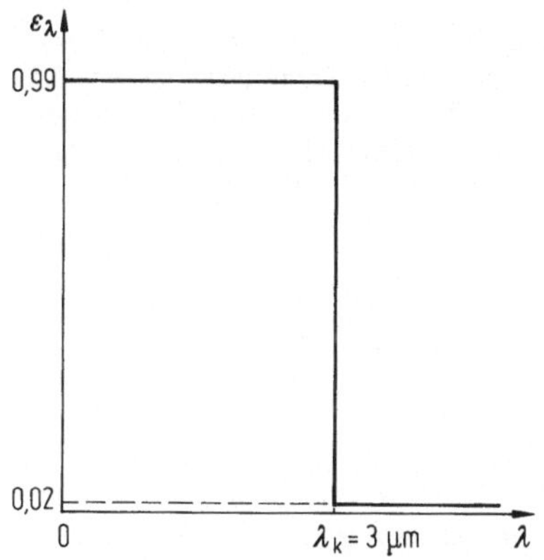

Setzt man z. B. $T_{G1} = 800\ \mathrm{K}$, dann ist $F_{0-2400} = 0{,}14025$, und man erhält:

$$1\,150 \cdot 0{,}97 = 5{,}670\,51 \left(\frac{T_{G1}}{100}\right)^4 [0{,}02\,(1 - 0{,}140\,25) - 0{,}99 \cdot 0{,}140\,25]\,,$$

$$T_{G1} = \left[\frac{1\,150 \cdot 0{,}97}{5{,}670\,51\,(0{,}02 \cdot 0{,}859\,75 + 0{,}99 \cdot 0{,}140\,25)}\right]^{1/4} \cdot 100 = 596\ \mathrm{K}$$

Weitere Versuche (Probierverfahren) ergeben $T_{G1} \approx 681\ \mathrm{K}$.

5. Ein Gerät zur Erwärmung von Wasser besteht aus einer 1 cm dicken Glasscheibe über einer schwarzen Oberfläche, die im idealen Wärmekontakt mit dem darunter befindlichen Wasser steht. Es ist die Wassertemperatur bei senkrecht einfallender Sonnenstrahlung zu schätzen. Dabei soll angenommen werden, daß die in Bild 5.31 angegebenen Glaseigenschaften benutzt werden können, und das Glas vollkommen transparent für kürzere Wellenlängen ist. Weiter sollen näherungsweise die Reflexionen an den beiden Glasoberflächen berücksichtigt werden.

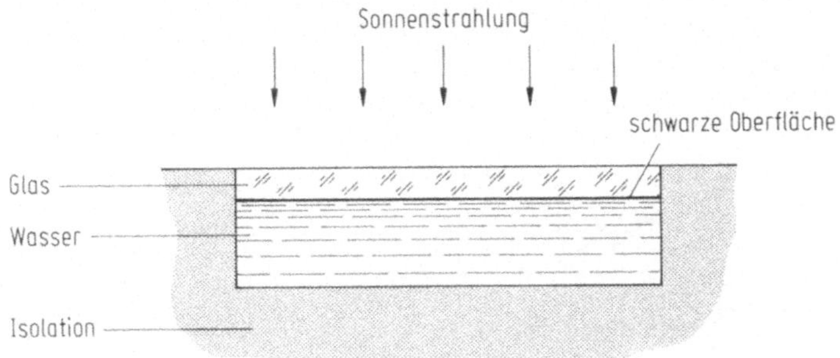

Lösung:
Man vergleiche die Energiebilanzen der Glasplatte und der schwarzen Schicht. Die absorbierte
Energie sei gleich der emittierten.
Für die zu absorbierende Energie bei $\lambda = 2,5\ \mu\text{m}$ ist Glas gut durchlässig, aber jede Glas-
fläche reflektiert nach (4.65 b)

$$\varrho_n' = \left(\frac{n_{\text{Glas}} - 1}{n_{\text{Glas}} + 1}\right)^2 = \left(\frac{0,5}{2,5}\right)^2 = 0,04\ ,$$

wenn man für $n_{\text{Glas}} = 1,5$ setzt und annimmt, daß sich die Glasplatte in Luft befindet. Daraus
folgt, daß etwa 92% der einfallenden Sonnenstrahlung bei $\lambda < 2,5\ \mu\text{m}$ von der mit Glas abge-
deckten schwarzen Schicht absorbiert wird. Der von der zweiten Trennfläche bei $\lambda > 2,5\ \mu\text{m}$
reflektierte Strahlungsanteil ist unbedeutend, da, wie Bild 5.31 zeigt, Glas in diesem Spektralbereich gut absorbiert, und der reflektierte Anteil vor dem Austritt noch einmal reflektiert
wird. So ist bei $\lambda > 2,5\ \mu\text{m}$:

$$\alpha_n' \approx 1 - \varrho_n' = 1 - 0,04 = 0,96$$

und bei Benutzung der Solarkonstanten ohne atmosphärische Schwächung:

$$q_a = [0,92 F_{0-2,5\cdot 5780} + 0,96 F_{2,5\cdot 5780-\infty}]\, q_{\text{Sonne}}\ ,$$

$$\lambda T = 14450 \cdot 10^{-6}\ \text{m} \cdot \text{K}\ ;$$

$$q_a = [0,92 \cdot 0,9658 + 0,96 \cdot 0,0342] \cdot 1353\ \text{W m}^{-2} = 1247\ \text{W m}^{-2}\ .$$

Die abgestrahlte Energie der zusammengesetzten Abdeckung ist bei $\lambda > 2,5\ \mu\text{m}\ E_{\lambda > 2,5\,\mu\text{m}}$
$\times F_{2,5-\infty T_{\text{Gl}}})\, \sigma T_{\text{Gl}}^4$, wenn der hemisphärische Gesamtemissionsgrad 0,96 für $\tau \rightarrow 0$ erreicht.
Hier verhält sich der Verbund, als bestände er nur aus Glas. Anders ist es bei $\lambda < 2,5\ \mu\text{m}$, wo
das Glas noch gut durchlässig ist. In diesem Fall dominiert die Strahlung der schwarzen, unter
dem Glas liegenden Platte. Um diesen vollständig zu erfassen, muß Strahlung in ein Medium
der Brechzahl $n > 1$, (2.32), und die Totalreflexion eines Teils der Energie innerhalb des Glases
berücksichtigt werden. Für eine Abschätzung kann man für $\lambda < 2,5\ \mu\text{m}$ annehmen, daß
$\varepsilon_{\text{Platte}} \cdot \tau_{\text{Glas}} = 1 \cdot 0,092$ ist, wobei die Transmission τ_{Glas} aus Bild 5.29 benutzt wird. Dann ist

$$q_e = [0,92 F_{0-2,5 T_{\text{Gl}}} + 0,96 F_{2,5 T_{\text{Gl}}-\infty}]\, \sigma T_{\text{Gl}}^4 = q_a = 1247\ \text{W m}^{-2}\ .$$

Die Iteration liefert: $T_{\text{Gl}} = 389\ \text{K}$
(ohne Berücksichtigung der atmosphärischen Schwächung der einfallenden Sonnenbestrah-
lung).

6. Ein flacher Benzin-Lagerbehälter befindet sich in der Sonne; die einfallende Strahlung trifft
   im wesentlichen senkrecht auf den Behälterdeckel. Der Lagerbehälter ist weiß gestrichen, der
   Reflexionsgrad der Farbe ist in Bild 5.28 gegeben.

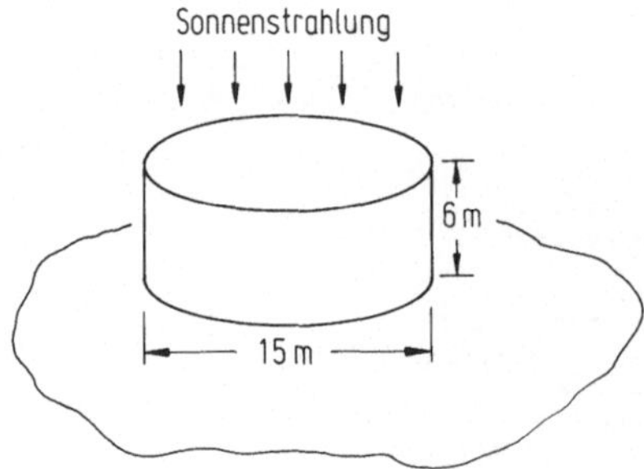

a) Es ist die Gleichgewichtstemperatur abzuschätzen, die der Behälter erreichen kann. (Die emittierte und reflektierte Strahlung vom Boden ist zu vernachlässigen, ebenso die freie oder erzwungene Konvektion der Luft, obwohl diese beachtlich sein kann.)

b) Wie hoch würde die Behältertemperatur sein, wenn der Deckel wie vorher weiß gestrichen wäre, die Seiten jedoch einen grauen Anstrich des Emissionsgrades $\varepsilon = 0{,}9$ hätten?

c) Welche Temperatur würde erreicht, wenn der gesamte Lagerbehälter mit dieser grauen Farbe gestrichen wäre?

Lösung:

a) Zur genauen Berechnung von $\alpha'_{n,\,\text{solar}}$ und ε muß man numerisch integrieren. Wie bei der vorangegangenen Aufgabe teilt man das Spektrum in zwei Teile, z. B. $\lambda_k = 2\ \mu\text{m}$. Dann ist

$$(\lambda T)_{k,\,\text{solar}} = 2 \cdot 5780 = 11\,560\ \mu\text{m}\ \text{K}$$

und

$$\alpha'_{n,\,\text{solar}} = 0{,}1 \cdot 0{,}93969 + 0{,}9(1 - 0{,}93969) = 0{,}148\,.$$

Nimmt man an, daß der Absorptionsgrad für Strahlung aus der Umgebung bei der Umgebungstemperatur T_{Umg} gleich dem Emissionsgrad ε ist, dann ist

$$\alpha'_{n,\,\text{solar}}q_{\text{sol}}A_{\text{Deckel}} = \varepsilon\sigma(T_{\text{Gl}}^4 - T_{\text{Umg}}^4)\,A_{\text{gesamt}}$$

oder

$$T_{\text{Gl}}^4 = T_{\text{Umg}}^4 + \frac{\alpha'_{n,\,\text{solar}}q_{\text{sol}}A_{\text{Deckel}}}{\varepsilon\sigma A_{\text{gesamt}}}$$

$$= (300\ \text{K})^4 + \frac{0{,}148 \cdot 1150\ \text{W}\ \text{m}^{-2} \cdot 7{,}5^2\ \pi\ \text{m}^2}{\varepsilon \cdot 5{,}67051 \cdot 10^{-8}\ \text{W}\ \text{m}^{-2}\ \text{K}^{-4}\,(15\pi\ 6\ \text{m}^2 + 7{,}5^2\ \pi\ \text{m}^2)}\,.$$

Näherungsweise ist dann

$$\varepsilon = 0{,}1 F_{0-\lambda_k T_{\text{Gl}}} + 0{,}9 F_{0-\lambda_k T_{\text{Gl}}}\,.$$

T_{Gl} bestimmt man mit der Probiermethode, bis die Energiebilanz erfüllt ist. Man erhält dann $T_{\text{Gl}} = 311\ \text{K}$ (für $T_{\text{Umg}} = 300\ \text{K}$ und $q_{\text{Sonne}} = 1150\ \text{W}\ \text{m}^{-2}$).

b) Jetzt ist

$$\alpha'_{n,\,\text{solar}}q_{\text{Sonne}}A_{\text{Deckel}} = \varepsilon_{\text{Deckel}}\sigma(T_{\text{Gl}}^4 - T_{\text{Umg}}^4)\,A_{\text{Deckel}} + \varepsilon_{\text{Seite}}\sigma(T_{\text{Gl}}^4 - T_{\text{Umg}}^4)\,A_{\text{Seite}}\,.$$

Bei Benutzung der Werte aus a) $T_{\text{Gl}} = 311\ \text{K}$ und $\varepsilon_{\text{Deckel}} = 0{,}9$, folgt, daß Deckel und Seitenwände den gleichen Emissionsgrad ε haben. Das Ergebnis bleibt also unverändert.

c) Für den vollständig grau gestrichenen Tank ist

$$\alpha'_{n}q_{\text{Sonne}}A_{\text{Deckel}} = \varepsilon\sigma(T_{\text{Gl}}^4 - T_{\text{Umg}}^4)\,A_{\text{gesamt}}\,,$$

$$T_{\text{Gl}}^4 = T_{\text{Umg}}^4 + \frac{q_{\text{Sonne}}A_{\text{Deckel}}}{\sigma A_{\text{gesamt}}}$$

$$= (300\ \text{K})^4 + \frac{1\,150\,\pi\left(\dfrac{15}{2}\right)^2\ \text{W}\ \text{m}^{-2}}{5{,}67051 \cdot 10^{-8}\ \text{W}\ \text{m}^{-2}\ \text{K}^{-4}\left[\pi\,15 \cdot 6 + \pi\left(\dfrac{15}{2}\right)^2\right]}$$

$$T_{\text{Gl}} = 355\ \text{K}\,.$$

Für den vollständig grau angestrichenen Lagerbehälter ist die Gleichgewichtstemperatur also bedeutend höher.

7. Auf eine rotierende Kugel des Durchmessers 0,305 m in einer Erdumlaufbahn fällt Sonnenstrahlung. Als Folge der Rotation der Kugel wird sich die Oberflächentemperatur ausgleichen. Die Außenschicht der Kugel hat eine selektive Oberfläche aus SiO—Al, wie im Beispiel 5.2, mit einer Kantenwellenlänge von 1,5 µm. Die Oberflächeneigenschaften sind vom Winkel unabhängig.

a) Wie groß ist die Gleichgewichts-Oberflächentemperatur nur für den Wärmeübergang durch Strahlung? Wie hängt diese Temperatur vom Kugeldurchmesser ab?

b) Die Temperatur der Kugeloberfläche soll bei 667 K konstant gehalten werden. Wieviel elektrische Energie muß der Kugel hierfür zugeführt werden, um dieses zu erreichen?

Lösung:

a) Die absorbierte Energiestromdichte ist:

$$q_a = \left[\alpha_{0-\lambda_k} F_{0-\lambda_k T_{Sonne}} + \alpha_{\lambda_k-\infty} F_{\lambda_k-\infty T_{Sonne}} \right] q_e \frac{\pi D^2}{4} ,$$

mit $q_e = 1353 \ \text{W m}^{-2}$. Die emittierte Energie ist:

$$q_{em} = \left[\varepsilon_{0-\lambda_k} F_{0-\lambda_k T_{Gl}} + \varepsilon_{\lambda_k-\infty} F_{\lambda_k-\infty T_{Gl}} \right] \sigma T_{Gl}^4 \pi D^2 .$$

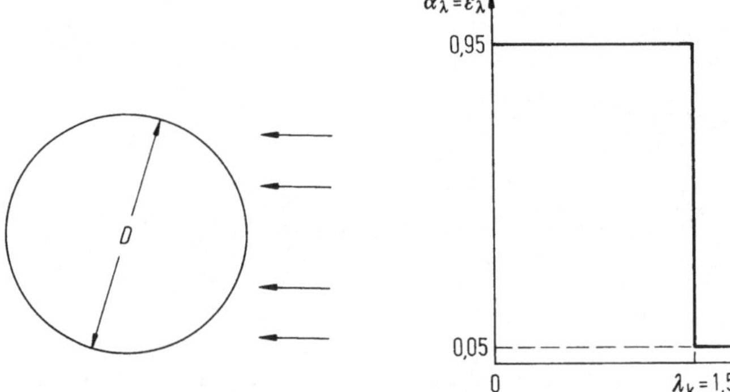

Nach Gleichsetzen der emittierten und absorbierten Energiestromdichten und bei Beachtung, daß das Ergebnis vom Durchmesser D unabhängig sein soll, erhält man mit $T_{Sonne} = 5780 \ \text{K}$:

$$\left[0,95 F_{0-\lambda_k T_{Sonne}} + 0,05 \left(1 - F_{0-\lambda_k T_{Sonne}} \right) \right] \frac{q_e}{4} = \left[0,95 F_{0-\lambda_k T_{Gl}} + 0,05 \left(1 - F_{0-\lambda_k T_{Gl}} \right) \right] T_{Gl}^4 .$$

$$\left(0,90 \cdot 0,880\,11 + 0,05 \right) \frac{1\,353}{4} = \left(0,90 \cdot F_{0-1,5 \cdot 10^{-6} T_{Gl}} + 0,05 \right) 5,670\,51 \cdot 10^{-8} T_{Gl}^4 .$$

$$T_{Gl}^4 = 5,023\,18 \cdot 10^{-9} \left(0,90 \cdot F_{0-1,5 \cdot 10^{-6} T_{Gl}} + 0,05 \right)^{-1} .$$

Mit der Probiermethode findet man $T_{Gl} = 563 \ \text{K}$

b) $\Phi_{\text{elektrisch zugeführt}} = \Phi_{em} - \Phi_a$

$$= \pi D^2 \sigma T_A^4 \left(0,95 F_{0-\lambda_k T_A} + 0,05 F_{\lambda_k T_A - \infty} \right) - 0,842\,1 \cdot 1353 \frac{\pi D^2}{4}$$

$$= \pi \, 0,305^2 \cdot 5,670\,51 \cdot 10^{-8} \cdot 667^4 \left(0,90 F_{0-1000} + 0,05 \right)$$

$$-0,842\,1 \cdot 1353 \frac{\pi \cdot 0,305^2}{4}$$

$$= 82 \ \text{W} .$$

Anhang

Anhang A. Fundamentalkonstanten, Umrechnungsfaktoren und Tabellen der Strahlungsfunktionen von Schwarzen Körpern

In Tabelle A1 sind Fundamentalkonstanten der Strahlungsphysik zusammengestellt. Umrechnungsfaktoren zwischen dem internationalen Einheitensystem (SI) und anderen älteren Einheitensystemen, die allerdings nicht mehr verwendet werden sollen, werden in den Tabellen A2 und A3 aufgeführt. In Tabelle A4 werden die Werte der verschiedenen Strahlungskonstanten in SI-Einheiten angegeben. Tabelle A5 gibt die Strahlungseigenschaften des Schwarzen Körpers als Funktion der Variablen λT wieder.

Die Zahlenwerte in Tabelle A5 haben Pivovonsky und Nagel [A.2] sowie Wiebelt [A.3] durch Angleichung der Funktion $F_{0-\lambda T}$ durch Polynome berechnet. Diese Polynome können für Computeranwendungen bei der Lösung der verschiedensten Strahlungsaufgaben recht nützlich sein. Wiebelt empfiehlt, die folgenden Polynome:

$$F_{0-\lambda\mathrm{T}} = \frac{15}{\pi^4} \sum_{m=1,2,\dots} \frac{e^{-mv}}{m^4} \{[(mv + 3)\, mv + 6]\, mv + 6\}, \qquad v \geqq 2,$$

$$F_{0-\lambda\mathrm{T}} = 1 - \frac{15}{\pi^4}\, v^3 \left(\frac{1}{3} - \frac{v}{8} + \frac{v^2}{60} - \frac{v^4}{5040} + \frac{v^6}{272\,160} - \frac{v^8}{13\,305\,600}\right),$$

$$v < 2,$$

wobei $v = c_2/\lambda T$ und c_2 in Tabelle A4 dieses Anhangs angegeben ist. Die Reihen werden abgebrochen, wenn die gewünschte Genauigkeit erreicht ist.

Tabelle A1. Fundamentalkonstanten [A.1]

Name und Formelzeichen	Zahlenwert[a]	SI-Einheit (dezimales Vielfaches)
Vakuumlichtgeschwindigkeit	$c_0 = 2{,}99792458$	10^8 m s^{-1}
magnetische Feldkonstante	$\mu_0 = (\gamma_0 c_0^2)^{-1} = 4\pi$	10^{-7} NA^{-2}
	$= 1{,}2566370614 \ldots$	10^{-6} NA^{-2}
elektrische Feldkonstante	$\gamma_0 = (\mu_0 c_0^2)^{-1} = 8{,}854187817 \ldots$	10^{-12} F m^{-1}
Ruhemasse des Elektrons	$m_e = 9{,}1093897(54)$	10^{-31} kg
Elementarladung	$e = 1{,}60217733(49)$	10^{-19} C
Planck-Konstante	$h = 6{,}6260755(40)$	10^{-34} J s
	$\hbar = h/(2\pi) = 1{,}05457266(63)$	10^{-34} J s
Rydberg-Konstante	$R_\infty = \mu_0^2 m_e e^4 c_0^3/(8h^3) = 1{,}0973731534(13)$	10^7 m^{-1}
Sommerfeld-Feinstrukturkonstante	$\alpha = \mu_0 c e^2/(2h) = 7{,}29735308(33)$	10^{-3}
Bohr-Radius	$a_0 = \alpha/(4\pi R_\infty) = 5{,}29177249(24)$	10^{-11} m
Elektronenradius	$r_e = \alpha^2 a_0 = \alpha^3/(4\pi R_\infty) = 2{,}81794092(38)$	10^{-15} m
Thomson-Wirkungsquerschnitt	$(8\pi/3)\, r_e^2 = 6{,}6524616(18)$	10^{-29} m^2
Boltzmann-Konstante	$k = R/N_A = 1{,}380658(12)$	10^{-23} J K^{-1}
molares Volumen des idealen Gases ($T_0 = 273{,}15$ K; $p_0 = 101\,325$ Pa)	$V_m = RT_0/p_0 = 2{,}241383(70)$	10^{-2} m^3 mol^{-1}

[a] Alle Unsicherheiten der letzten Dezimalstelle, die in Klammern hinter den jeweiligen Zahlenwerten angegeben sind, bedeuten die einfache Standardabweichung.

Tabelle A2. Umrechnungsfaktoren für Längen

	mile mi	Kilometer km	Meter m	foot ft	inch in
1 mile =	1	1,609	1609	5280	$6,336 \cdot 10^4$
1 Kilometer =	0,6214	1	10^3	$3,281 \cdot 10^3$	$3,297 \cdot 10^4$
1 Meter =	$6,214 \cdot 10^{-4}$	10^{-3}	1	3,281	39,37
1 foot =	$1,894 \cdot 10^{-4}$	$3,048 \cdot 10^{-4}$	0,3048	1	12
1 inch =	$1,578 \cdot 10^{-5}$	$2,540 \cdot 10^{-5}$	$2,540 \cdot 10^{-2}$	$8,333 \cdot 10^{-2}$	1
1 Zentimeter =	$6,214 \cdot 10^{-6}$	10^{-5}	10^{-2}	$3,281 \cdot 10^{-2}$	$3,937 \cdot 10^{-1}$
1 Millimeter =	$6,214 \cdot 10^{-7}$	10^{-6}	10^{-3}	$3,281 \cdot 10^{-3}$	$3,937 \cdot 10^{-2}$
1 Mikrometer =	$6,214 \cdot 10^{-10}$	10^{-9}	10^{-6}	$3,281 \cdot 10^{-6}$	$3,937 \cdot 10^{-5}$
1 Nanometer =	$6,214 \cdot 10^{-13}$	10^{-12}	10^{-9}	$3,281 \cdot 10^{-9}$	$3,937 \cdot 10^{-8}$
1 Ångström =	$6,214 \cdot 10^{-14}$	10^{-13}	10^{-10}	$3,281 \cdot 10^{-10}$	$3,937 \cdot 10^{-9}$

	Zentimeter cm	Millimeter mm	Mikrometer μm	Nanometer nm	Ångström Å
1 mile =	$1,609 \cdot 10^5$	$1,609 \cdot 10^6$	$1,609 \cdot 10^9$	$1,609 \cdot 10^{12}$	$1,609 \cdot 10^{13}$
1 Kilometer =	10^5	10^6	10^9	10^{12}	10^{13}
1 Meter =	10^2	10^3	10^6	10^9	10^{10}
1 foot =	30,48	$3,048 \cdot 10^2$	$3,048 \cdot 10^5$	$3,048 \cdot 10^8$	$3,048 \cdot 10^9$
1 inch =	2,540	25,40	$2,540 \cdot 10^4$	$2,540 \cdot 10^7$	$2,540 \cdot 10^8$
1 Zentimeter =	1	10	10^4	10^7	10^8
1 Millimeter =	10^{-1}	1	10^3	10^6	10^7
1 Mikrometer =	10^{-4}	10^{-3}	1	10^3	10^4
1 Nanometer =	10^{-7}	10^{-6}	10^{-3}	1	10
1 Ångström =	10^{-8}	10^{-7}	10^{-4}	10^{-1}	1

Tabelle A3. Weitere Umrechnungsfaktoren

Fläche	Masse
$1\ \text{ft}^2 = 0,0929030\ \text{m}^2$	$1\ \text{lb} = 0,453592\ \text{kg}$
$1\ \text{in}^2 = 6,4516 \cdot 10^{-4}\ \text{m}^2$	$1\ \text{kg} = 2,20462\ \text{lb}$
$1\ \text{m}^2 = 10,7639\ \text{ft}^2$	

Volumen	Dichte
$1\ \text{ft}^3 = 0,028317\ \text{m}^3$	$1\ \text{lb/ft}^3 = 16,0185\ \text{kg/m}^3$
$1\ \text{m}^3 = 35,315\ \text{ft}^3$	$1\ \text{kg/m}^3 = 0,062428\ \text{lb/ft}^3$

Tabelle A3. (Fortsetzung)

Energie, Arbeit, Wärmemenge	Wärmestromdichte
$(1\ \mathrm{J} = 1\ \mathrm{W\,s} = 1\ \mathrm{kg\,m^2/s^2})$ $1\ \mathrm{J} = 0{,}94782 \cdot 10^{-3}\ \mathrm{Btu^a} = 0{,}23885\ \mathrm{cal^a}$ $1\ \mathrm{Btu} = 1{,}0551 \cdot 10^3\ \mathrm{J} = 20{,}25200 \cdot 10^3\ \mathrm{cal}$ $1\ \mathrm{cal} = 4{,}1868\ \mathrm{J} = 3{,}9683 \cdot 10^{-3}\ \mathrm{Btu}$ $1\ \mathrm{W\,h} = 3{,}60 \cdot 10^3\ \mathrm{J}$	$1\ \mathrm{W/m^2} = 0{,}31700\ \mathrm{Btu^a/(h\,ft^2)}$ $\qquad\quad = 0{,}85985 \cdot 10^3\ \mathrm{cal^a/(h\,m^2)}$ $1\ \mathrm{Btu/(h\,ft^2)} = 3{,}1546\ \mathrm{W/m^2}$ $\qquad\qquad\quad = 2{,}7125 \cdot 10^3\ \mathrm{cal/(h\,m^2)}$ $1\ \mathrm{cal/(h\,m^2)} = 1{,}1630 \cdot 10^{-3}\ \mathrm{W/m^2}$ $\qquad\qquad\quad = 0{,}36867 \cdot 10^{-3}\ \mathrm{Btu/(h\,ft^2)}$

Wärmestrom, Leistung	Wärmeübergangskoeffizient
$1\ \mathrm{W} = 3{,}4121\ \mathrm{Btu^a/h} = 0{,}85985 \cdot 10^3\ \mathrm{cal^a/h}$ $1\ \mathrm{Btu/h} = 0{,}29307\ \mathrm{W} = 0{,}25200 \cdot 10^3\ \mathrm{cal/h}$ $1\ \mathrm{cal/h} = 1{,}1630 \cdot 10^{-3}\ \mathrm{W}$ $\qquad\quad = 3{,}9683 \cdot 10^{-3}\ \mathrm{Btu/h}$	$1\ \mathrm{W/(m^2\,K)} = 0{,}17611\ \mathrm{Btu^a/(h\,ft^2\,{}^\circ R)}$ $\qquad\qquad\quad = 0{,}85985 \cdot 10^3\ \mathrm{cal^a/(h\,m^2\,K)}$ $1\ \mathrm{Btu/(h\,ft^2\,{}^\circ R)} = 5{,}6783\ \mathrm{W/(m^2\,K)}$ $\qquad\qquad\qquad = 4{,}8824 \cdot 10^3\ \mathrm{cal/(h\,m^2\,K)}$ $1\ \mathrm{cal/(h\,m^2\,K)} = 1{,}1630 \cdot 10^{-3}\ \mathrm{W/(m^2\,K)}$ $\qquad\qquad\qquad = 0{,}20482 \cdot 10^{-3}\ \mathrm{Btu/(h\,ft^2\,{}^\circ R)}$

Wärmeleitfähigkeit	Spezifische Wärmekapazität
$1\ \mathrm{W/(m\,K)} = 0{,}57779\ \mathrm{Btu/(h\,ft\,{}^\circ R)}$ $\qquad\qquad = 0{,}85985 \cdot 10^3\ \mathrm{cal/(h\,m\,K)}$ $1\ \mathrm{Btu/(h\,ft\,{}^\circ R)} = 1{,}7307\ \mathrm{W/(m\,K)}$ $\qquad\qquad\quad = 1{,}4882 \cdot 10^3\ \mathrm{cal/(h\,m\,K)}$ $1\ \mathrm{cal/(h\,m\,K)} = 1{,}1630 \cdot 10^{-3}\ \mathrm{W/(m\,K)}$ $\qquad\qquad\quad = 0{,}67197 \cdot 10^{-3}\ \mathrm{Btu/(h\,ft\,{}^\circ R)}$	$1\ \mathrm{J/(kg\,K)} = 0{,}23885 \cdot 10^{-3}\ \mathrm{Btu/(lb\,{}^\circ R)}$ $\qquad\qquad = 0{,}23885\ \mathrm{cal/(kg\,K)}$ $1\ \mathrm{Btu/(lb\,{}^\circ R)} = 4{,}1868 \cdot 10^3\ \mathrm{J/(kg\,K)}$ $\qquad\qquad\quad = 1{,}0000 \cdot 10^3\ \mathrm{cal/(kg\,K)}$ $1\ \mathrm{cal/(kg\,K)} = 4{,}1868\ \mathrm{J/(kg\,K)}$ $\qquad\qquad\quad = 1{,}0000 \cdot 10^{-3}\ \mathrm{Btu/(lb\,{}^\circ R)}$

Temperatur
$$\mathrm{K} = \frac{5}{9}\,{}^\circ\mathrm{R} = \frac{5}{9}({}^\circ\mathrm{F} + 459{,}67) = {}^\circ\mathrm{C} + 273{,}15$$ $$ {}^\circ\mathrm{R} = \frac{9}{5}\,\mathrm{K} = \frac{9}{5}({}^\circ\mathrm{C} + 273{,}15) = {}^\circ\mathrm{F} + 459{,}67 $$ $$ {}^\circ\mathrm{F} = \frac{9}{5}\,{}^\circ\mathrm{C} + 32 $$ $$ {}^\circ\mathrm{C} = \frac{5}{9}({}^\circ\mathrm{F} - 32) $$

[a] Unter cal ist hier die „Internationale Tafelkalorie" ($\mathrm{cal_{IT}}$) zu verstehen, für die nach Definition gilt

$$1\ \mathrm{cal_{IT}} = 4{,}1868\ \mathrm{J\ (genau)}.$$

Unter Btu ist hier die „International Table British Thermal Unit" ($\mathrm{Btu_{IT}}$) zu verstehen, für die nach Definition gilt

$$1\ \mathrm{kcal_{IT}/kg} = 1{,}8\ \mathrm{Btu_{IT}/lb\ (genau)}.$$

Tabelle A4. Strahlungskonstanten

Name	Formelzeichen	Zahlenwert[a]	SI-Einheit (dezimales Vielfaches)
erste Plancksche Strahlungskonstante	$c_1' = 2\pi h c_0^2$	3,7417749(22)	10^{-16} W m^2
	$c_1 = c_1'/(2\pi) = h c_0^2$	5,9552197	10^{-17} W m^2
zweite Plancksche Strahlungs-	$c_2 = h c_0/k$	1,438769(12)	10^{-2} m K
konstante	$c_2/c_0 = h/k$	4,799217	10^{-11} s K
Konstante des Wienschen Verschiebungsgesetzes	$c_3 = \lambda_{\max} T$	2,897756(24)	10^{-3} m K
Konstante in der Gleichung für maximale Strahldichte eines Schwarzen Körpers	$c_4 = \dfrac{2c_1}{c_3^5(e^{c_2/c_3} - 1)}$	4,095790	10^{-6} W m^{-3} K^{-5}
Stefan-Boltzmannsche Strahlungskonstante	$\sigma = (\pi^2/60)\, k^4/(h^3 c_0^2)$	5,67051(19)	10^{-8} W m^{-2} K^{-4}
Solarkonstante	$E_0 = q_e$	1353(21)	W m^{-2}
effektive Temperatur der strahlenden Sonnenoberfläche	T_{Sonne}	5780	K

[a] Alle Unsicherheiten der letzten Dezimalstelle, die in Klammern hinter den jeweiligen Zahlenwerten angegeben sind, bedeuten die einfache Standardabweichung.

Tabelle A5. Funktionen des Schwarzen Körpers

Produkt aus Wellenlänge und Temperatur λT	Hemisphärische spektrale spezifische Ausstrahlung eines Schwarzen Körpers, dividiert durch die 5. Potenz der Temperatur $M_{\lambda s}/T^5$	Bruchteilfunktion $F_{0-\lambda T}$	Differenz zwischen den aufeinanderfolgenden $F_{0-\lambda T}$-Werten ΔF
10^{-6} m K	W m^{-3} K^{-5}		
500	$3,81 \cdot 10^{-12}$	$1,30 \cdot 10^{-9}$	
550	$3,24 \cdot 10^{-11}$	$1,35 \cdot 10^{-8}$	$1,22 \cdot 10^{-8}$
600	$1,85 \cdot 10^{-10}$	$9,29 \cdot 10^{-8}$	$7,94 \cdot 10^{-8}$
650	$7,86 \cdot 10^{-10}$	$4,67 \cdot 10^{-7}$	$3,74 \cdot 10^{-7}$
700	$2,64 \cdot 10^{-9}$	$1,84 \cdot 10^{-6}$	$1,37 \cdot 10^{-6}$
750	$7,35 \cdot 10^{-9}$	$5,95 \cdot 10^{-6}$	$4,11 \cdot 10^{-6}$
800	$1,77 \cdot 10^{-8}$	$1,64 \cdot 10^{-5}$	$1,04 \cdot 10^{-5}$
850	$3,76 \cdot 10^{-8}$	$3,99 \cdot 10^{-5}$	$2,35 \cdot 10^{-5}$
900	$7,228 \cdot 10^{-8}$	$8,70 \cdot 10^{-5}$	$4,71 \cdot 10^{-5}$
950	$1,2795 \cdot 10^{-7}$	$1,74 \cdot 10^{-4}$	$8,7 \cdot 10^{-5}$
1000	$2,1111 \cdot 10^{-7}$	$3,21 \cdot 10^{-4}$	0,00015
1050	$3,2819 \cdot 10^{-7}$	$5,56 \cdot 10^{-4}$	0,00024
1100	$4,8485 \cdot 10^{-7}$	$9,11 \cdot 10^{-4}$	0,00035
1150	$6,8558 \cdot 10^{-7}$	0,00142	0,00051
1200	$9,3334 \cdot 10^{-7}$	0,00213	0,00071

Tabelle A5. (Fortsetzung)

λT	$M_{\lambda s}/T^5$	$F_{0-\lambda T}$	ΔF
10^{-6} m K	W m^{-3} K^{-5}		
1250	$1{,}2294 \cdot 10^{-6}$	0,00308	0,00095
1300	$1{,}5732 \cdot 10^{-6}$	0,00432	0,00124
1350	$1{,}9627 \cdot 10^{-6}$	0,00587	0,00155
1400	$2{,}3944 \cdot 10^{-6}$	0,00779	0,00192
1450	$2{,}8636 \cdot 10^{-6}$	0,01011	0,00232
1500	$3{,}3647 \cdot 10^{-6}$	0,01285	0,00274
1550	$3{,}8916 \cdot 10^{-6}$	0,01605	0,00320
1600	$4{,}4380 \cdot 10^{-6}$	0,01971	0,00366
1650	$4{,}9972 \cdot 10^{-6}$	0,02388	0,00417
1700	$5{,}5629 \cdot 10^{-6}$	0,02853	0,00465
1750	$6{,}1292 \cdot 10^{-6}$	0,03369	0,00516
1800	$6{,}6902 \cdot 10^{-6}$	0,03934	0,00565
1850	$7{,}2411 \cdot 10^{-6}$	0,04548	0,00614
1900	$7{,}7771 \cdot 10^{-6}$	0,05211	0,00663
1950	$8{,}2945 \cdot 10^{-6}$	0,05919	0,00708
2000	$8{,}7897 \cdot 10^{-6}$	0,06673	0,00754
2050	$9{,}2602 \cdot 10^{-6}$	0,07469	0,00796
2100	$9{,}7037 \cdot 10^{-6}$	0,08305	0,00836
2150	$1{,}0119 \cdot 10^{-5}$	0,09179	0,00874
2200	$1{,}0504 \cdot 10^{-5}$	0,10089	0,00910
2250	$1{,}0858 \cdot 10^{-5}$	0,11031	0,00942
2300	$1{,}1182 \cdot 10^{-5}$	0,12003	0,00972
2350	$1{,}1474 \cdot 10^{-5}$	0,13002	0,00999
2400	$1{,}1737 \cdot 10^{-5}$	0,14025	0,01023
2450	$1{,}1969 \cdot 10^{-5}$	0,15071	0,01046
2500	$1{,}2171 \cdot 10^{-5}$	0,16135	0,01064
2550	$1{,}2345 \cdot 10^{-5}$	0,17216	0,01081
2600	$1{,}2492 \cdot 10^{-5}$	0,18312	0,01096
2650	$1{,}2613 \cdot 10^{-5}$	0,19419	0,01107
2700	$1{,}2708 \cdot 10^{-5}$	0,20535	0,01116
2750	$1{,}2780 \cdot 10^{-5}$	0,21659	0,01124
2800	$1{,}2830 \cdot 10^{-5}$	0,22789	0,01130
2850	$1{,}2858 \cdot 10^{-5}$	0,23921	0,01132
2900	$1{,}2867 \cdot 10^{-5}$	0,25056	0,01135
2950	$1{,}2857 \cdot 10^{-5}$	0,26190	0,01134
3000	$1{,}2830 \cdot 10^{-5}$	0,27322	0,01132
3050	$1{,}2787 \cdot 10^{-5}$	0,28452	0,01130
3100	$1{,}2740 \cdot 10^{-5}$	0,29577	0,01125
3150	$1{,}2659 \cdot 10^{-5}$	0,30697	0,01120
3200	$1{,}2576 \cdot 10^{-5}$	0,31809	0,01112

Tabelle A5. (Fortsetzung)

λT	$M_{\lambda s}/T^5$	$F_{0-\lambda T}$	ΔF
10^{-6} m K	W m^{-3} K^{-5}		
3250	$1{,}2481 \cdot 10^{-5}$	0,32914	0,01105
3300	$1{,}2376 \cdot 10^{-5}$	0,34010	0,01096
3350	$1{,}2263 \cdot 10^{-5}$	0,35096	0,01086
3400	$1{,}2140 \cdot 10^{-5}$	0,36172	0,01076
3450	$1{,}2011 \cdot 10^{-5}$	0,37237	0,01065
3500	$1{,}1875 \cdot 10^{-5}$	0,38290	0,01053
3550	$1{,}1733 \cdot 10^{-5}$	0,39331	0,01041
3600	$1{,}1585 \cdot 10^{-5}$	0,40359	0,01028
3650	$1{,}1434 \cdot 10^{-5}$	0,41374	0,01015
3700	$1{,}1279 \cdot 10^{-5}$	0,42376	0,01002
3750	$1{,}1120 \cdot 10^{-5}$	0,43363	0,00987
3800	$1{,}0959 \cdot 10^{-5}$	0,44337	0,00974
3850	$1{,}0796 \cdot 10^{-5}$	0,45296	0,00959
3900	$1{,}0631 \cdot 10^{-5}$	0,46241	0,00945
3950	$1{,}0464 \cdot 10^{-5}$	0,47171	0,00930
4000	$1{,}0297 \cdot 10^{-5}$	0,48086	0,00915
4050	$1{,}0129 \cdot 10^{-5}$	0,48987	0,00901
4100	$9{,}9613 \cdot 10^{-6}$	0,49872	0,00885
4150	$9{,}7935 \cdot 10^{-6}$	0,50743	0,00871
4200	$9{,}6260 \cdot 10^{-6}$	0,51600	0,00857
4250	$9{,}4591 \cdot 10^{-6}$	0,52441	0,00841
4300	$9{,}2931 \cdot 10^{-6}$	0,53268	0,00827
4350	$9{,}1281 \cdot 10^{-6}$	0,54080	0,00812
4400	$8{,}9644 \cdot 10^{-6}$	0,54878	0,00798
4450	$8{,}8020 \cdot 10^{-6}$	0,55661	0,00783
4500	$8{,}6412 \cdot 10^{-6}$	0,56430	0,00771
4550	$8{,}4821 \cdot 10^{-6}$	0,57185	0,00755
4600	$8{,}3247 \cdot 10^{-6}$	0,57926	0,00741
4650	$8{,}1692 \cdot 10^{-6}$	0,58653	0,00727
4700	$8{,}0157 \cdot 10^{-6}$	0,59367	0,00714
4750	$7{,}8642 \cdot 10^{-6}$	0,60067	0,00700
4800	$7{,}7149 \cdot 10^{-6}$	0,60754	0,00687
4850	$7{,}5677 \cdot 10^{-6}$	0,61427	0,00673
4900	$7{,}4227 \cdot 10^{-6}$	0,62088	0,00661
4950	$7{,}2800 \cdot 10^{-6}$	0,62736	0,00648
5000	$7{,}1396 \cdot 10^{-6}$	0,63372	0,00636
5050	$7{,}0015 \cdot 10^{-6}$	0,63996	0,00624
5100	$6{,}8657 \cdot 10^{-6}$	0,64607	0,00611
5150	$6{,}7322 \cdot 10^{-6}$	0,65207	0,00600
5200	$6{,}6011 \cdot 10^{-6}$	0,65794	0,00587

Tabelle A5. (Fortsetzung)

λT	$M_{\lambda s}/T^5$	$F_{0-\lambda T}$	ΔF
10^{-6} m K	W m^{-3} K^{-5}		
5250	$6{,}4723 \cdot 10^{-6}$	0,66371	0,00577
5300	$6{,}3458 \cdot 10^{-6}$	0,66936	0,00565
5350	$6{,}2217 \cdot 10^{-6}$	0,67490	0,00554
5400	$6{,}0999 \cdot 10^{-6}$	0,68033	0,00543
5450	$5{,}9804 \cdot 10^{-6}$	0,68566	0,00533
5500	$5{,}8632 \cdot 10^{-6}$	0,69088	0,00522
5550	$5{,}7482 \cdot 10^{-6}$	0,69600	0,00512
5600	$5{,}6355 \cdot 10^{-6}$	0,70102	0,00502
5650	$5{,}5251 \cdot 10^{-6}$	0,70594	0,00492
5700	$5{,}4168 \cdot 10^{-6}$	0,71076	0,00482
5750	$5{,}3107 \cdot 10^{-6}$	0,71549	0,00473
5800	$5{,}2067 \cdot 10^{-6}$	0,72013	0,00464
5850	$5{,}1048 \cdot 10^{-6}$	0,72467	0,00454
5900	$5{,}0050 \cdot 10^{-6}$	0,72913	0,00446
5950	$4{,}9073 \cdot 10^{-6}$	0,73350	0,00437
6000	$4{,}8116 \cdot 10^{-6}$	0,73779	0,00429
6050	$4{,}7179 \cdot 10^{-6}$	0,74199	0,00420
6100	$4{,}6261 \cdot 10^{-6}$	0,74611	0,00412
6150	$4{,}5362 \cdot 10^{-6}$	0,75015	0,00404
6200	$4{,}4482 \cdot 10^{-6}$	0,75411	0,00396
6250	$4{,}3621 \cdot 10^{-6}$	0,75799	0,00388
6300	$4{,}2778 \cdot 10^{-6}$	0,76180	0,00381
6350	$4{,}1953 \cdot 10^{-6}$	0,76554	0,00374
6400	$4{,}1145 \cdot 10^{-6}$	0,76920	0,00366
6450	$4{,}0354 \cdot 10^{-6}$	0,77279	0,00359
6500	$3{,}9580 \cdot 10^{-6}$	0,77632	0,00351
6550	$3{,}8822 \cdot 10^{-6}$	0,77977	0,00345
6600	$3{,}8081 \cdot 10^{-6}$	0,78316	0,00339
6650	$3{,}7356 \cdot 10^{-6}$	0,78649	0,00333
6700	$3{,}6645 \cdot 10^{-6}$	0,78975	0,00326
6750	$3{,}5951 \cdot 10^{-6}$	0,79295	0,00320
6800	$3{,}5270 \cdot 10^{-6}$	0,79609	0,00314
6850	$3{,}4605 \cdot 10^{-6}$	0,79917	0,00308
6900	$3{,}3954 \cdot 10^{-6}$	0,80220	0,00303
6950	$3{,}3316 \cdot 10^{-6}$	0,80516	0,00296
7000	$3{,}2692 \cdot 10^{-6}$	0,80807	0,00291
7050	$3{,}2082 \cdot 10^{-6}$	0,81093	0,00286
7100	$3{,}1484 \cdot 10^{-6}$	0,81373	0,00280
7150	$3{,}0899 \cdot 10^{-6}$	0,81648	0,00275
7200	$3{,}0327 \cdot 10^{-6}$	0,81918	0,00270

λT	$M_{\lambda s}/T^5$	$F_{0-\lambda T}$	ΔF

Tabelle A5. (Fortsetzung)

λT	$M_{\lambda s}/T^5$	$F_{0-\lambda T}$	ΔF
10^{-6} m K	W m^{-3} K^{-5}		
7250	$2{,}9767 \cdot 10^{-6}$	0,82183	0,00265
7300	$2{,}9219 \cdot 10^{-6}$	0,82443	0,00260
7350	$2{,}8682 \cdot 10^{-6}$	0,82698	0,00255
7400	$2{,}8157 \cdot 10^{-6}$	0,82949	0,00251
7450	$2{,}7643 \cdot 10^{-6}$	0,83195	0,00246
7500	$2{,}7140 \cdot 10^{-6}$	0,83437	0,00242
7550	$2{,}6647 \cdot 10^{-6}$	0,83674	0,00237
7600	$2{,}6165 \cdot 10^{-6}$	0,83906	0,00232
7650	$2{,}5693 \cdot 10^{-6}$	0,84135	0,00229
7700	$2{,}5231 \cdot 10^{-6}$	0,84360	0,00225
7750	$2{,}4779 \cdot 10^{-6}$	0,84580	0,00220
7800	$2{,}4336 \cdot 10^{-6}$	0,84797	0,00217
7850	$2{,}3902 \cdot 10^{-6}$	0,85009	0,00212
7900	$2{,}3478 \cdot 10^{-6}$	0,85218	0,00209
7950	$2{,}3062 \cdot 10^{-6}$	0,85423	0,00205
8000	$2{,}2655 \cdot 10^{-6}$	0,85625	0,00202
8050	$2{,}2256 \cdot 10^{-6}$	0,85823	0,00198
8100	$2{,}1866 \cdot 10^{-6}$	0,86017	0,00194
8150	$2{,}1484 \cdot 10^{-6}$	0,86209	0,00192
8200	$2{,}1109 \cdot 10^{-6}$	0,86396	0,00187
8250	$2{,}0743 \cdot 10^{-6}$	0,86581	0,00185
8300	$2{,}0384 \cdot 10^{-6}$	0,86762	0,00181
8350	$2{,}0032 \cdot 10^{-6}$	0,86940	0,00178
8400	$1{,}9687 \cdot 10^{-6}$	0,87115	0,00175
8450	$1{,}9350 \cdot 10^{-6}$	0,87288	0,00173
8500	$1{,}9019 \cdot 10^{-6}$	0,87457	0,00169
8550	$1{,}8695 \cdot 10^{-6}$	0,87623	0,00166
8600	$1{,}8378 \cdot 10^{-6}$	0,87786	0,00163
8650	$1{,}8067 \cdot 10^{-6}$	0,87947	0,00161
8700	$1{,}7762 \cdot 10^{-6}$	0,88105	0,00158
8750	$1{,}7463 \cdot 10^{-6}$	0,88260	0,00155
8800	$1{,}7171 \cdot 10^{-6}$	0,88413	0,00153
8850	$1{,}6884 \cdot 10^{-6}$	0,88563	0,00150
8900	$1{,}6603 \cdot 10^{-6}$	0,88711	0,00148
8950	$1{,}6327 \cdot 10^{-6}$	0,88856	0,00145
9000	$1{,}6057 \cdot 10^{-6}$	0,88999	0,00143
9050	$1{,}5793 \cdot 10^{-6}$	0,89139	0,00140
9100	$1{,}5533 \cdot 10^{-6}$	0,89277	0,00138
9150	$1{,}5279 \cdot 10^{-6}$	0,89413	0,00136
9200	$1{,}5030 \cdot 10^{-6}$	0,89547	0,00134

Tabelle A5. (Fortsetzung)

λT	$M_{\lambda s}/T^5$	$F_{0-\lambda T}$	ΔF
10^{-6} m K	W m^{-3} K^{-5}		
9250	$1{,}4785 \cdot 10^{-6}$	0,89678	0,00131
9300	$1{,}4546 \cdot 10^{-6}$	0,89808	0,00130
9350	$1{,}4311 \cdot 10^{-6}$	0,89935	0,00127
9400	$1{,}4080 \cdot 10^{-6}$	0,90060	0,00125
9450	$1{,}3854 \cdot 10^{-6}$	0,90183	0,00123
9500	$1{,}3633 \cdot 10^{-6}$	0,90304	0,00121
9550	$1{,}3415 \cdot 10^{-6}$	0,90424	0,00120
9600	$1{,}3202 \cdot 10^{-6}$	0,90541	0,00117
9650	$1{,}2993 \cdot 10^{-6}$	0,90656	0,00115
9700	$1{,}2788 \cdot 10^{-6}$	0,90770	0,00114
9750	$1{,}2587 \cdot 10^{-6}$	0,90882	0,00112
9800	$1{,}2389 \cdot 10^{-6}$	0,90992	0,00110
9850	$1{,}2196 \cdot 10^{-6}$	0,91100	0,00108
9900	$1{,}2006 \cdot 10^{-6}$	0,91207	0,00107
9950	$1{,}1819 \cdot 10^{-6}$	0,91312	0,00105
10000	$1{,}1637 \cdot 30^{-6}$	0,91416	0,00104
10100	$1{,}1281 \cdot 10^{-6}$	0,91618	0,00202
10200	$1{,}0939 \cdot 10^{-6}$	0,91814	0,00196
10300	$1{,}0609 \cdot 10^{-6}$	0,92004	0,00190
10400	$1{,}0291 \cdot 10^{-6}$	0,92188	0,00184
10500	$9{,}9843 \cdot 10^{-7}$	0,92367	0,00179
10600	$9{,}6890 \cdot 10^{-7}$	0,92540	0,00173
10700	$9{,}4043 \cdot 10^{-7}$	0,92708	0,00168
10800	$9{,}1296 \cdot 10^{-7}$	0,92872	0,00164
10900	$8{,}8648 \cdot 10^{-7}$	0,93030	0,00158
11000	$8{,}6092 \cdot 10^{-7}$	0,93185	0,00155
11100	$8{,}3626 \cdot 10^{-7}$	0,93334	0,00149
11200	$8{,}1246 \cdot 10^{-7}$	0,93480	0,00146
11300	$7{,}8948 \cdot 10^{-7}$	0,93621	0,00141
11400	$7{,}6729 \cdot 10^{-7}$	0,93758	0,00137
11500	$7{,}4586 \cdot 10^{-7}$	0,93891	0,00133
11600	$7{,}2516 \cdot 10^{-7}$	0,94021	0,00130
11700	$7{,}0515 \cdot 10^{-7}$	0,94147	0,00126
11800	$6{,}8582 \cdot 10^{-7}$	0,94270	0,00123
11900	$6{,}6714 \cdot 10^{-7}$	0,94389	0,00119
12000	$6{,}4908 \cdot 10^{-7}$	0,94505	0,00116
12100	$6{,}3161 \cdot 10^{-7}$	0,94618	0,00113
12200	$6{,}1472 \cdot 10^{-7}$	0,94728	0,00110
12300	$5{,}9838 \cdot 10^{-7}$	0,94835	0,00107
12400	$5{,}8257 \cdot 10^{-7}$	0,94939	0,00104

Tabelle A5. (Fortsetzung)

λT	$M_{\lambda s}/T^5$	$F_{0-\lambda \mathrm{T}}$	ΔF
10^{-6} m K	W m^{-3} K^{-5}		
12500	$5{,}6727 \cdot 10^{-7}$	0,95041	0,00102
12600	$5{,}5246 \cdot 10^{-7}$	0,95139	0,00098
12700	$5{,}3813 \cdot 10^{-7}$	0,95235	0,00096
12800	$5{,}2425 \cdot 10^{-7}$	0,95329	0,00094
12900	$5{,}1080 \cdot 10^{-7}$	0,95420	0,00091
13000	$4{,}9778 \cdot 10^{-7}$	0,95509	0,00089
13100	$4{,}8517 \cdot 10^{-7}$	0,95596	0,00087
13200	$4{,}7295 \cdot 10^{-7}$	0,95680	0,00084
13300	$4{,}6110 \cdot 10^{-7}$	0,95763	0,00083
13400	$4{,}4962 \cdot 10^{-7}$	0,95843	0,00080
13500	$4{,}3849 \cdot 10^{-7}$	0,95921	0,00078
13600	$4{,}2770 \cdot 10^{-7}$	0,95998	0,00077
13700	$4{,}1723 \cdot 10^{-7}$	0,96072	0,00074
13800	$4{,}0708 \cdot 10^{-7}$	0,96145	0,00073
13900	$3{,}9723 \cdot 10^{-7}$	0,96216	0,00071
14000	$3{,}8767 \cdot 10^{-7}$	0,96285	0,00069
14100	$3{,}7840 \cdot 10^{-7}$	0,96353	0,00068
14200	$3{,}6940 \cdot 10^{-7}$	0,96419	0,00066
14300	$3{,}6066 \cdot 10^{-7}$	0,96483	0,00064
14400	$3{,}5217 \cdot 10^{-7}$	0,96546	0,00063
14500	$3{,}4393 \cdot 10^{-7}$	0,96607	0,00061
14600	$3{,}3593 \cdot 10^{-7}$	0,96667	0,00060
14700	$3{,}2816 \cdot 10^{-7}$	0,96726	0,00059
14800	$3{,}2061 \cdot 10^{-7}$	0,96783	0,00057
14900	$3{,}1327 \cdot 10$	0,96839	0,00056
15000	$3{,}0614 \cdot 10^{-7}$	0,96893	0,00054
15100	$2{,}9920 \cdot 10^{-7}$	0,96947	0,00054
15200	$2{,}9247 \cdot 10^{-7}$	0,96999	0,00052
15300	$2{,}8591 \cdot 10^{-7}$	0,97050	0,00051
15400	$2{,}7954 \cdot 10^{-7}$	0,97100	0,00050
15500	$2{,}7335 \cdot 10^{-7}$	0,97149	0,00049
15600	$2{,}6732 \cdot 10^{-7}$	0,97196	0,00047
15700	$2{,}6146 \cdot 10^{-7}$	0,97243	0,00047
15800	$2{,}5575 \cdot 10^{-7}$	0,97288	0,00045
15900	$2{,}5020 \cdot 10^{-7}$	0,97333	0,00045
16000	$2{,}4480 \cdot 10^{-7}$	0,97377	0,00044
16100	$2{,}3954 \cdot 10^{-7}$	0,97419	0,00042
16200	$2{,}3442 \cdot 10^{-7}$	0,97461	0,00042
16300	$2{,}2943 \cdot 10^{-7}$	0,97502	0,00041
16400	$2{,}2458 \cdot 10^{-7}$	0,97542	0,00040

Tabelle A5. (Fortsetzung)

λT	$M_{\lambda s}/T^5$	$F_{0-\lambda T}$	ΔF
10^{-6} m K	W m^{-3} K^{-5}		
16500	$2{,}1985 \cdot 10^{-7}$	0,97581	0,00039
16600	$2{,}1525 \cdot 10^{-7}$	0,97620	0,00039
16700	$2{,}1076 \cdot 10^{-7}$	0,97657	0,00037
16800	$2{,}0639 \cdot 10^{-7}$	0,97694	0,00037
16900	$2{,}0213 \cdot 10^{-7}$	0,97730	0,00036
17000	$1{,}9798 \cdot 10^{-7}$	0,97765	0,00035
17100	$1{,}9394 \cdot 10^{-7}$	0,97800	0,00035
17200	$1{,}8999 \cdot 10^{-7}$	0,97834	0,00034
17300	$1{,}8615 \cdot 10^{-7}$	0,97867	0,00033
17400	$1{,}8240 \cdot 10^{-7}$	0,97899	0,00032
17500	$1{,}7875 \cdot 10^{-7}$	0,97931	0,00032
17600	$1{,}7518 \cdot 10^{-7}$	0,97962	0,00031
17700	$1{,}7171 \cdot 10^{-7}$	0,97993	0,00031
17800	$1{,}6832 \cdot 10^{-7}$	0,98023	0,00030
17900	$1{,}6501 \cdot 10^{-7}$	0,98052	0,00029
18000	$1{,}6178 \cdot 10^{-7}$	0,98081	0,00029
18100	$1{,}5863 \cdot 10^{-7}$	0,98109	0,00028
18200	$1{,}5556 \cdot 10^{-7}$	0,98137	0,00028
18300	$1{,}5256 \cdot 10^{-7}$	0,98164	0,00027
18400	$1{,}4963 \cdot 10^{-7}$	0,98191	0,00027
18500	$1{,}4677 \cdot 10^{-7}$	0,98217	0,00026
18600	$1{,}4398 \cdot 10^{-7}$	0,98243	0,00026
18700	$1{,}4125 \cdot 10^{-7}$	0,98268	0,00025
18800	$1{,}3859 \cdot 10^{-7}$	0,98293	0,00025
18900	$1{,}3599 \cdot 10^{-7}$	0,98317	0,00024
19000	$1{,}3345 \cdot 10^{-7}$	0,98341	0,00024
19100	$1{,}3097 \cdot 10^{-7}$	0,98364	0,00023
19200	$1{,}2854 \cdot 10^{-7}$	0,98387	0,00023
19300	$1{,}2617 \cdot 10^{-7}$	0,98409	0,00022
19400	$1{,}2386 \cdot 10^{-7}$	0,98431	0,00022
19500	$1{,}2160 \cdot 10^{-7}$	0,98453	0,00022
19600	$1{,}1939 \cdot 10^{-7}$	0,98474	0,00021
19700	$1{,}1722 \cdot 10^{-7}$	0,98495	0,00021
19800	$1{,}1511 \cdot 10^{-7}$	0,98515	0,00020
19900	$1{,}1305 \cdot 10^{-7}$	0,98536	0,00021
20000	$1{,}1103 \cdot 10^{-7}$	0,98555	0,00019
20100	$1{,}0905 \cdot 10^{-7}$	0,98575	0,00020
20200	$1{,}0712 \cdot 10^{-7}$	0,98594	0,00019
20300	$1{,}0523 \cdot 10^{-7}$	0,98613	0,00019
20400	$1{,}0338 \cdot 10^{-7}$	0,98631	0,00018

Tabelle A5. (Fortsetzung)

λT	$M_{\lambda s}/T^5$	$F_{0-\lambda T}$	ΔF
10^{-6} m K	W m^{-3} K^{-5}		
20500	$1{,}0158 \cdot 10^{-7}$	0,98649	0,00018
20600	$9{,}9807 \cdot 10^{-8}$	0,98667	0,00018
20700	$9{,}8077 \cdot 10^{-8}$	0,98684	0,00017
20800	$9{,}6384 \cdot 10^{-8}$	0,98701	0,00017
20900	$9{,}4727 \cdot 10^{-8}$	0,98718	0,00017
21000	$9{,}3105 \cdot 10^{-8}$	0,98735	0,00017
21100	$9{,}1518 \cdot 10^{-8}$	0,98751	0,00016
21200	$8{,}9964 \cdot 10^{-8}$	0,98767	0,00016
21300	$8{,}8443 \cdot 10^{-8}$	0,98783	0,00016
21400	$8{,}6954 \cdot 10^{-8}$	0,98798	0,00015
21500	$8{,}5496 \cdot 10^{-8}$	0,98813	0,00015
21600	$8{,}4068 \cdot 10^{-8}$	0,98828	0,00015
21700	$8{,}2670 \cdot 10^{-8}$	0,98843	0,00015
21800	$8{,}1300 \cdot 10^{-8}$	0,98858	0,00015
21900	$7{,}9959 \cdot 10^{-8}$	0,98872	0,00014
22000	$7{,}8645 \cdot 10^{-8}$	0,98886	0,00014
22500	$7{,}2465 \cdot 10^{-8}$	0,98952	0,00066
23000	$6{,}6877 \cdot 10^{-8}$	0,99014	0,00062
23500	$6{,}1817 \cdot 10^{-8}$	0,99070	0,00056
24000	$5{,}7224 \cdot 10^{-8}$	0,99123	0,00053
24500	$5{,}3049 \cdot 10^{-8}$	0,99172	0,00049
25000	$4{,}9247 \cdot 10^{-8}$	0,99217	0,00045
25500	$4{,}5778 \cdot 10^{-8}$	0,99258	0,00041
26000	$4{,}2609 \cdot 10^{-8}$	0,99297	0,00039
26500	$3{,}9709 \cdot 10^{-8}$	0,99334	0,00037
27000	$3{,}7050 \cdot 10^{-8}$	0,99367	0,00033
27500	$3{,}4610 \cdot 10^{-8}$	0,99399	0,00032
28000	$3{,}2367 \cdot 10^{-8}$	0,99429	0,00030
28500	$3{,}0303 \cdot 10^{-8}$	0,99456	0,00027
29000	$2{,}8400 \cdot 10^{-8}$	0,99482	0,00026
29500	$2{,}6644 \cdot 10^{-8}$	0,99506	0,00024
30000	$2{,}5021 \cdot 10^{-8}$	0,99529	0,00023
30500	$2{,}3520 \cdot 10^{-8}$	0,99551	0,00022
31000	$2{,}2129 \cdot 10^{-8}$	0,99571	0,00020
31500	$2{,}0840 \cdot 10^{-8}$	0,99590	0,00019
32000	$1{,}9643 \cdot 10^{-8}$	0,99607	0,00017
32500	$1{,}8530 \cdot 10^{-8}$	0,99624	0,00017
33000	$1{,}7495 \cdot 10^{-8}$	0,99640	0,00016
33500	$1{,}6532 \cdot 10^{-8}$	0,99655	0,00015
34000	$1{,}5633 \cdot 10^{-8}$	0,99669	0,00014

Tabelle A5. (Fortsetzung)

λT	$M_{\lambda s}/T^5$	$F_{0-\lambda T}$	ΔF
10^{-6} m K	W m^{-3} K^{-5}		
34500	$1{,}4795 \cdot 10^{-8}$	0,99683	0,00014
35000	$1{,}4012 \cdot 10^{-8}$	0,99695	0,00012
35500	$1{,}3280 \cdot 10^{-8}$	0,99707	0,00012
36000	$1{,}2595 \cdot 10^{-8}$	0,99719	0,00012
36500	$1{,}1954 \cdot 10^{-8}$	0,99730	0,00011
37000	$1{,}1353 \cdot 10^{-8}$	0,99740	0,00010
37500	$1{,}0789 \cdot 10^{-8}$	0,99750	0,00010
38000	$1{,}0260 \cdot 10^{-8}$	0,99759	0,00009
38500	$9{,}7627 \cdot 10^{-9}$	0,99768	0,00009
39000	$9{,}2952 \cdot 10^{-9}$	0,99776	0,00008
39500	$8{,}8553 \cdot 10^{-9}$	0,99784	0,00008
40000	$8{,}4412 \cdot 10^{-9}$	0,99792	0,00008
40500	$8{,}0509 \cdot 10^{-9}$	0,99799	0,00007
41000	$7{,}6829 \cdot 10^{-9}$	0,99806	0,00007
41500	$7{,}3357 \cdot 10^{-9}$	0,99813	0,00007
42000	$7{,}0078 \cdot 10^{-9}$	0,99819	0,00006
42500	$6{,}6980 \cdot 10^{-9}$	0,99825	0,00006
43000	$6{,}4052 \cdot 10^{-9}$	0,99831	0,00006
43500	$6{,}1282 \cdot 10^{-9}$	0,99836	0,00006
44000	$5{,}8659 \cdot 10^{-9}$	0,99842	0,00006
44500	$5{,}6176 \cdot 10^{-9}$	0,99847	0,00005
45000	$5{,}3822 \cdot 10^{-9}$	0,99851	0,00004
45500	$5{,}1590 \cdot 10^{-9}$	0,99856	0,00005
46000	$4{,}9473 \cdot 10^{-9}$	0,99861	0,00005
46500	$4{,}7463 \cdot 10^{-9}$	0,99865	0,00004
47000	$4{,}5554 \cdot 10^{-9}$	0,99869	0,00004
47500	$4{,}3740 \cdot 10^{-9}$	0,99873	0,00004
48000	$4{,}2015 \cdot 10^{-9}$	0,99877	0,00004
48500	$4{,}0375 \cdot 10^{-9}$	0,99880	0,00003
49000	$3{,}8814 \cdot 10^{-9}$	0,99884	0,00004
49500	$3{,}7327 \cdot 10^{-9}$	0,99887	0,00003
50000	$3{,}5911 \cdot 10^{-9}$	0,99890	0,00003
50500	$3{,}4561 \cdot 10^{-9}$	0,99893	0,00003
51000	$3{,}3274 \cdot 10^{-9}$	0,99896	0,00003
51500	$3{,}2047 \cdot 10^{-9}$	0,99899	0,00003
52000	$3{,}0875 \cdot 10^{-9}$	0,99902	0,00003
52500	$2{,}9757 \cdot 10^{-9}$	0,99905	0,00003
53000	$2{,}8688 \cdot 10^{-9}$	0,99907	0,00002
53500	$2{,}7667 \cdot 10^{-9}$	0,99910	0,00003
54000	$2{,}6691 \cdot 10^{-9}$	0,99912	0,00002

Tabelle A5. (Fortsetzung)

λT	$M_{\lambda s}/T^5$	$F_{0-\lambda T}$	ΔF
10^{-6} m K	W m^{-3} K^{-5}		
54500	$2{,}5758 \cdot 10^{-9}$	0,99915	0,00003
55000	$2{,}4865 \cdot 10^{-9}$	0,99917	0,00002
55500	$2{,}4011 \cdot 10^{-9}$	0,99919	0,00002
56000	$2{,}3193 \cdot 10^{-9}$	0,99921	0,00002
56500	$2{,}2409 \cdot 10^{-9}$	0,99923	0,00002
57000	$2{,}1658 \cdot 10^{-9}$	0,99925	0,00002
57500	$2{,}0939 \cdot 10^{-9}$	0,99927	0,00002
58000	$2{,}0249 \cdot 10^{-9}$	0,99929	0,00002
58500	$1{,}9587 \cdot 10^{-9}$	0,99930	0,00001
59000	$1{,}8952 \cdot 10^{-9}$	0,99932	0,00002
59500	$1{,}8342 \cdot 10^{-9}$	0,99934	0,00002
60000	$1{,}7757 \cdot 10^{-9}$	0,99935	0,00001
60500	$1{,}7195 \cdot 10^{-9}$	0,99937	0,00002

Anhang B. Strahlungseigenschaften

Tabellen über Gesamtemissionsgrade und Gesamtabsorptionsgrade für einfallende Solarstrahlung sind hier praxisgerecht zusammengestellt worden und sollen dem Leser eine Vorstellung von den zu erwartenden Zahlenwerten vermitteln. Wie im Kap. 5 besprochen, können viele Faktoren, wie Rauhigkeit und Oxidation, die Strahlungseigenschaften stark beeinflussen. Es soll hier nicht versucht werden, die Eigenschaft der Materialprobe genau zu charakterisieren; die hier angegebenen Werte sind nur als typische Näherungswerte gedacht. Zur eingehenderen Information über Strahlungseigenschaften einschließlich der Probencharakterisierung und Diskussion der Ergebnisse, die aus vielen Quellen stammen, wird der Leser auf die Sammlungen [B.1–B.3] verwiesen. Die Literatur [B.3] ist mit drei Bänden sehr umfangreich. Das Zitat [B.4] enthält einige zusätzliche Informationen. Wie sich aus der angegebenen Literatur ersehen läßt, gibt es manchmal beträchtliche Abweichungen in den Zahlenwerten bei der von verschiedenen Experimentatoren an gleichem Material gemessenen Stoffgrößen.

Tabelle B1. Gesamtemissionsgrad in Richtung der Flächennormalen

	Oberflächentemperatur[a] in K	ε_n'
Metalle		
Aluminium		
hoch polierte Platte	480 ... 870	0,038 ... 0,06
glänzende Folie	295	0,04
polierte Platte	373	0,095
stark oxidiert	370 ... 810	0,20 ... 0,33
Antimon, poliert	310 ... 530	0,28 ... 0,31
Blei		
poliert	310 ... 530	0,06 ... 0,08
rauh, nicht oxidiert	310	0,43
oxidiert bei 870 K	310	0,63
Chrom, poliert	310 ... 1370	0,08 ... 0,40
Eisen		
hoch poliert, elektrolytisch	310 ... 530	0,05 ... 0,07
poliert	700 ... 760	0,14 ... 0,38
frisch abgeschmirgelt	310	0,24
Schmiedeeisen, poliert	310 ... 530	0,28
Gußeisen, frisch abgedreht	310	0,44
Eisenplatte, abgebeizt, dann rot verrostet	293	0,61
Gußeisen, oxidiert bei 870 K	480 ... 870	0,64 ... 0,78
Gußeisen, rauh, stark oxidiert	310 ... 530	0,95
Gold		
hoch poliert	370 ... 870	0,018 ... 0,035
poliert	400	0,018
Kupfer		
hoch poliert	310	0,02
poliert	310 ... 530	0,04 ... 0,05
verkratzt, glänzend	310	0,07
leicht poliert	310	0,15
schwarz oxidiert	310	0,78
Magnesium, poliert	310 ... 530	0,07 ... 0,13
Messing		
hoch poliert	530 ... 640	0,028 ... 0,031
poliert	370	0,09
stumpf	320 ... 620	0,22
oxidiert	480 ... 810	0,60
Molybdän		
poliert	310 ... 530	0,05 ... 0,08
poliert	810 ... 1640	0,10 ... 0,18
poliert	3030	0,29

[a] Wenn ein Temperaturbereich bzw. ein Emissionsgradbereich angegeben ist, kann über diesen Bereich linear interpoliert werden.

Tabelle B1. (Fortsetzung)

	Oberflächentemperatur[a] in K	ε'_n
Monel		
poliert	310	0,17
oxidiert bei 870 K	810	0,45
Nickel		
elektrolytisch	310 ... 530	0,04 ... 0,06
technisch rein, poliert	500 ... 650	0,07 ... 0,087
elektroplattiert auf Eisen, unpoliert	293	0,11
Platte oxidiert bei 870 K	470 ... 870	0,37 ... 0,48
Nickeloxid	920 ... 1530	0,59 ... 0,86
Platin		
elektrolytisch	530 ... 810	0,06 ... 0,10
polierte Platte	500 ... 900	0,054 ... 0,104
Quecksilber, nicht oxidiert	280 ... 370	0,09 ... 0,12
Silber, poliert	310 ... 810	0,01 ... 0,03
Stahl, rostfrei		
Inconel X, poliert	90 ... 760	0,19 ... 0,20
Inconel B, poliert	90 ... 760	0,19 ... 0,22
Typ 301, poliert	297	0,16
Typ 310, glatt	1090	0,39
Typ 316, poliert	480 ... 1310	0,24 ... 0,31
Stahl		
poliertes Blech	90 ... 273	0,07 ... 0,08
poliertes Blech	273 ... 420	0,08 ... 0,14
weicher Stahl, poliert	530 ... 920	0,27 ... 0,31
Blech mit Walzhaut	295	0,66
Blech mit rauher Oxidschicht	295	0,81
Tantal	1640 ... 3030	0,2 ... 0,3
Wismut, glänzend	350	0,34
Wolfram		
rein	310 ... 810	0,03 ... 0,08
Draht	300	0,032
Draht	3590	0,39
Zink		
poliert	310 ... 810	0,02 ... 0,05
galvanisiertes Blech, schwach glänzend	310	0,23
grau oxidiert	295	0,23 ... 0,28
Dielektrika		
Aluminiumoxid auf Inconel	810 ... 1370	0,65 ... 0,45
Asbest		
Papier	310	0,93
Pappe	310	0,96

[a] Wenn ein Temperaturbereich bzw. ein Emissionsgradbereich angegeben ist, kann über diesen Bereich linear interpoliert werden.

Tabelle B1. (Fortsetzung)

	Oberflächentemperatur[a] in K	ε_n'
Beton, rauh	310	0,94
Eis		
eben	273	0,966
grobe Kristalle	273	0,985
Farbe		
Ölfarbe, alle Farben	373	0,92 ... 0,96
Mennige	370	0,93
Lack, glatt, schwarz	310 ... 370	0,96 ... 0,98
Gips	310	0,91
Gummi, hart	293	0,92
Holz		
Sägespäne	310	0,75
Eiche, gehobelt	295	0,90
Buche	340	0,94
Kohlenstoff		
Kerzenruß	370 ... 530	0,95
Lampenruß	310	0,95
Korund, grobkörnig	370	0,86
Magnesiumoxid, feuerfest	420 ... 760	0,69 ... 0,55
Marmor		
weiß	310	0,95
Glimmer	310	0,75
Papier		
Dachpappe	310	0,91
weiß	310	0,95
Porzellan, glasiert	295	0,92
Rokide A auf Molybdän	590 ... 1090	0,79 ... 0,60
Sandstein	310 ... 530	0,83 ... 0,90
Schiefer	310	0,67 ... 0,80
Schnee	270	0,82
Siliciumcarbid	420 ... 920	0,83 ... 0,96
Wasser, tief	273 ... 373	0,96
Ziegel		
weiß, feuerfest	1370	0,29
gebrannter Ton	1260	0,75
rauh, rot	310	0,93

[a] Wenn ein Temperaturbereich bzw. ein Emissionsgradbereich angegeben ist, kann über diesen Bereich linear interpoliert werden.

Tabelle B2. Normaler (senkrechter) Gesamtabsorptionsgrad für einfallende Solarstrahlung (Material bei 295 K)

Metalle	α'_n
Aluminium	
hochpoliert	0,10
poliert	0,20
Chrom, elektroplattiert	0,40
Eisen	
geschliffen mit feinem Kies	0,36
galvanisch aufgebracht	0,38
gebläut	0,55
sandgestrahlt	0,75
Gold, Glanzfolie	0,29
Kupfer	
hochpoliert	0,18
rein	0,25
angelaufen	0,64
oxidiert	0,70
Magnesium, poliert	0,19
Nickel	
hochpoliert	0,15
poliert	0,36
elektrolytisch	0,40
Platin, glänzend	0,31
Silber	
hochpoliert	0,07
poliert	0,13
handelsübliches Blech	0,30
Stahl Nr. 301, poliert	0,37
Wolfram, hochpoliert	0,37

Tabelle B2. (Fortsetzung)

Dielektrika	α_n'
Aluminiumoxid (Al_2O_3)	0,06 ... 0,23
Asphaltpflaster, staubfrei	0,93
Betondachziegel	
ungefärbt	0,73
braun	0,91
schwarz	0,91
Blätter, grün	0,71 ... 0,79
Erde, gepflügtes Feld	0,75
Farbe	
Aluminium	0,55
Ölfarbe, zinkweiß	0,30
Ölfarbe, lichtgrün	0,50
Ölfarbe, hellgrau	0,75
Ölfarbe, schwarz auf galvanisiertem Eisen	0,90
Filz, schwarz	0,82
Graphit	0,88
Gras	0,75 ... 0,80
Kies	0,29
Magnesiumoxid (MgO)	0,15
Marmor, weiß	0,46
Papier, weiß	0,28
Ruß, Kohle	0,95
Schiefer, blaugrau	0,88
Schnee, rein	0,2 ... 0,35
Titanoxid (TiO_2)	0,12
Ton	0,39
Ziegel, rot	0,75
Zinkoxid	0,15
Zinksulfid (ZnS)	0,21

Literaturverzeichnis

Kapitel 1

1.1 Born, M.; Wolf, E.: Principles of optics. 2nd ed. New York: Macmillan 1964

Kapitel 2

2.1 O'Neill, P.; Ignatiev, A.; Doland, C.: The dependence of optical properties on the structural composition of solar absorbers: Gold Black. Sol. Energy 21 (1978) 465–468

2.2 DIN 5496: Temperaturstrahlung. Berlin und Köln: Beuth 1971

2.3 Richtmyer, F. K.; Kennard, E. H.: Introduction to modern physics. 4th ed. New York: McGraw-Hill 1947

2.4 Ter Haar, D.: Elements of statistical mechanics. 2nd ed. New York: Holt, Rinehart and Winston 1960

2.5 Tribus, M.: Thermostatics and thermodynamics. An introduction to energy information and states of matter, with engineering applications. Princeton, N.J.: Van Nostrand 1961

2.6 Planck, M.: Ueber das Gesetz der Energieverteilung im Normalspectrum. Ann. Phys. IV (1901) 553–563

2.7 Draper, J. W.: On the production of light by heat. Philos. Mag. Ser. 3, 30 (1847) 345–360

2.8 Dwight, H. B.: Tables of integrals and other mathematical data. 4th ed. New York: Macmillan 1961, p. 231

2.9 Pivovonsky, M.; Nagel, M. R.: Tables of blackbody radiation functions. New York: Macmillan 1961

2.10 Pisa, F. J.: Tables of blackbody radiation functions and their derivatives. NAVWEPS Rep. 8646, NOTS TP 3687, U.S. Naval Ordnance Test Station, China Lake, Calif., December 1964

2.11 Gebel, R. K. H.: The normalized cumulative blackbody functions, their applications in thermal radiation calculations, and related subjects. ARL-69-0004, Aerospace Research Laboratories, January 1969

2.12 Gardon, R.: The emissivity of transparent materials. J. Am. Ceram. Soc. 39 (1956) 278–287

2.13 Gardon, R.: A review of radiant heat transfer in glass. J. Am. Ceram. Soc. 44 (1961) 305–312

2.14 Kellett, B. S.: The steady flow of heat through hot glass. J. Opt. Soc. Am. 42 (1952) 339–343

2.15 Viskanta, R.; Anderson, E. E.: Heat transfer in semitransparent solids. In: Hartnett, J. P.; Irvine Jr., T. (eds.): Advances in heat transfer. Vol. 11. New York: Academic Press 1975, pp. 317–458

2.16 Stefan, J.: Über die Beziehung zwischen der Wärmestrahlung und der Temperatur. Sitzungsber. Akad. Wiss. Wien 79 Teil 2 (1879) 391–428

2.17 Boltzmann, L.: Ableitung des Stefanschen Gesetzes, betreffend die Abhängigkeit der Wärmestrahlung von der Temperatur aus der elektromagnetischen Lichttheorie. Ann. Phys. Ser. 2, 22 (1884) 291–294

2.18 Wien, W.: Temperatur und Entropie der Strahlung. Ann. Phys. Ser. 2, 52 (1894) 132–165

2.19 Wien, W.: Über die Energievertheilung im Emissionsspectrum eines schwarzen Körpers. Ann. Phys. Ser. 3, 58 (1896) 662–669

2.20 Lord Raleigh: The law of complete radiation. Philos. Mag. 49 (1900) 539–540

2.21 Jeans, Sir James: On the partition of energy between matter and the ether. Philos. Mag.
     10 (1905) 91–97
2.22 Barr, E. S.: Historical survey of the early development of the infrared spectral region. Am.
     J. Phys. 28 (1960) 42–54
2.23 Lewis, H. R.: Einstein's derivation of Planck's radiation law. Am. J. Phys. 41 (1973) 38–44
2.24 Kangro, H.: Vorgeschichte des Planckschen Strahlungsgesetz. Wiesbaden: Steiner 1970
2.25 Drude, P.: Physik des Aethers auf elektromagnetischer Grundlage. 1. Aufl. 1894. 2. Aufl.
     bearb. v. W. König. Stuttgart: Enke 1912

Kapitel 3

3.1 Nicodemus, F. E. et al.: Geometrical considerations and nomenclature for reflectance.
    NBS monograph 160, National Bureau of Standards. Washington: United States Depart-
    ment of Commerce 1977
3.2 DIN 5030, Teil 1–3: Spektrale Strahlungsmessung. Berlin und Köln: Beuth 1976–1984
3.3 DIN 5031, Teil 1–9 und Beiblatt: Strahlungsphysik im optischen Bereich und Lichttechnik.
    Berlin und Köln: Beuth 1976–1984
3.4 DIN 5036, Teil 1–4: Strahlungsphysikalische und lichttechnische Eigenschaften von Mate-
    rialien. Berlin und Köln: Beuth 1977 und 1978
3.5 Brandenberg, W. M.: The reflectivity of solids at grazing angles. Measurement of thermal
    radiation properties of solids. Richmond, J. C. (ed.): NASA SP-31 (1963) 75–82

Kapitel 4

4.1 Maxwell, J. C.: A dynamical theory of the electromagnetic field. In: Niven, W. D. (ed.):
    The scientific papers of James Clerk Maxwell. Vol. 1. London: Cambridge University Press
    1890
4.2a Weast, R. C. (ed.): Handbook of chemistry and physics. 44th ed. Cleveland: Chemical
    Rubber Company 1962
4.2b Siehe [4.2a], 35th ed.
4.3 Hering, R. G.; Smith, T. F.: Surface radiation properties from electromagnetic theory. Int.
    J. Heat Mass Transfer 11 (1968) 1567–1571
4.4 Jakob, M.: Heat transfer. Vol. 1. New York: Wiley 1949
4.5 Hagen, E.; Rubens, H.: Das Reflexionsvermögen von Metallen und belegten Glasspiegeln.
    Ann. Phys. 1 (1900) 352–375 (s. auch: Hagen, E.; Rubens, H.: Emissionsvermögen und
    elektrische Leitfähigkeit der Metallegierungen. Verh. Dtsch. Phys. Ges. 6 (1904) 128–136
    und Drude, P.: Physik des Aethers auf elektromagnetischer Grundlage. 1. Aufl. 1894.
    2. Aufl. bearb. v. W. König. Stuttgart: Enke 1912
4.6 Aschkinass, E.: Die Wärmestrahlung der Metalle. Ann. Phys. 17 (1905) 960–976
4.7 Hottel, H. C.: Radiant heat transmission. In: McAdams, W. H. (ed.): Heat transmission.
    3rd ed. New York: McGraw-Hill 1954, pp. 55–125
4.8 Eckert, E. R. G.; Drake Jr., R. M.: Heat and mass transfer. 2nd ed. New York: McGraw-
    Hill 1959
4.9 Davisson, C.; Weeks Jr., J. R.: The relation between the totel thermal emissive power of
    a metal and its electrical resistivity. J. Opt. Soc. Am. 8 (1924) 581–605
4.10 Foote, P. D.: The emissivity of metals and oxides, III. The total emissivity of platinum and
     the relation between total emissivity and resistivity. Nat. Bur. Stand. Bull. 11 (1915) 607–612
4.11 Schmidt, E.; Eckert, E. R. G.: Über die Richtungsverteilung der Wärmestrahlung von
     Oberflächen. Forsch. Geb. Ingenieurwes. 6 (1935) 175–183
4.12 Parker, W. J.; Abbott, G. L.: Theoretical and experimental studies of the total emittance
     of metals. Symp. Therm. Radiat. Solids. NASA SP-55 (1964) 11–28
4.13 Mott, N. F.; Zener, C.: The optical properties of metals. Cambridge Phil. Soc. Proc. 30
     (1934) pt. 2, 249–270
4.14 Edwards, D. K.: Radiative transfer characteristics of materials. ASME J. Heat Transfer
     91 (1969) 1—15

4.15 Sievers, A. J.: Thermal radiation from metal surfaces. J. Opt. Soc. Am. 68 (1978) 1505–1516
4.16 Shurcliff, W. A.: Polarizes light, production and use. Cambridge, Mass.: Harvard University Press 1962
4.17 Garbuny, M.: Optical physics. New York: Academic Press 1965
4.18 Seban, R. A.: Thermal radiation properties of materials. Part III. WADD-TR-60-370. Berkeley: University of California 1963
4.19 Brandenburg, W. M.: The reflectivity of solids at grazing angles. In: Richmond, J. C. (ed.): Measurement of thermal radiation properties of solids. NASA SP-31 (1963) 75–82
4.20 Brandenburg, W. M.; Clausen, O. W.: The directional spectral emittance of surfaces between 200 °C and 600 °C. Symp. Therm. Radiat. Solids. NASA SP-55 (1964) 313–320
4.21 Price, D. J.: The emissivity of hot metals in the infra-red. Proc. Phys. Soc. London Sect. A, pt. 1. 59 (1947) 118–131
4.22 Hurst, C.: The emission constants of metals in the near infra-red. Proc. R. Soc. London Ser. A 142 (1933) 446–490
4.23 Pepperhoff, W.: Temperaturstrahlung. Darmstadt: Steinkopf 1956
4.24 Toscano, W. M.; Cravalho, E. G.: Thermal radiative properties of the noble metals at cryogenic temperatures. J. Heat Transfer 98 (1976) 438–445

Kapitel 5

5.1 Gubareff, G. G.; Janssen, J. E.; Torberg, R. H.: Thermal radiation properties survey. 2d ed. Minneapolis: Honeywell Research Center 1960
5.2 Svet, D. Ya.: Thermal radiation; metals semiconductors, ceramics, partly transparent bodies and films. New York: Consultants Bureau, Plenum Publishing Corporation 1965
5.3 Goldsmith, A.; Watermann, T. E.: Thermophysical properties of solid materials. WADC TR 58-476, Armour Research Foundation, January 1959
5.4 Hottel, H. C.: Radiant heat transmission. In: McAdams, W. H. (ed.): Heat transmission. 3rd ed. New York: McGraw-Hill 1954, pp. 472–479
5.5 Wood, W. D.; Deem, H. W.; Lucks, C. F.: Thermal radiative properties. New York: Plenum Press 1964
5.6 Edwards, D. K.; Catton, I.: Radiation characteristics of rough and oxidized metals. In: Gratch, S. (ed.): Adv. thermophys. properties extreme temp. pressures. ASME 1965, pp. 189 to 199
5.7 Touloukian, Y. S., et al.: Thermal radiative properties. Vol. 7. Metallic elements and alloys, Vol. 8. Nonmetallic solids, Vol. 9. Coatings. Thermophysical Properties Research Center of Purdue University, Data Series. New York: Plenum Publishing Corporation 1970
5.8 Sadykov, B. S.: Temperature dependence of the radiating power of metals. High Temp. 3 (1965) 352–356
5.9 Toscano, W. M.; Cravalho, E. G.: Thermal radiative properties of the noble metals at cryogenic temperatures. Trans. ASME. J. Heat Transfer 98 (1976) 438–445
5.10 Davies, H.: The reflection of electromagnetic waves from a rough surface. Proc. Inst. Elec. Eng. London 101 (1954) 209–214
5.11 Porteus, J. O.: Relation between the height distribution of a rough surface and the reflectance at normal incidence. J. Opt. Soc. Am. 53 (1963) 1394–1402
5.12 Beckmann, P.; Spizzichino, A.: The scattering of electromagnetic waves from rough surfaces. New York: Macmillan 1963
5.13 Houchens, A. F.; Hering, R. G.: Bidirectional reflectance of rough metal surfaces. Prog. Astronaut. Aeronaut. Thermophys. Spacecraft Planetary Bodies 20 (1967) 65–89
5.14 Smith, T. F.; Hering, R. G.: Comparison of bidirectional measurements and model for rough metallic surfaces. 5th Symp. Thermophys. Properties. Boston: ASME 1970
5.15 Torrance, K. E.; Sparrow, E. M.: Off-specular peaks in the directional distribution of reflected thermal radiation. J. Heat Transfer 88 (1966) 223–230
5.16 Torrance, K. E.; Sparrow, E. M.: Theory for off-specular reflection from roughened surfaces. J. Opt. Soc. Am. 57 (1967) 1105–1114
5.17 Ody-Sacadura, J. F.: Influence de la rugosité sur le rayonnement thermique émis par les

surfaces opaques: essai de modèle (Influence of surface roughness on the radiative heat emitted by opaque surfaces: a test model). Int. J. Heat Mass Transfer 15 (1972) 1451–1465

5.18 Kanayama, K.: Apparent directional emittance of V-groove and circular-groove rough surfaces. Heat Transfer Jpn. Res. 1 (1972) 11–22

5.19 Birkebak, R. C.; Abdulkadir, A.: Random rough surface model for spectral-directional emittance of rough metal surfaces. Int. J. Heat Mass Transfer 19 (1976) 1039–1043

5.20 Abdulkadir, A.; Birkebak, R. C.: Spectral directional emittance of rough metal surfaces: comparison between semi-random and pyramidal surface approximations. AIAA 78-848, presented at 2nd AIAA/ASME Thermophys. Heat Transfer Conf. Palo Alto 1978

5.21 Brannon Jr., R. R.; Goldstein, R. J.: Emittance of oxide layers on a metal substrate. J. Heat Transfer 92 (1970) 257–263

5.22 Liebert, C. H.: Spectral emittance of aluminium oxide and zinc oxide on opaque substrates. NASA TN D-3115 1965

5.23 Cox, R. L.: Radiant emission from cavities in scattering and absorbing media. SMU Research Rep. 68-2, Dallas, Tex.: Southern Methodist University Institute of Technology, October 1968

5.24 Sarofim, A. F.; Hottel, H. C.: Radiative exchange among non-Lambert surfaces. J. Heat Transfer 88 (1966) 37–44

5.25 Sparrow, E. M.; Lin, S. L.: Radiation heat transfer at a surface having both specular and diffuse reflectance components. Int. J. Heat Mass Transfer 8 (1965) 769–779

5.26 Saari, J. M.; Shorthill, R. W.: Review of lunar infrared observations. In: Singer, S. F. (ed.): Physics of the Moon. AAS Sci. Technol. Ser. 13 (1967)

5.27 Harrison, J. K.: Non-diffuse infrared emission from the lunar surface. Int. J. Heat Mass Transfer 12 (1969) 689–697

5.28 Birkebak, R. C.: Thermophysical properties of lunar materials. Part I. Thermal radiation properties of lunar materials from the apollo missions. In: Hartnett, J. P.; Irvine Jr., T. F. (eds.): Advances in Heat Transfer. Vol. 10. New York: Academic Press 1974

5.29 Birkebak, R. C.: Spectral emittance of apollo-12 lunar fines. ASME J. Heat Transfer 94 (1972) 323–324

5.30 Liebert, C. H.: Spectral emissivity of highly doped silicon. Paper no. 67–302. AIAA, April 1967

5.31 Hsieh, C. K.; Su, K. C.: Thermal radiative properties of glass from 0.32 to 206 μm. Sol. Energy 22 (1979) 37–43

5.32 Fan, J. C. C.; Bachner, F. J.: Transparent heat mirrors for solar-energy applications. Appl. Optics 15 (1976) 1012–1017

5.33 Jarvinen, P. O.: Heat mirrored solar enegy receivers. Paper no. 77–728. Albuquerque: AIAA 12th Thermophys. Conf. 1977

5.34 Hale, G. M.; Querry, M. R.: Optical constants of water in the 200-nm to 200-μm wavelength region. Appl. Optics 12 (1973) 555–563

5.35 Irvine, W. M.; Pollack, J. B.: Infrared optical properties of water and ice spheres. Icarus 8 (1968) 324–360

5.36 Pinkley, L. W.; Sethna, P. P.; Williams, D.: Optical constants of water in the infrared: influence of temperature. J. Opt. Soc. Am. 67 (1977) 494–499

5.37 Kondratyev, Y. K.: Radiation in the atmosphere. New York: Academic Press 1969

5.38 Seki, N.; Sugawara, M.; Fukusaki, S.: Back-melting of a horizontal cloudy ice layer with radiative heating. ASME J. Heat Transfer 101 (1979) 90–95

5.39 Seban, R. A.: Thermal radiation properties of materials. Part III. WADD TR-60-370. Berkeley: University of California 1963

5.40 DeVos, J. C.: A new determination of the emissivity of tungsten ribbon. Physica 20 (1954) 690–714

5.41 Birkebak, R. C.; Eckert, E. R. G.: Effects of roughness of metal surfaces on angular distribution of monochromatic reflected radiation. J. Heat Transfer 87 (1965) 85–94

5.42 Edwards, D. K.; Volo, N. B. de: Useful approximations for the spectral and total emissivity of smooth bare metals. In: Gratch, S. (ed.): Adv. thermophys. properties extreme temp. pressures. ASME 1965, pp. 174–188

5.43 Munch, B.: Directional distribution in the reflection of heat radiation and its effect in heat transfer. Zürich: Ph. D. thesis, Swiss Technical College 1955
5.44 Williams, D. A.; Lappin, T. A.; Duffie, J. A.: Selective radiation properties of particulate coatings. J. Eng. Power 85 (1963) 213–220
5.45 Ohlsen, P. E.; Etamad, G. A.: Spectral and total radiation data of various aircraft materials. Rep. NA57-330. North American Aviation, July 23, 1957
5.46 Orlova, N. S.: Photometric relief of the lunar surface. Astron. Z. 33 (1956) 93–100
5.47 Long, R. L.: A review of recent air force research on selective solar absorbers. J. Eng. Power 87 (1965) 277–280
5.48 Hibbard, R. R.: Equilibrium temperatures of ideal spectrally selective surfaces. Sol. Energy 5 (1961) 129–132
5.49 Shaffer, L. H.: Wavelength-dependent (selective) processes of the utilization of solar energy. J. Sol. Energy 2 (1958) 21–26
5.50 Dunkle, R. V.: Thermal radiation characteristics of surfaces. In: Clark, J. A. (ed.): Theory and fundamental research in heat transfer. New York: Pergamon Press 1963, pp. 1–31
5.51 Gardon, R.: The emissivity of transparent materials. J. Am. Ceram. Soc. 39 (1956) 278–287
5.52 Perlmutter, M.; Howell, J. R.: A strongly directional emitting and absorbing surface. J. Heat Transfer 85 (1963) 282–283
5.53 Brandenberg, W. M.; Clausen, O. W.: The directional spectral emittance of surfaces between 200° and 600 °C. In: Katzoff, S. (ed.): Symp. thermal radiation solids. NASA SP-55 (AFML-TDR-64-159) 1965
5.54 Craighead, H. G. et al.: Metal/insulator composite selective absorbers. Sol. Energy Materials 1 (1979) 105–124
5.55 Blanke, W. (Hrsg.): Thermophysikalische Stoffgrößen. Berlin: Springer 1988

Anhang A

A.1 Cohen, E. R.; Taylor, B. N.: The 1986 adjustment of the fundamental physical constants. Codata Bull. 63 (1986) 1–36
A.2 Pivovonsky, M.; Nagel, M. R.: Tables of black body radiation functions. New York: Macmillan 1961
A.3 Wiebelt, J. A.: Engineering radiation heat transfer. New York: Holt, Rinehart and Winston 1966

Anhang B

B.1 Gubareff, G. G.; Janssen, J. E.; Torborg, R. H.: Thermal radiation properties survey. 2nd ed. Minneapolis: Honeywell Research Center 1960
B.2 Wood, W. D.; Deem, H. W.; Lucks, C. F.: Thermal radiative properties. New York: Plenum Press 1964
B.3 Touloukian, Y. S.; et al.: Thermal radiative properties. Vol 7: Metallic elements and alloys. Vol. 8: Nonmetallic solids. Vol. 9: Coatings. New York: Plenum Press 1972
B.4 Svet, D. Ya.: Thermal radiation metals, semiconductors, ceramics, bartly transparent bodies, and films. New York: Concultants Bureau, Plenum Publishing Corporation 1965

Sachverzeichnis